에센스
확률과 통계

이재원 지음

에센스 확률과 통계

초판 1쇄 인쇄 | 2025년 1월 10일
초판 1쇄 발행 | 2025년 1월 15일

지은이 | 이 재 원
펴낸이 | 조 승 식
펴낸곳 | (주)도서출판 북스힐

등 록 | 1998년 7월 28일 제 22-457호
주 소 | 서울시 강북구 한천로 153길 17
전 화 | (02) 994-0071
팩 스 | (02) 994-0073

홈페이지 | www.bookshill.com
이메일 | bookshill@bookshill.com

정가 22,000원

ISBN 979-11-5971-649-2

Published by bookshill, Inc. Printed in Korea.

머리말

확률과 통계는 자연과학과 의학, 공학을 비롯하여 경영과 경제를 포함한 사회과학뿐만 아니라 인문학까지 빅데이터와 인공지능이 부각되는 현대사회에서 빼놓을 수 없는 분야이다. 이러한 중요성을 인식하면서도 고등학교 수학에서 확률과 통계를 깊이 있게 다루지 못하는 것이 현실이다. 사실 고등학교 수학에서 확률과 통계를 배우지 못하거나 설사 배우더라도 제한된 시간과 교육과정에 의해 축소된 내용만 접할 수밖에 없다. 게다가 학생들의 수학적 해결 능력이 떨어진다는 것 또한 확률과 통계의 학습을 저하시키는 요인 중 하나이다. 이러한 상황에서 학생들에게 수학적인 사고력 그리고 통계적 사고력을 함양시키는 것은 매우 힘들다.

확률과 통계는 수학을 기반으로 한 두 학문인 확률론과 통계학을 통합한 분야이며, 그 내용 또한 방대하다. 그러다 보니 저자의 생각과 여러 학문 분야의 필요에 의해 확률과 통계를 구성하는 요소 및 내용에 차이가 있을 수 있다. 그러나 확률과 통계에서 반드시 필요한 구성 요소와 내용을 학습한다면 그 외의 내용은 독학으로도 충분히 공부할 수 있다고 저자는 생각한다. 저자는 두 가지 방향에서 본 도서를 집필하였다. 하나는 방대한 양의 확률과 통계 중 반드시 알아야 할 내용으로 축약한다는 것이고, 다른 하나는 수학의 기초가 부족한 학생들도 교재의 내용을 충분히 이해할 수 있도록 한다는 것이다.

아무쪼록 이 책으로 공부하는 학생들이 확률과 통계에 친숙함을 느끼고 통계적인 사고를 함양할 수 있기를 희망한다. 그리고 기획에서 출판까지 수고를 아끼지 않은 편집부 직원과 조승식 사장님께 감사의 말을 전한다.

저자 이재원

차 례

CHAPTER 01 확률

CHAPTER 02 확률변수와 분포

CHAPTER 03 결합확률분포

CHAPTER 04 이산확률분포

CHAPTER 05 연속확률분포

CHAPTER 06 기술통계학

CHAPTER 07 표본분포

CHAPTER 08 추정

CHAPTER 09 가설검정

CHAPTER 01

확 률

Probability

목차

학습목표

- 표본공간과 사건의 의미를 이해할 수 있다.
- 확률의 개념을 이해하고 확률을 구할 수 있다.
- 조건부 확률의 개념을 이해하고 확률을 구할 수 있다.

1.1 사건

주사위를 던지는 통계실험에서 나올 수 있는 모든 눈의 수는 1, 2, 3, 4, 5, 6이다. 이와 같이 어떤 통계실험에서 관찰되거나 측정 가능한 모든 결과의 집합을 **표본공간**sample space이라 하고 표본공간을 이루는 개개의 실험 결과를 **원소**element 또는 **표본점**sample point이라 한다. 예를 들어, 주사위를 한 번 던지는 통계실험에서 표본공간은 $S=\{1, 2, 3, 4, 5, 6\}$이며, 보편적으로 S로 나타낸다. 짝수의 눈이 나오는 경우에 관심이 있다면 $A=\{2, 4, 6\}$이며, 이와 같이 특정한 조건을 만족하는 표본점들의 집합을 **사건**event이라 하고 영문 대문자로 나타낸다. 이때 단 하나의 표본점으로 구성된 사건을 **단순사건**simple event이라 하고, 표본점이 하나도 들어 있지 않은 사건을 **공사건**empty event이라 하며, $\varnothing$로 나타낸다.

예제 1

동전을 세 번 던지는 실험에 대해 다음을 구하라.

(1) 표본공간

(2) 똑같은 면이 꼭 두 번 나오는 사건

풀이

(1) 동전을 던져서 나온 면이 그림이면 앞면(H), 숫자이면 뒷면(T)이라 하자. 그러면 동전을 세 번 던질 때 나올 수 있는 모든 경우의 집합인 표본공간은 다음과 같다.

$$S=\{HHH, HHT, HTH, THH, HTT, THT, TTH, TTT\}$$

(2) 똑같은 면이 꼭 두 번 나오는 경우는 H 또는 T가 두 번씩 나오는 경우이므로 구하는 사건은 다음과 같다.

$$A=\{HHT, HTH, THH, HTT, THT, TTH\}$$

집합에 대한 여러 연산을 사건에 적용할 수 있다.

정의 1 **여러 가지 사건**

(1) 두 사건 A, B에 대하여 사건 A 또는 사건 B의 표본점으로 구성된 사건을 A와 B의 합사건union of events이라 하고, 다음과 같이 나타낸다.

$$A \cup B = \{x \mid x \in A \text{ 또는 } x \in B\}$$

(2) 사건 A와 B가 공통으로 갖는 표본점으로 구성된 사건을 A와 B의 곱사건intersection of events이라 하고, 다음과 같이 나타낸다.

$$A \cap B = \{x \mid x \in A \text{ 그리고 } x \in B\}$$

(3) A 안에 있으나 사건 B 안에 없는 표본점들의 집합을 차사건difference of events이라 하고, 다음과 같이 나타낸다.

$$A - B = \{x \mid x \in A \text{ 그리고 } x \notin B\}$$

(4) A 안에 포함되지 않은 모든 표본점들의 집합을 사건 A의 여사건complementary event이라 하고, 다음과 같이 나타낸다.

$$A^c = S - A = \{x \in S \mid x \notin A\}$$

(5) 공통인 표본점을 갖지 않는 두 사건 즉, $A \cap B = \varnothing$ 인 두 사건 A와 B를 배반사건mutually exclusive events이라 한다.

(6) 다음을 만족하는 사건들 $\{A_i \mid i = 1, 2, \cdots, n\}$을 쌍마다 배반사건pairwisely mutually exclusive events이라 한다.

$$A_i \cap A_j = \varnothing, \ i \neq j, \ i, j = 1, 2, 3, \cdots, n$$

[정의 1]의 사건들을 벤다이어그램으로 나타내면 [그림 1.1]과 같다.

다음과 같이 쌍마다 배반이고 합사건이 표본공간이 되는 n 개의 사건 $\{A_i \mid i = 1, 2, \cdots, n\}$을 표본공간 S의 분할partition이라 한다.

(1) $A_i \cap A_j = \phi,\ i \neq j,\ i, j = 1, 2, 3, \cdots, n$

(2) $S = \bigcup_{i=1}^{n} A_i$

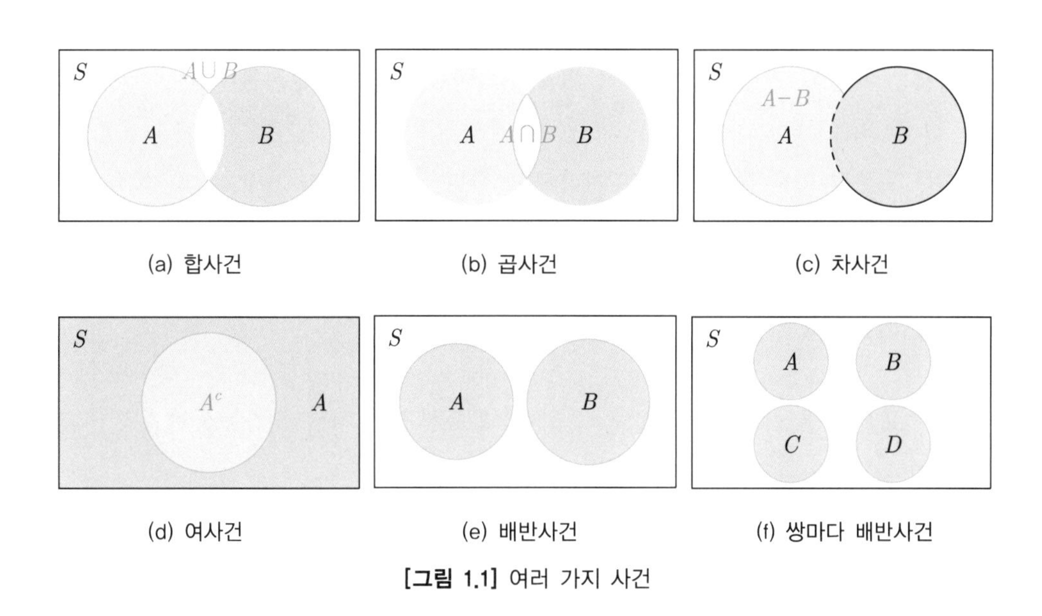

[그림 1.1] 여러 가지 사건

예제 2

동전을 세 번 던지는 실험에서 처음 두 번의 결과를 생각한다. 앞면이 두 번인 사건을 A, 앞면이 한 번인 사건을 B, 앞면이 없는 사건을 C라 할 때, 세 사건 A, B, C는 표본공간의 분할임을 보여라.

풀이

표본공간과 세 사건 A, B, C는 다음과 같다.

$$S = \{\mathrm{HHH, HHT, HTH, THH, HTT, THT, TTH, TTT}\}$$

$$A = \{\mathrm{HHH, HHT}\}$$

$$B = \{\mathrm{HTH, THH, HTT, THT}\}$$

$$C = \{\mathrm{TTH, TTT}\}$$

그러면 $A \cap B = \varnothing$, $A \cap C = \varnothing$, $B \cap C = \varnothing$이고 $S = A \cup B \cup C$이므로 A, B, C는 표본공간의 분할이다.

1.2 확률

확률을 정의하는 여러 방법 중 가장 많이 사용하는 것은 수학적 확률과 공리적 확률이다. 이 절에서는 확률의 개념을 소개하고 확률을 구하는 방법을 살펴본다.

사건 A 의 표본점의 개수를 $n(A)$라 할 때, 수학적 확률mathematical probability은 다음과 같이 정의하며, 고전적 확률classical probability이라고도 한다.

$$P(A)=\frac{n(A)}{n(S)}$$

이 경우 표본공간 S 안의 표본점을 선정할 때 표본점이 나타날 가능성이 동일하다고 가정한다.

예제 3

[예제 2]에서 앞면이 두 번일 확률 $P(A)$, 앞면이 한 번일 확률 $P(B)$, 앞면이 없을 확률 $P(C)$를 구하라.

풀이

[예제 2]에서 구한 표본공간과 사건 A, B, C의 표본점의 개수는 각각 다음과 같다.

$$n(S)=8,\ n(A)=2,\ n(B)=4,\ n(C)=2$$

따라서 사건 A, B, C의 확률은 각각 다음과 같다.

$$P(A)=\frac{n(A)}{n(S)}=\frac{2}{8}=\frac{1}{4}$$

$$P(B)=\frac{n(B)}{n(S)}=\frac{4}{8}=\frac{1}{2}$$

$$P(C)=\frac{n(C)}{n(S)}=\frac{2}{8}=\frac{1}{4}$$

수학적 확률의 정의는 표본공간 안에 있는 원소의 개수가 유한한 경우에만 적용된다. 양궁 선수가 화살을 쏘아서 과녁의 10점 영역에 맞힐 확률을 구할 경우, 표본공간은 화살이

꽂히는 무수히 많은 점으로 구성된다. 이 경우 다음 세 가지 공리를 만족하는 공리적 확률axiomatic probability을 사용하며, 사건 A에 대한 함숫값 $P(A)$를 사건 A의 확률이라 한다.

❶ $P(S) = 1$

❷ $A \subset S$이면 $0 \le P(A) \le 1$이다.

❸ 쌍마다 배반인 사건 A_n, $n = 1, 2, 3, \cdots$에 대해 $P(A_1 \cup A_2 \cup \cdots) = \sum_{n=1}^{\infty} P(A_n)$이다.

공리 ❸을 만족한다면 유한개의 쌍마다 배반인 사건 $A_1, A_2, \cdots, A_n$으로 제한해도 다음 등식이 성립한다.

$$P(A_1 \cup A_2 \cup \cdots \cup A_n) = \sum_{i=1}^{n} P(A_i)$$

보편적으로 공리적 확률의 개념은 다음과 같은 방법으로 정의하며, 이러한 정의를 기하학적 확률gometric probability이라고도 한다.

$$P(A) = \frac{(\text{사건 } A\text{에 대한 영역의 크기})}{(\text{표본공간 전체 영역의 크기})}$$

이때 영역의 크기란 표본공간이 유한집합인 경우에 표본점의 개수를 나타내고, 표본공간이 직선, 평면, 공간인 경우 각각 길이, 넓이, 부피를 나타낸다.

예제 4

과녁판이 반지름의 길이가 15cm인 원일 때, 양궁 선수가 과녁판에서 반지름의 길이가 5cm인 원에 화살을 맞힐 확률을 구하라.

풀이

반지름의 길이가 5cm인 원에 맞추는 사건을 A라 하면 표본공간 S의 넓이는 $15^2\pi = 225\pi\ (\text{cm}^2)$이고 A의 넓이는 $5^2\pi = 25\pi\ (\text{cm}^2)$이다. 따라서 구하는 확률은 다음과 같다.

$$P(A) = \frac{A\text{의 넓이}}{S\text{의 넓이}} = \frac{25\pi}{225\pi} = \frac{1}{9}$$

공리적 확률에 대해 다음 확률 법칙이 성립한다.

정리 1 확률 법칙

(1) 공사건의 확률 $P(\varnothing) = 0$

(2) 합사건의 확률
- A와 B가 배반인 경우: $P(A \cup B) = P(A) + P(B)$
- A와 B가 배반이 아닌 경우:
  $P(A \cup B) = P(A) + P(B) - P(A \cap B)$
  $P(A \cup B) \leq P(A) + P(B)$

(3) 여사건의 확률 $P(A^c) = 1 - P(A)$

(4) 차사건의 확률 $A \subset B$이면 $P(B - A) = P(B) - P(A)$이고 $P(A) \leq P(B)$

임의의 세 사건 A, B, C에 합사건의 확률을 적용하면 다음이 성립하는 것을 쉽게 보일 수 있다.

$$P(A \cup B \cup C) = P(A) + P(B) + P(C) - P(A \cap B) - P(A \cap C) - P(B \cap C) + P(A \cap B \cap C)$$

예제 5

주사위를 두 번 던지는 시행에서 첫 번째 나온 눈의 수가 3의 배수인 사건을 A, 두 번째 나온 눈의 수가 4인 사건을 B, 두 눈의 수의 합이 7인 사건을 C라 할 때, 다음 확률을 구하라.

(1) $P(A \cup C)$ (2) $P(B \cup C)$ (3) $P(A \cup B \cup C)$

풀이

주사위를 두 번 던져서 나올 수 있는 모든 경우의 수는 $n(S) = 36$이고, 사건 A, B, C는 각각 다음과 같다.

$$A = \left\{ \begin{matrix} (3,1), (3,2), (3,3), (3,4), (3,5), (3,6), \\ (6,1), (6,2), (6,3), (6,4), (6,5), (6,6) \end{matrix} \right\}$$

$$B = \{(1,4), (2,4), (3,4), (4,4), (5,4), (6,4)\}$$

$$C = \{(1,6), (2,5), (3,4), (4,3), (5,2), (6,1)\}$$

따라서 다음 곱사건을 얻는다.

$$A \cap B = \{(3,4), (6,4)\}, \ A \cap C = \{(3,4), (6,1)\},$$

$$B \cap C = \{(3,4)\}, \ A \cap B \cap C = \{(3,4)\}$$

구하는 확률은 각각 다음과 같다.

(1) $P(A \cup C) = P(A) + P(C) - P(A \cap C) = \frac{12}{36} + \frac{6}{36} - \frac{2}{36} = \frac{16}{36} = \frac{4}{9}$

(2) $P(B \cup C) = P(B) + P(C) - P(B \cap C) = \frac{6}{36} + \frac{6}{36} - \frac{1}{36} = \frac{11}{36}$

(3) $$\begin{aligned} P(A \cup B \cup C) &= P(A) + P(B) + P(C) - P(A \cap B) - P(A \cap C) \\ &\quad - P(B \cap C) + P(A \cap B \cap C) \\ &= \frac{12}{36} + \frac{6}{36} + \frac{6}{36} - \frac{2}{36} - \frac{2}{36} - \frac{1}{36} + \frac{1}{36} = \frac{20}{36} = \frac{5}{9} \end{aligned}$$

1.3 조건부 확률

주사위를 두 번 던지는 시행에서 첫 번째 나온 눈의 수가 5인 사건 A와 두 눈의 수의 합이 7인 사건 B는 다음과 같다.

$$A = \{(5, 1), (5, 2), (5, 3), (5, 4), (5, 5), (5, 6)\}$$

$$B = \{(1, 6), (2, 5), (3, 4), (4, 3), (5, 2), (6, 1)\}$$

주사위를 두 번 던져서 처음에 나온 눈의 수가 5라는 조건 아래 두 눈의 수의 합이 7인 사건은 $\{(5, 2)\}$이다. 따라서 이 조건 아래 두 눈의 수의 합이 7일 확률은 $\frac{1}{6}$이다. 이 경우 $A \cap B = \{(5, 2)\}$이므로 처음에 나온 눈의 수가 5라는 조건 아래 두 눈의 수의 합이 7일 확률을 $P(B|A)$로 나타내면 다음과 같이 표현할 수 있다.

$$P(B|A) = \frac{n(A \cap B)}{n(A)} = \frac{1}{6}$$

이와 같이 사건 A가 주어졌다는 조건 아래 사건 B가 나타날 확률을 조건부 확률 conditional probability 이라 하며 다음과 같이 정의한다.

$$P(B|A) = \frac{P(A \cap B)}{P(A)}, \quad P(A) > 0$$

예제 6

동전을 세 번 던지는 시행에서 처음에 앞면이 나왔다는 조건 아래 두 번째와 세 번째에 서로 다른 면이 나올 확률을 구하라.

풀이

처음에 앞면이 나오는 사건을 A, 두 번째와 세 번째에 서로 다른 면이 나오는 사건을 B라 하면 다음과 같다.

$$A = \{\text{HHH, HHT, HTH, HTT}\}, \quad B = \{\text{HHT, HTH, THT, TTH}\}$$

그러면 $A \cap B = \{\text{HHT, HTH}\}$이고 $P(A) = \frac{1}{2}$, $P(A \cap B) = \frac{1}{4}$이므로 구하는 확률은 다음과 같다.

$$P(B|A) = \frac{P(A \cap B)}{P(A)} = \frac{1/4}{1/2} = \frac{1}{2}$$

조건부 확률의 정의로부터 다음과 같이 곱사건 $A \cap B$의 확률을 얻을 수 있으며, 이것을 곱의 법칙 multiplication law 이라 한다.

$$P(A \cap B) = P(A)P(B|A), \quad P(A) > 0$$

따라서 곱사건 $A \cap B$의 확률 $P(A \cap B)$는 A가 일어날 확률 $P(A)$와 A가 일어났다는 조건 아래 B가 일어날 조건부 확률 $P(B|A)$의 곱과 같다. 같은 방법으로 곱사건 $A^c \cap B$, $A \cap B^c$, $A^c \cap B^c$의 확률을 구할 수 있으며, [그림 1.2]의 수형도를 보면 좀 더 쉽게 이해할 수 있다.

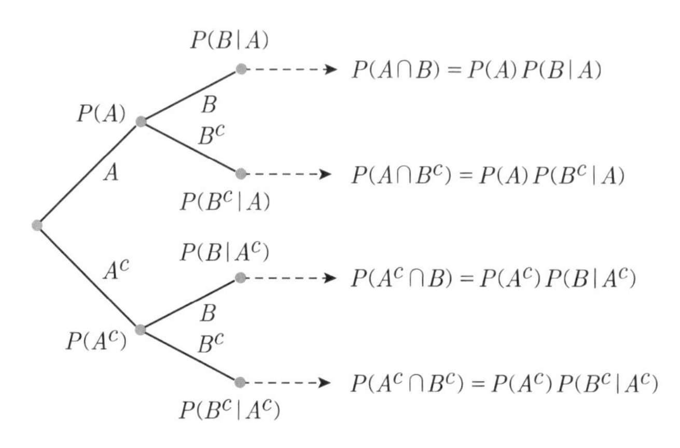

[그림 1.2] 곱의 법칙에 대한 수형도

예제 7

흰색 공 6개와 검은색 공 4개가 들어 있는 주머니에서 다음과 같은 방법으로 공 2개를 차례로 꺼낸다. 이때 꺼낸 공이 순서대로 흰색과 검은색일 확률을 구하라.
(1) 꺼낸 공을 주머니에 넣지 않는다.
(2) 꺼낸 공을 확인하고 주머니에 넣는다.

풀이

주머니에서 처음 꺼낸 공이 흰색인 사건을 A, 두 번째 꺼낸 공이 검은색인 사건을 B라 하면 구하는 확률은 $P(A\cap B)$이다.

(1) 처음에 흰색 공이 나올 확률은 $P(A)=\frac{6}{10}$이고, 꺼낸 공을 주머니에 넣지 않으므로 주머니에는 흰색 공 5개와 검은색 공 4개가 들어 있다. 따라서 두 번째 꺼낸 공이 검은색일 확률은 $P(B|A)=\frac{4}{9}$이고, 흰색과 검은색의 순서로 공이 나올 확률은 다음과 같다.

$$P(A\cap B)=P(A)P(B|A)=\frac{6}{10}\times\frac{4}{9}=\frac{4}{15}$$

(2) 처음에 나온 흰색 공을 다시 주머니에 넣는다는 조건이므로 주머니에는 흰색 공 6개와 검은색 공 4개가 들어 있다. 따라서 두 번째 꺼낸 공이 검은색일 확률은 $P(B|A)=\frac{4}{10}$이고, 흰색과 검은색의 순서로 공이 나올 확률은 다음과 같다.

$$P(A\cap B)=P(A)P(B|A)=\frac{6}{10}\times\frac{4}{10}=\frac{6}{25}$$

[예제 7(1)]과 같이 처음에 꺼낸 흰색 공을 주머니에 다시 넣지 않고 두 번째 공을 꺼내는 추출 방법을 비복원 추출without replacement이라 하고, [예제 7(2)]와 같이 처음에 꺼낸 흰색 공을 주머니에 다시 넣고 두 번째 공을 꺼내는 추출 방법을 복원추출replacement이라 한다. 특히 복원추출의 경우, 꺼낸 공을 주머니에 다시 넣으므로 두 번째 공을 꺼낼 때 처음에 어느 공을 꺼내든지 두 번째 꺼낸 공의 색에 아무 영향을 미치지 않는다. 이와 같이 어떤 사건 A의 발생 여부가 다른 사건 B의 발생에 아무 영향을 미치지 않을 때, 즉 다음이 성립할 때 두 사건 A와 B는 독립independent이라 한다.

$$P(B|A) = P(B), \quad P(A) > 0$$

곱의 법칙에 의해 $P(A \cap B) = P(A)P(B|A)$이므로 두 사건 A와 B가 독립일 필요충분 조건은 다음과 같다.

$$A\text{와 } B\text{가 독립} \quad \Leftrightarrow \quad P(A \cap B) = P(A)P(B)$$

독립의 개념은 3개 이상의 사건에 적용할 수 있으며, 다음 조건을 만족하는 사건 A_1, A_2, $\cdots$, A_n은 독립이다.

$$P(A_1 \cap A_2 \cap \cdots \cap A_n) = P(A_1)P(A_2)\cdots P(A_n)$$

사건 A_1, A_2, $\cdots$, A_n에 대하여 서로 다른 어느 두 사건을 선택하더라도 선택된 두 사건이 독립인 경우, 즉 다음을 만족하는 n개의 사건 A_1, A_2, $\cdots$, A_n을 쌍마다 독립pairwisely independent이라 한다.

$$P(A_i \cap A_j) = P(A_i)P(A_j), \; i \neq j, \; i, j = 1, 2, \cdots, n$$

예제 8

생산 공정은 서로 독립적인 두 기계장치 1과 2로 구성되어 있으며, 기계장치가 고장 나면 그 즉시 교체한다고 한다. 두 기계장치 1과 2가 고장 날 확률은 각각 17%와 12%일 때, 둘 중 적어도 한 기계장치가 고장 날 확률을 구하라.

풀이

두 기계장치 1과 2가 고장 나는 사건을 각각 A와 B라 하면 $P(A)=0.17$, $P(B)=0.12$이다. 또한 두 기계장치 1과 2가 고장 나는 사건은 독립이므로 다음이 성립한다.

$$P(A\cap B)=P(A)P(B)=0.17\times 0.12=0.0204$$

따라서 둘 중 적어도 한 기계장치가 고장 날 확률은 다음과 같다.

$$\begin{aligned}P(A\cup B)&=P(A)+P(B)-P(A\cap B)\\&=0.17+0.12-0.0204=0.2696\end{aligned}$$

사건 A_1, A_2, $\cdots$, A_n이 표본공간 S의 분할이고 $P(A_i)>0$ $(i=1,2,\cdots,n)$이라 하자. 그러면 임의의 사건 B에 대해 $\{A_i\cap B\,|\,i=i,\,2,\,\cdots,n\}$은 사건 B의 분할이고 곱의 법칙에 의해 $P(A_i\cap B)=P(A_i)P(B|A_i)$이다. 따라서 사건 B의 확률을 다음과 같이 구할 수 있으며, 이것을 전확률 공식 formula of total probability 이라 한다.

$$P(B)=\sum_{i=1}^{n}P(A_i)P(B|A_i),\quad P(A_i)>0$$

예제 9

의학 보고서에 따르면 전체 국민의 7%가 폐 질환을 앓고 있으며, 그들 중 85%가 흡연자라고 한다. 그리고 폐 질환이 없는 사람 중 25%가 흡연자라고 한다. 이때 임의로 선정한 사람이 흡연자일 확률을 구하라.

풀이

임의로 선정한 사람이 폐 질환을 앓고 있는 사람일 사건을 A라 하면 $P(A)=0.07$이므로 여사건의 확률은 $P(A^c)=0.93$이다. 이제 임의로 선정한 사람이 흡연자일 사건을

B라 하면 $P(B|A)=0.85$, $P(B|A^c)=0.25$이다. 따라서 임의로 선정한 사람이 흡연자일 확률은 다음과 같다.

$$P(B)=P(A)P(B|A)+P(A^c)P(B|A^c)$$
$$=0.07\times0.85+0.93\times0.25=0.292$$

S의 분할 사건 A_1, A_2, $\cdots$, A_n에 대하여 $P(B)>0$인 어떤 사건 B가 주어졌다는 조건 아래 사건 A_i가 나타날 조건부 확률은 다음과 같다.

$$P(A_i|B)=\frac{P(A_i\cap B)}{P(B)}$$

이 식에 곱의 법칙과 전확률 공식을 적용하면 베이즈 정리Bayes' theorem로 알려진 다음을 얻는다.

$$P(A_i|B)=\frac{P(A_i)P(B|A_i)}{\sum_{j=1}^{n}P(A_j)P(B|A_j)}$$

이때 사건 B의 원인을 제공하는 확률 $P(A_i)$를 사전확률prior probability이라 하고, 사건 B가 발생한 이후의 확률 $P(A_i|B)$를 사후확률posterior probability이라 한다.

예제 10

[예제 9]에서 임의로 선정한 사람이 흡연자일 때, 이 사람이 폐 질환을 앓고 있을 확률을 구하라.

풀이

[예제 9]로부터 임의로 선정한 사람이 흡연자일 확률은 $P(B)=0.292$이다. 따라서 흡연자가 선정되었을 때, 이 사람이 폐 질환을 앓고 있을 확률은 다음과 같다.

$$P(A|B)=\frac{P(A)P(B|A)}{P(B)}=\frac{0.07\times0.85}{0.292}=\frac{0.0595}{0.292}\approx0.2038$$

1장 연습문제

01 다음 통계실험에 맞는 표본공간을 구하라.

(1) 동전을 다섯 번 던져서 나온 앞면의 개수

(2) 하루 동안 스마트폰에 수신된 스팸문자의 개수

(3) 100Ω인 저항기의 저항이 90Ω과 110Ω 사이에서 측정될 때의 실제 측정값

(4) 형광등을 교체한 이후 형광등이 끊어질 때까지 걸리는 시간

02 주사위를 두 번 던지는 실험에 대해 다음을 구하라.

(1) 나온 눈의 수에 대한 표본공간

(2) 처음 나온 눈의 수가 홀수인 사건 A

(3) 두 눈의 수의 합이 7인 사건 B

03 1에서 5까지 숫자가 적힌 카드가 들어 있는 주머니에서 처음 꺼낸 카드를 주머니에 다시 넣는 방식으로 카드 두 장을 꺼낼 때, 다음을 구하라.

(1) 꺼낸 카드에 적힌 숫자에 대한 표본공간

(2) 두 번째 꺼낸 카드의 숫자가 홀수인 사건 A

(3) 두 카드에 적힌 숫자의 합이 4인 사건 B

04 1에서 5까지 숫자가 적힌 카드가 들어 있는 주머니에서 처음 꺼낸 카드를 주머니에 다시 넣지 않는 방식으로 카드 두 장을 꺼낼 때, 다음을 구하라.

(1) 꺼낸 카드에 적힌 숫자에 대한 표본공간

(2) 두 번째 꺼낸 카드의 숫자가 홀수인 사건 A

(3) 두 카드에 적힌 숫자의 합이 4인 사건 B

05 동전을 세 번 던지는 게임에서 앞면이 두 번 이상 나온 사건을 A, 뒷면이 한 번 이상 나오는 사건을 B라 할 때, $A \cup B$와 $A \cap B$를 구하라.

06 동전을 세 번 던지는 게임에서 앞면이 나온 횟수가 i 인 사건을 A_i, $i = 0, 1, 2, 3$이라 할 때, 이 사건들은 표본공간의 분할임을 보여라.

07 빨간색과 파란색의 공이 2개씩 들어 있는 주머니에서 공 2개를 꺼낼 때, 다음을 구하라. 단, 같은 색의 공은 각각 크기가 다르다.

(1) 나올 수 있는 공의 색에 대한 표본공간

(2) 두 공이 서로 다른 색인 사건 A

(3) 파란색이 많아야 1개인 사건 B

08 주사위를 한 번 던져서 홀수의 눈이 나오는 사건을 A, 2 또는 6의 눈이 나오는 사건을 B, 3의 배수가 나오는 사건을 C라 할 때, 다음을 구하라.

(1) $A \cap C$ (2) $B \cup C$ (3) $A \cup (B \cap C)$ (4) $(A \cup B)^c$

09 동전을 세 번 던지는 게임에서 앞면이 나온 횟수가 i인 사건을 $A_i(i = 0, 1, 2, 3)$라 할 때, 이 사건들의 확률을 구하라.

10 주사위를 두 번 던지는 게임에서 첫 번째 나온 눈의 수가 3의 배수인 사건을 A, 두 번째 나온 눈의 수가 3의 배수인 사건을 B라 할 때, A의 확률과 $A \cap B$의 확률을 구하라.

11 주사위를 세 번 던지는 게임에서 처음에 나온 눈의 수가 1이 아닐 확률을 구하라.

12 주머니 안에 흰색 바둑돌이 3개, 검은색 바둑돌이 5개 들어 있다. 이 주머니에서 4개의 바둑돌을 임의로 꺼낼 때, 꺼낸 바둑돌 안에 포함된 흰색 바둑돌의 개수에 대한 확률을 구하라.

13 주사위를 독립적으로 반복해서 던지는 실험에서 2 또는 3의 눈이 나오면 주사위 던지기를 멈춘다고 한다. 다음을 구하라.

(1) 처음 던진 후 멈출 확률

(2) 5번 던진 후 멈출 확률

(3) n번 던진 후 멈출 확률

14 중국어와 일본어를 제2외국어 수업으로 운영하고 있는 어느 고등학교에서 2학년에 진급한 120명 중 중국어를 선택한 학생이 32명, 일본어를 선택한 학생이 36명, 중국어

와 일본어 모두 선택한 학생이 8명이라고 한다. 2학년 학생 중 임의로 한 명을 선정했을 때, 두 과목 중 어느 하나만 선택했을 확률을 구하라.

15 $S = A \cup B$이고 $P(A) = 0.75$, $P(B) = 0.63$일 때, $P(A \cap B)$를 구하라.

16 $P(A) = 0.3$, $P(B) = 0.5$, $P(A \cap B^c) = 0.2$인 두 사건 A와 B에 대해 다음 확률을 구하라.

(1) $P(A \cap B)$　　(2) $P(A \cup B)$　　(3) $P(A^c \cap B^c)$

17 주사위를 두 번 던지는 시행에서 첫 번째 나온 눈의 수가 2인 사건을 A, 두 번째 나온 눈의 수가 2인 사건을 B라 할 때, 다음 확률을 구하라.

(1) $P(A)$　　(2) $P(B)$　　(3) $P(A|B)$　　(4) $P(B|A)$

18 지난해 결혼한 10쌍의 20명 중 임의로 두 명을 선정할 때, 두 사람이 부부일 확률을 구하라.

19 여자 4명과 남자 6명이 섞여 있는 그룹에서 두 명을 무작위로 차례대로 선출할 때,

(1) 두 명 모두 동성일 확률을 구하라.

(2) 여자 1명과 남자 1명이 선출될 확률을 구하라.

20 흰색 바둑돌 4개와 검은색 바둑돌 6개가 들어 있는 주머니에서 복원추출에 의해 차례로 3개를 꺼낸다.

(1) 3개 모두 흰색일 확률을 구하라.

(2) 바둑돌이 차례로 흰색, 검은색, 흰색일 확률을 구하라.

21 다음 회로의 각 스위치는 독립적으로 작동하며 1번 스위치가 ON이 될 확률은 0.95, 2번 스위치가 ON이 될 확률은 0.94, 3번 스위치가 ON이 될 확률은 0.86이라고 한다. A와 B 두 지점에 전류가 흐를 확률을 구하라.

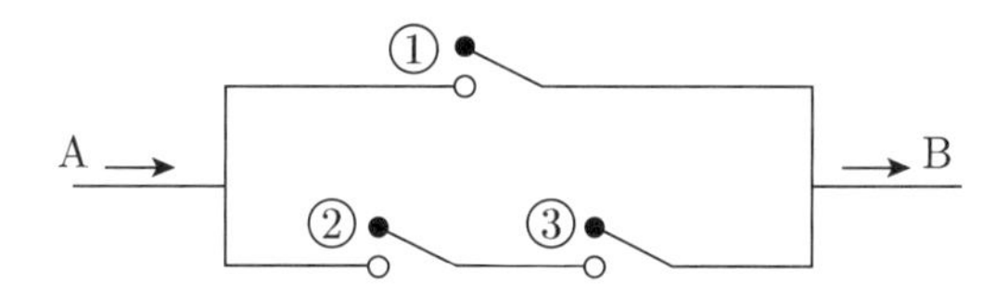

22 지금까지 어떤 제안을 받은 개개인의 대답이 'Yes'일 확률이 0.85이고, 개개인의 대답은 독립이라고 한다. 네 명에게 차례대로 동일한 제안을 할 경우, 다음 확률을 구하라.

(1) 네 명 모두 동일한 대답을 할 확률

(2) 처음 두 명은 'Yes', 나중 두 명은 'No'라고 대답할 확률

(3) 적어도 한 명이 'No'라고 대답을 할 확률

(4) 정확히 세 명이 'Yes'라고 대답할 확률

23 스톡옵션의 변동에 대한 가장 간단한 모델은 스톡 가격이 매일 확률 p 의 가능성으로 1단위만큼 오르고 확률 $1-p$ 의 가능성으로 1단위만큼 떨어지며, 그날그날의 변동은 독립이라고 가정한다. 한편 어떤 스톡에 대하여 $p=\frac{2}{3}$라고 할 때, 다음 확률을 구하라.

(1) 이틀 후, 스톡 가격이 처음과 동일할 확률

(2) 3일 후, 스톡 가격이 1단위만큼 오를 확률

(3) 3일 후 스톡 가격이 1단위만큼 올랐을 때, 첫날 올랐을 확률

24 세 공장 A, B, C에서 각각 40%, 30%, 30%의 비율로 제품을 생산하며, 이 세 공정라인에서 불량품이 생산될 가능성은 각각 2%, 3%, 5%라고 한다. 어떤 제품 하나를 임의로 선정했을 때, 다음 확률을 구하라.

(1) 이 제품이 불량품일 확률

(2) 임의로 선정된 제품이 불량품일 때, 이 제품이 A 공장에서 만들어졌을 확률과 B 공장에서 만들어졌을 확률

(3) 임의로 선정된 제품이 불량품일 때, 이 제품이 A 공장 또는 B 공장에서 만들어졌을 확률

CHAPTER 02

확률변수와 분포

Random Variables and Their Distributions

목차

학습목표

- 이산확률변수의 의미를 이해하고 확률을 구할 수 있다.
- 연속확률변수의 의미를 이해하고 확률을 구할 수 있다.
- 기댓값의 의미를 이해하고 평균과 분산을 구할 수 있다.

2.1 이산확률변수

1장에서는 표본공간에서 얻은 사건에 대한 확률을 구하는 방법을 살펴보았다. 이 절에서는 어떤 수치적인 특성에 의해 분리되는 사건을 나타내는 방법과 그에 대한 확률을 구하는 방법에 대해 살펴본다.

동전을 세 번 반복하여 던져서 앞면이 나온 횟수에 의해 표본공간을 분할하면 다음과 같다.

$$A_0 = \{\mathrm{TTT}\},\ A_1 = \{\mathrm{HTT, THT, TTH}\},$$

$$A_2 = \{\mathrm{HHT, HTH, THH}\},\ A_3 = \{\mathrm{HHH}\}$$

이때 앞면이 나온 횟수를 X라 하면 X의 값을 이용하여 각 사건을 나타낼 수 있다.

$$A_0 \Leftrightarrow X=0,\ A_1 \Leftrightarrow X=1,\ A_2 \Leftrightarrow X=2,\ A_3 \Leftrightarrow X=3$$

이와 같이 실험 결과의 특성에 의해 분리된 사건을 실수로 대응시키는 함수 X를 확률변수 random variable라 하고, 확률변수 X의 치역을 상태공간 state space이라 하며 S_X로 나타낸다. 일반적으로 상태공간은 원소를 셀 수 있는 경우와 그렇지 않은 경우로 구분한다. 예를 들어, 동전을 세 번 반복하여 던져서 앞면이 나온 횟수 X의 상태공간은 $S_X = \{0, 1, 2, 3\}$이다. 또한 1의 눈이 처음 나올 때까지 반복하여 주사위를 던진 횟수를 확률변수 X라 하면 상태공간은 $S_X = \{1, 2, 3, \cdots\}$이다. 이와 같이 상태공간이 유한집합이거나 셀 수 있는 무한집합인 확률변수 X를 이산확률변수 discrete random variable라 한다.

동전을 세 번 던져서 앞면이 나온 횟수 X가 취하는 각각에 대한 확률을 구하면 다음과 같다.

$$P(X=0) = P(\{\mathrm{TTT}\}) = \frac{1}{8},$$

$$P(X=1) = P(\{\mathrm{HTT, THT, TTH}\}) = \frac{3}{8},$$

$$P(X=2) = P(\{\mathrm{HHT, HTH, THH}\}) = \frac{3}{8},$$

$$P(X=3) = P(\{\mathrm{HHH}\}) = \frac{1}{8}$$

확률변수 X가 취하는 각각에 대한 확률을 다음과 같이 표현할 수 있다.

- 확률표probability table: [표 2.1]과 같이 확률변수 X가 취하는 각각의 값에 대해 확률값을 대응시키는 표를 이용한다.

[표 2.1] 확률표

x	0	1	2	3
$P(X=x)$	$\frac{1}{8}$	$\frac{3}{8}$	$\frac{3}{8}$	$\frac{1}{8}$

- 확률질량함수probability mass function: 다음과 같이 확률변수 X의 상태공간 S_X 안에 있는 각각의 x에 대해 $P(X=x)$로 대응하고, 상태공간 외부의 모든 실수 x에 대해 0으로 대응하는 함수 $f(x)$를 이용한다.

$$f(x)=\begin{cases}P(X=x), & x \in S_X \\ 0, & x \notin S_X\end{cases}$$

- 확률히스토그램probability histogram: [그림 2.1]과 같이 확률변수가 취하는 개개의 값을 중심으로 밑변의 길이가 1이고 높이가 확률값인 직사각형 그림을 이용한다.

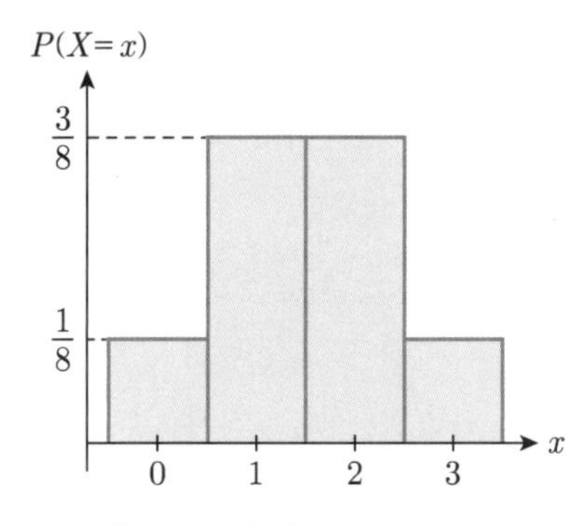

[그림 2.1] 확률히스토그램

이와 같이 확률변수 X가 취하는 각 경우에 대한 확률을 표, 함수 또는 그림을 이용하여 나타내는 것을 확률변수 X의 확률분포probability distribution라 한다. 특히 이산확률변수 X의 확률질량함수를 $f(x)$라 하면 다음 두 성질이 성립한다.

❶ 임의의 실수 x에 대해 $0 \le f(x) \le 1$이다.

❷ $\sum_{\text{모든 } x} f(x) = 1$

이산확률변수 X에 대해 $a \le X \le b$인 확률은 다음과 같다.

$$P(a \le X \le b) = \sum_{a \le x \le b} f(x)$$

예제 1

이산확률변수 X의 상태공간이 $S_X = \{-2, -1, 0, 1, 2\}$이고 $P(X=-2) = P(X=2) = 0.1$, $P(X=-1) = P(X=1) = 0.25$일 때, 다음 확률을 구하라.

(1) $P(X=0)$

(2) $P(-1 \le X \le 1)$

풀이

(1) X의 확률질량함수를 $f(x)$라 하면 $f(-2) = f(2) = 0.1$, $f(-1) = f(1) = 0.25$ 이므로 확률질량함수의 성질 ❷에 의하여 구하는 확률은 다음과 같다.

$$\begin{aligned} P(X=0) = f(0) &= 1 - [f(-2) + f(-1) + f(1) + f(2)] \\ &= 1 - (0.1 + 0.25 + 0.25 + 0.1) = 0.3 \end{aligned}$$

(2) $P(-1 \le X \le 1) = f(-1) + f(0) + f(1) = 0.25 + 0.3 + 0.25 = 0.8$

한편 임의의 실수 x에 대해 이산확률변수 X가 x보다 작거나 같은 확률 $P(X \le x)$를 X의 분포함수distribution function라 하며, $F(x)$로 나타낸다. 즉, 이산확률변수 X의 분포함수는 다음과 같이 정의한다.

$$F(x) = P(X \le x) = \sum_{u \le x} f(u)$$

임의의 실수 x에 대해 이산확률변수 X의 분포함수 $F(x)$의 값이 어떻게 변하는지 살펴보기 위해 다음 확률질량함수를 생각하자.

$$f(x) = \begin{cases} \dfrac{1}{4}, & x = 0, 2 \\ \dfrac{1}{2}, & x = 1 \\ 0, & \text{다른 곳에서} \end{cases}$$

[그림 2.2]와 같이 x보다 작거나 같은 모든 확률의 합은 다음과 같다.

- $x < 0$인 경우, $P(X \le x) = \sum_{u \le x} f(u) = 0$
- $0 \le x < 1$인 경우, $P(X \le x) = \sum_{u \le x} f(u) = f(0) = \frac{1}{4}$
- $1 \le x < 2$인 경우, $P(X \le x) = \sum_{u \le x} f(u) = f(0) + f(1) = \frac{1}{4} + \frac{1}{2} = \frac{3}{4}$
- $x \ge 2$인 경우, $P(X \le x) = \sum_{u \le x} f(u) = f(0) + f(1) + f(2) = \frac{1}{4} + \frac{1}{2} + \frac{1}{4} = 1$

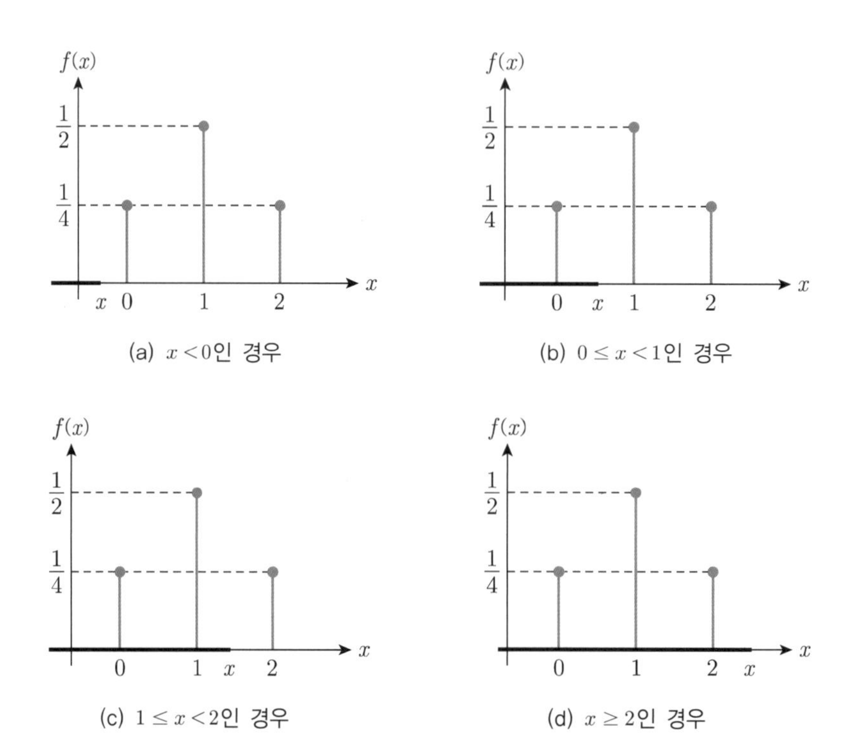

[그림 2.2] x에 따른 확률 $P(X \le x)$

따라서 임의의 실수 x에 대해 분포함수는 다음과 같이 정의된다.

$$F(x) = P(X \le x) = \begin{cases} 0\ , & x < 0 \\ \dfrac{1}{4}, & 0 \le x < 1 \\ \dfrac{3}{4}, & 1 \le x < 2 \\ 1\ , & x \ge 2 \end{cases}$$

[그림 2.3]과 같이 분포함수 $F(x)$의 그래프는 $x = 0, 1, 2$에서 불연속인 계단 모양이다.

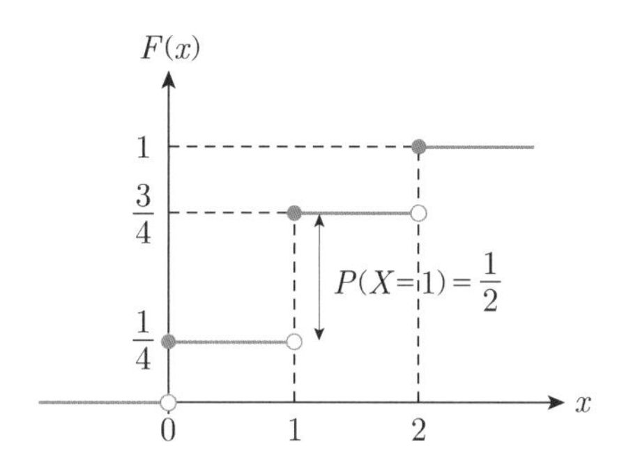

[그림 2.3] 분포함수 $F(x)$의 그래프

[그림 2.3]으로부터 이산확률변수 X의 분포함수 $F(x)$와 확률질량함수 $f(x)$ 사이의 관계를 알 수 있다. 즉, [표 2.2]와 같이 이산확률변수 X가 취하는 값에서 분포함수는 불연속이고, 그 점에서 함숫값의 차이가 $f(x)$의 함숫값이 된다. 또한 $F(x)$가 불연속이 아닌 모든 점 x에서 $P(X = x) = 0$이다.

[표 2.2] 분포함수의 불연속점과 확률의 비교

$F(x)$의 불연속점	점프 크기
$x = 0$	$\frac{1}{4}$
$x = 1$	$\frac{1}{2}$
$x = 2$	$\frac{1}{4}$

$\Leftrightarrow$

확률변수 X의 값	$f(x)$
$X = 0$	$\frac{1}{4}$
$X = 1$	$\frac{1}{2}$
$X = 2$	$\frac{1}{4}$

분포함수 $F(x)$를 이용하여 여러 확률을 구할 수 있다.

❶ $P(a < X \leq b) = F(b) - F(a)$

❷ $P(X > a) = 1 - F(a)$

❸ $P(X = a) = F(a) - \lim_{x \to a^-} F(x)$

❹ $P(X \geq a) = 1 - P(X < a) = 1 - \lim_{x \to a^-} F(x)$

예제 2

동전을 세 번 던져서 앞면이 나온 횟수를 확률변수 X라 할 때, 다음을 구하라.

(1) X의 분포함수 (2) $P(X \leq 1)$ (3) $P(X > 1)$

풀이

(1) X의 확률질량함수는 다음과 같다.

$$f(x) = \begin{cases} \frac{1}{8}, & x = 0, 3 \\ \frac{3}{8}, & x = 1, 2 \\ 0, & \text{다른 곳에서} \end{cases}$$

따라서 임의의 실수 x에 대하여 다음을 얻는다.

$x < 0$인 경우, $F(x) = P(X \leq x) = 0$

$0 \leq x < 1$인 경우, $F(x) = P(X \leq x) = f(0) = \frac{1}{8}$

$1 \leq x < 2$인 경우, $F(x) = P(X \leq x) = f(0) + f(1) = \frac{1}{8} + \frac{3}{8} = \frac{1}{2}$

$2 \leq x < 3$인 경우, $F(x) = P(X \leq x) = f(0) + f(1) + f(2)$

$$= \frac{1}{8} + \frac{3}{8} + \frac{3}{8} = \frac{7}{8}$$

$x \geq 3$인 경우, $F(x) = P(X \leq x) = f(0) + f(1) + f(2) + f(3) = 1$

따라서 X의 분포함수 $F(x)$는 다음과 같다.

$$F(x) = \begin{cases} 0, & x < 0 \\ \frac{1}{8}, & 0 \leq x < 1 \\ \frac{1}{2}, & 1 \leq x < 2 \\ \frac{7}{8}, & 2 \leq x < 3 \\ 1, & x \geq 3 \end{cases}$$

(2) $P(X \le 1) = F(1) = \frac{1}{2}$

(3) $P(X > 1) = 1 - F(1) = 1 - \frac{1}{2} = \frac{1}{2}$

2.2 연속확률변수

지금까지 상태공간이 유한집합이거나 셀 수 있는 무한집합인 이산확률변수에 대해 살펴보았다. 이 절에서는 상태공간이 유한구간 또는 무한구간인 확률변수에 대해 살펴본다.

확률변수 X를 새로 교체된 전구의 수명이라 하면 교체된 전구의 수명이 언제 끝날지 모르므로 상태공간은 $S_X = [0, \infty)$이다. 이와 같이 확률변수 X의 상태공간이 유한구간 또는 무한구간인 확률변수를 연속확률변수^continuous random variable^라고 한다. 그리고 연속확률변수 X에 대해 다음 두 조건을 만족하는 함수 $f(x)$를 X의 확률밀도함수^probability density function^라고 한다.

❶ 임의의 실수 x에 대해 $f(x) \ge 0$이다.

❷ $\int_{-\infty}^{\infty} f(x)\,dx = 1$이다.

연속확률변수 X가 a보다 크거나 같고 b보다 작거나 같을 확률, 즉 $P(a \le X \le b)$는 다음과 같이 구한다.

$$P(a \le X \le b) = \int_a^b f(x)\,dx$$

확률 $P(a \le X \le b)$는 [그림 2.4]와 같이 함수 $f(x)$의 그래프와 두 직선 $x = a$, $x = b$ 및 x축으로 둘러싸인 부분의 넓이와 같다.

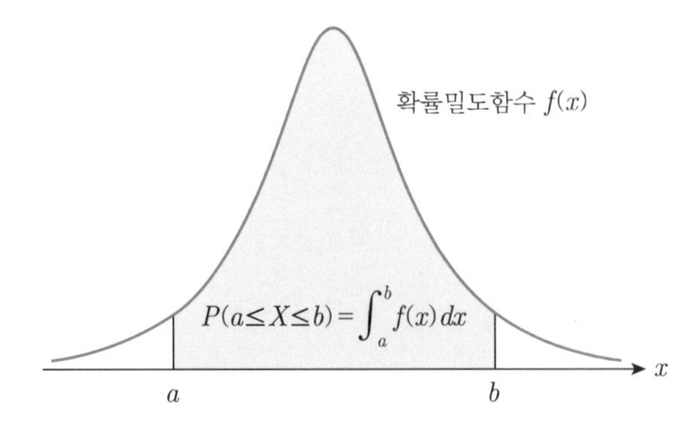

[그림 2.4] $P(a \le X \le b)$의 기하학적 의미

연속확률분포에 대해 다음과 같이 확률을 구할 수 있다.

❶ $P(X = a) = 0$

❷ $P(X \ge a) = P(X > a)$, $P(X \le a) = P(X < a)$

❸ $P(a \le X \le b) = P(a < X \le b) = P(a \le X < b) = P(a < X < b)$

❹ $P(a \le X \le b) = P(X \le b) - P(X \le a)$

예제 3

연속확률변수 X의 확률밀도함수가 다음과 같을 때, 상수 k와 확률 $P(1 < X \le 2)$를 구하라.

$$f(x) = \begin{cases} ke^{-2x}, & x \ge 0 \\ 0, & x < 0 \end{cases}$$

풀이

함수 $f(x)$가 확률밀도함수이면 $\int_{-\infty}^{\infty} f(x)\,dx = 1$이므로 다음을 만족한다.

$$\int_{-\infty}^{\infty} f(x)dx = \int_{-\infty}^{0} 0\,dx + \int_{0}^{\infty} ke^{-2x}dx = \left[-\frac{k}{2}e^{-2x}\right]_0^{\infty}$$
$$= -\frac{k}{2}\lim_{x \to \infty}(e^{-2x} - 1) = \frac{k}{2} = 1$$

따라서 $k = 2$이고, 구하는 확률은 다음과 같다.

$$P(1 < X \le 2) = \int_1^2 2e^{-2x}dx = \left[-e^{-2x}\right]_1^2 = e^{-2} - e^{-4} \approx 0.11702$$

이산확률변수와 마찬가지로 연속확률변수 X에 대하여 $F(x) = P(X \le x)$를 확률변수 X의 분포함수distribution function라 하며, 다음과 같이 정의한다.

$$F(x) = P(X \le x) = \int_{-\infty}^{x} f(u)\,du$$

연속확률변수의 분포함수 $F(x)$는 연속함수이며 다음 성질을 갖는다.

❶ $\lim_{x \to -\infty} F(x) = 0$, $\lim_{x \to \infty} F(x) = 1$

❷ $P(a < X \le b) = F(b) - F(a)$

❸ $P(X > a) = P(X \ge a) = 1 - F(a)$

특히 확률밀도함수 $f(x)$와 분포함수 $F(x)$ 사이에 다음 관계가 성립한다.

$$f(x) = \frac{d}{dx} F(x)$$

예제 4

[예제 3]의 확률변수 X에 대한 분포함수를 구하고, 분포함수를 이용하여 $P(1 < X \le 2)$를 구하라.

풀이

$x < 0$인 경우, $f(x) = 0$이므로 $F(x) = \int_{-\infty}^{x} f(u)\,du = \int_{-\infty}^{x} 0\,du = 0$이다.

$x > 0$인 경우, $f(x) = 2e^{-2x}$이므로 다음을 얻는다.

$$\begin{aligned} F(x) &= \int_{-\infty}^{x} f(u)\,du = \int_{-\infty}^{0} 0\,du + \int_{0}^{x} 2e^{-2u}\,du \\ &= \left[-e^{-2u} \right]_0^x = 1 - e^{-2x} \end{aligned}$$

따라서 X의 분포함수는 다음과 같다.

$$F(x) = \begin{cases} 0 & , \ x < 0 \\ 1 - e^{-2x} & , \ x \ge 0 \end{cases}$$

구하는 확률은 다음과 같다.

$$P(1 < X \le 2) = F(2) - F(1) = (1 - e^{-4}) - (1 - e^{-2})$$
$$= e^{-2} - e^{-4} \approx 0.11702$$

2.3 기댓값

다양한 형태의 확률분포는 중심위치를 나타내는 대푯값과 흩어진 정도를 나타내는 산포도로 특성이 요약된다. 이 절에서는 확률분포에 대한 대푯값과 산포도를 구하는 방법에 대해 살펴본다.

주사위를 반복하여 60번 던진다고 하자. 그러면 주사위의 눈의 수는 6개의 숫자 1, 2, 3, 4, 5, 6으로 구성되므로 각각의 눈이 10번씩 나올 것으로 기대된다. 즉, 주사위를 60번 던져서 나올 것으로 기대되는 가중평균은 다음과 같다.

$$\text{가중평균} = \frac{1\times 10 + 2\times 10 + 3\times 10 + 4\times 10 + 5\times 10 + 6\times 10}{60}$$
$$= 1\times\frac{1}{6} + 2\times\frac{1}{6} + 3\times\frac{1}{6} + 4\times\frac{1}{6} + 5\times\frac{1}{6} + 6\times\frac{1}{6} = 3.5$$

주사위를 던져서 나온 눈의 수를 확률변수 X라 하면 확률분포는 다음과 같다.

[표 2.3] 주사위 눈의 수에 대한 확률표

X	1	2	3	4	5	6
$P(X=x)$	$\frac{1}{6}$	$\frac{1}{6}$	$\frac{1}{6}$	$\frac{1}{6}$	$\frac{1}{6}$	$\frac{1}{6}$

앞에서 구한 가중평균은 이산확률변수 X가 취하는 각각의 값과 그 경우의 확률을 곱한 값을 모두 더한 것임을 알 수 있다. 다음과 같이 정의되는 가중평균을 이산확률변수 X의 **기댓값**expected value 또는 **평균**mean이라 하며, $\mu = E(X)$로 나타낸다.

$$\mu = E(X) = \sum_{\text{모든 } x} x f(x) = \sum_{x \in S_X} x P(X = x)$$

이산확률변수 X의 기댓값은 [그림 2.5]와 같이 확률분포의 중심위치를 나타내는 척도이다.

[그림 2.5] 기댓값의 의미

동일한 방법으로 연속확률변수 X의 기댓값을 다음과 같이 정의한다.

$$\mu = E(X) = \int_{-\infty}^{\infty} x f(x) dx = \int_{S_X} x f(x) dx$$

예제 5

다음 확률변수 X에 대한 기댓값을 구하라.

(1) 동전을 세 번 던져서 나온 앞면의 개수 X

(2) 확률밀도함수가 $f(x) = e^{-x}$, $x \geq 0$인 연속확률변수 X

풀이

(1) 확률변수 X의 확률질량함수는 다음과 같다.

$$f(x) = \begin{cases} \frac{1}{8}, & x = 0, 3 \\ \frac{3}{8}, & x = 1, 2 \\ 0, & \text{다른 곳에서} \end{cases}$$

따라서 X의 기댓값은 다음과 같다.

$$E(X) = 0 \times \frac{1}{8} + 1 \times \frac{3}{8} + 2 \times \frac{3}{8} + 3 \times \frac{1}{8} = \frac{3}{2}$$

(2) $E(X)=\int_0^{\infty} x e^{-x} dx = \left[-(x+1)e^{-x}\right]_0^{\infty} = 1 - \lim_{x \to \infty} \frac{x+1}{e^x} = 1$

모든 확률변수의 기댓값이 존재하는 것은 아니다. 예를 들어, 연속확률변수 X의 확률밀도함수 $f(x)=\frac{1}{\pi(1+x^2)}$, $-\infty < x < \infty$ 의 확률분포는 [그림 2.6]과 같이 $x=0$을 중심으로 좌우 대칭이지만 기댓값이 존재하지 않는 것으로 알려져 있다.

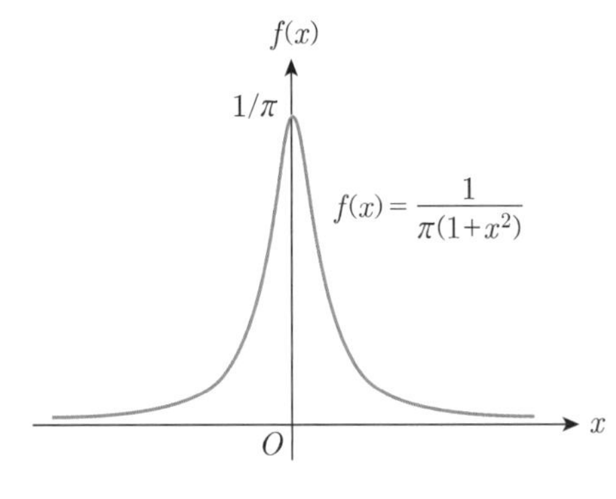

[그림 2.6] $f(x)=\frac{1}{\pi(1+x^2)}$ 의 그래프

확률변수 X의 함수 $g(X)$의 기댓값은 다음과 같이 구할 수 있다.

- X가 이산확률변수인 경우: $E[g(X)] = \sum_{x \in S_X} g(x)f(x)$
- X가 연속확률변수인 경우: $E[g(X)] = \int_{S_X} g(x)f(x)dx$

확률질량함수가 $f(x)$인 이산확률변수 X에 대해 $g(X)=aX+b$라 하면 다음을 얻는다.

$$\begin{aligned} E(aX+b) &= \sum_x (ax+b)f(x) = a\sum_x xf(x) + b\sum_x f(x) \\ &= aE(X)+b \end{aligned}$$

동일한 방법으로 다음 성질이 성립하는 것을 쉽게 보일 수 있다.

❶ $E(a)=a$

❷ $E(aX) = aE(X),\ a \neq 0$

❸ $E(aX+b) = aE(X)+b,\ a \neq 0$

❹ $E[au(X)+bv(X)] = aE[u(X)]+bE[v(X)]$

예제 6

[예제 5]의 확률변수 X에 대해 기댓값 $E(X+1)$과 $E(X^2)$을 구하라.

풀이

(1) $E(X+1) = E(X)+1 = \frac{3}{2}+1 = \frac{5}{2}$

$$E(X^2) = 0^2 \times \frac{1}{8} + 1^2 \times \frac{3}{8} + 2^2 \times \frac{3}{8} + 3^2 \times \frac{1}{8} = 3$$

(2) $E(X+1) = E(X)+1 = 1+1 = 2$

$$E(X^2) = \int_0^\infty x^2 e^{-x}\,dx = \left[-(x^2+2x+2)e^{-x}\right]_0^\infty$$

$$= 2 - \lim_{x \to \infty} \frac{x^2+2x+2}{e^x} = 2$$

이제 기댓값이 존재하지 않는 확률분포의 중심위치를 나타내는 척도를 살펴본다. 확률변수 X에 대해 다음을 만족하는 수치 M_e를 중앙값[median]이라 한다.

$$P(X \le M_e) = P(X \ge M_e) \ge \frac{1}{2}$$

중앙값은 상위 50%와 하위 50%를 나타내는 위치척도이다. 예를 들어, [그림 2.6]의 확률분포는 X의 기댓값이 존재하지 않지만 $x=0$을 중심으로 좌우 대칭이므로 중앙값 $M_e = 0$을 확률분포의 중심위치로 택할 수 있다. 또한 상태공간 안의 $x = x_0$에서 확률질량(밀도)함수가 최대인 경우, 즉 다음을 만족하는 $x = x_0$을 확률변수 X의 최빈값[Mode]이라 하고 M_o로 나타낸다.

$$f(x_0) = \max\{f(x) \mid x \in S_X\}$$

예를 들어, [그림 2.6]에서 확률밀도함수 $f(x) = \dfrac{1}{\pi(1+x^2)}$은 $x = 0$에서 최댓값 $\dfrac{1}{\pi}$을 가지므로 X의 최빈값은 $M_o = 0$이다.

예제 7

[예제 5]의 확률변수 X에 대한 중앙값과 최빈값을 구하라.

풀이

(1) $P(X \le 1) = P(X \ge 2) = \dfrac{1}{2}$이고 $1 < a < 2$에 대해

$P(X \le a) = P(X \ge a) = \dfrac{1}{2}$이므로 $1 \le x \le 2$인 모든 수가 중앙값이다.

$P(X = 1) = P(X = 2) = \dfrac{3}{8}$이고 확률질량함수 $f(x)$의 최댓값이므로 최빈값은

$M_o = 1, 2$이다.

(2) $P(X \le x_0) = \displaystyle\int_0^{x_0} e^{-x}\,dx = \left[-e^{-x}\right]_0^{x_0} = 1 - e^{-x_0} = \dfrac{1}{2}$이므로 $e^{-x_0} = \dfrac{1}{2}$,

즉 $x_0 = \ln 2$가 중앙값이다. $f(x) = e^{-x}$은 $x \ge 0$에서 정의되는 감소함수이므로 $f(0) = 1$에서 최댓값을 가지고 최빈값은 $M_o = 0$이다.

[예제 7]로부터 중앙값과 최빈값은 둘 이상 존재하거나 없을 수 있다. [예제 5(2)]의 확률밀도함수 $f(x) = e^{-x}$, $x \ge 0$과 같이 확률분포가 왼쪽으로 치우치고 오른쪽으로 긴 꼬리 모양을 가질 때 양의 비대칭 분포positive skewed distribution라 하고, 오른쪽으로 치우치고 왼쪽으로 긴 꼬리 모양을 가질 때 음의 비대칭 분포negative skewed distribution라 한다. 확률분포 모양과 중심위치인 세 척도 사이에 다음 관계가 성립한다.

- 양의 비대칭 분포인 경우 : $M_o < M_e < \mu$
- 음의 비대칭 분포인 경우 : $M_o > M_e > \mu$
- 분포가 대칭인 경우 : $M_o = M_e = \mu$

[그림 2.7]은 비대칭 분포와 대칭 분포에 대한 중심의 위치척도를 보여 주며, 비대칭 분포인 경우에 중심위치의 척도로 중앙값을 많이 사용한다.

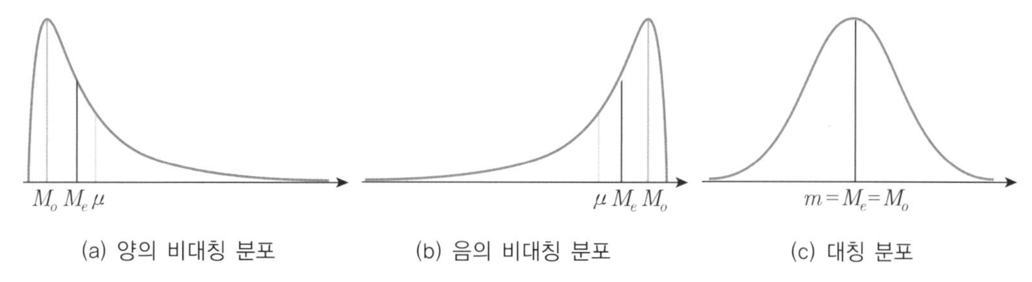

[그림 2.7] 비대칭에 따른 중심위치척도의 비교

확률변수 X의 함수 $g(X) = (X-\mu)^2$의 기댓값은 다음과 같으며, 이 척도를 X의 분산 variance이라 하고 $Var(X)$ 또는 σ^2으로 나타낸다.

- X가 이산확률변수인 경우: $Var(X) = E[(X-\mu)^2] = \sum_{x \in S_X} (x-\mu)^2 f(x)$
- X가 연속확률변수인 경우: $Var(X) = E[(X-\mu)^2] = \int_{S_X} (x-\mu)^2 f(x)\,dx$

분산에 대한 양의 제곱근을 표준편차standard deviation라 하며, σ로 나타낸다. 확률변수 X의 분산 또는 표준편차는 평균을 중심으로 확률분포가 밀집한 정도를 나타내는 척도이며, [그림 2.8]과 같이 분산 또는 표준편차가 작을수록 분포 모양은 평균을 중심으로 밀집한다.

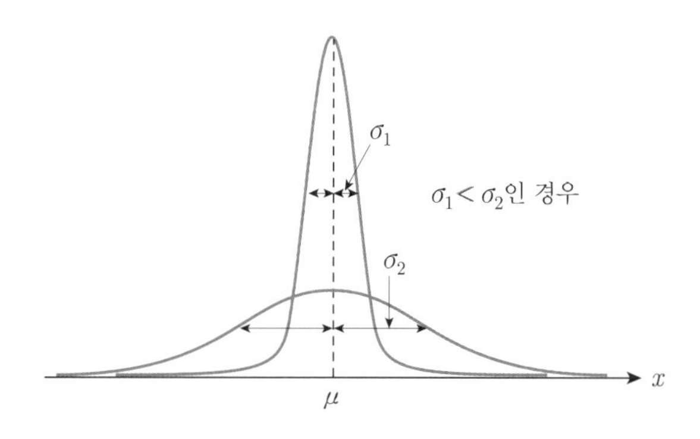

[그림 2.8] 중심위치와 표준편차

확률변수 X의 분산에 대해 다음 성질이 성립하며, 성질 ❹를 이용하여 분산을 쉽게 구할 수 있다.

❶ $Var(a) = 0$

❷ $Var(aX) = a^2 \, Var(X)$

❸ $Var(aX+b) = a^2 \, Var(X)$

❹ $Var(X) = E(X^2) - \mu^2$

예제 8

[예제 5]의 확률변수 X에 대한 분산과 표준편차를 구하라.

풀이

[예제 5]와 [예제 6]에서 구한 $E(X)$와 $E(X^2)$을 이용하면 다음과 같다.

(1) $E(X) = \frac{3}{2}$, $E(X^2) = 3$이므로 분산은 $Var(X) = E(X^2) - \mu^2 = 3 - \left(\frac{3}{2}\right)^2 = \frac{3}{4}$ $= 0.75$이고 표준편차는 $\sigma = \sqrt{0.75} \approx 0.866$이다.

(2) $E(X) = 1$, $E(X^2) = 2$이므로 $Var(X) = E(X^2) - \mu^2 = 2 - 1 = 1$이고 표준편차는 $\sigma = 1$이다.

임의의 확률변수 X에 대해 다음과 같이 정의되는 확률변수 Z를 확률변수 X의 표준화 확률변수standardized random variable라고 한다.

$$Z = \frac{X - \mu}{\sigma}$$

확률변수 X의 분포에 관계없이 Z의 평균과 분산은 각각 $E(Z) = 0$, $Var(Z) = 1$이다.

평균 μ와 분산 σ^2을 알고 있는 임의의 확률분포에 대해 확률변수 X가 평균으로부터 일정한 거리 안에 놓일 확률의 최솟값은 다음과 같으며, 이를 체비쇼프 부등식Chebyshev inequality이라 한다.

$$P(|X - \mu| \le k\sigma) \ge 1 - \frac{1}{k^2}, \quad k > 1$$

2장 연습문제

01 이산확률변수 X의 상태공간이 $S_X = \{1, 2, 3, 4, 5, 6\}$이고 $P(X < 4) = 0.6$, $P(X > 4) = 0.3$일 때, 다음 확률을 구하라.

(1) $P(X = 4)$　　(2) $P(X < 5)$　　(3) $P(X > 3)$

02 완구점 진열대에 놓여 있는 10개의 장난감 중 불량품 3개가 포함되어 있다. 임의로 5개의 장난감을 선정하여 포함된 불량품의 개수를 확률변수 X라 할 때, 다음을 구하라.

(1) 확률변수 X의 상태공간　　(2) X의 확률질량함수 $f(x)$

(3) 불량품이 한 개 이상일 확률　　(4) X의 분포함수 $F(x)$

03 이산확률변수 X의 상태공간이 $S_X = \{0, 1, 2, 3\}$일 때, 함수 $f(x)$가 확률질량함수이기 위한 상수 k를 구하라.

(1) $f(x) = \dfrac{k}{x+1}$　　(2) $f(x) = \dfrac{k}{x^2+1}$

04 처음으로 1의 눈이 나올 때까지 반복하여 주사위를 던진 횟수를 확률변수 X라 할 때, 다음을 구하라.

(1) X의 확률질량함수 $f(x)$

(2) 처음부터 세 번 이내에 1의 눈이 나올 확률

(3) 적어도 네 번 이상 던져야 1의 눈이 나올 확률

05 두 사람이 주사위를 던져서 먼저 1의 눈이 나오면 이기는 게임을 한다. 그러면 먼저 던지는 것와 나중에 던지는 것 중 어느 경우가 더 유리한지 구하라.

06 복원추출에 의해 52장의 카드가 들어 있는 주머니에서 임의로 세 장의 카드를 꺼낼 때, 세 장의 카드 안에 포함된 하트의 수를 확률변수 X라 하자. X의 확률질량함수와 분포함수를 구하라.

07 비복원추출에 의해 52장의 카드가 들어 있는 주머니에서 임의로 세 장의 카드를 꺼낼 때, 세 장의 카드 안에 포함된 하트의 수를 확률변수 X라 하자. X의 확률질량함수와 분포함수를 구하라.

08 함수 $f(x) = \dfrac{k}{1+x^2}$가 모든 실수 범위에서 확률밀도함수가 되기 위한 상수 k를 구하고, 확률 $P(-1 \le X \le 1)$을 구하라.

09 다음 확률밀도함수를 갖는 연속확률변수 X의 분포함수 $F(x)$와 확률 $P(3 \le X \le 7)$을 구하라.

$$f(x) = \begin{cases} \dfrac{1}{10}, & 0 \le x \le 10 \\ 0, & \text{다른 곳에서} \end{cases}$$

10 확률변수 X의 확률밀도함수가 다음과 같을 때, $P(X \le a) = \dfrac{1}{4}$인 상수 a를 구하라.

$$f(x) = \begin{cases} 2x, & 0 \le x \le 1 \\ 0, & \text{다른 곳에서} \end{cases}$$

11 어느 제조업체에서 생산된 실린더의 반지름이 $49\,\text{mm}$와 $51\,\text{mm}$ 사이에서 일정한 확률밀도함수를 갖는다고 한다. 이 회사에서 생산된 실린더 하나를 택했을 때, 이 실린더의 반지름이 49.9와 50.1 사이일 확률을 구하라.

12 어떤 기계의 수명은 구간 $(0, 40)$에서 확률밀도함수가 $(10+x)^{-2}$에 비례한다. 이 기계의 수명이 6년 이상일 확률을 구하라.

13 $x \ge 0$에서 분포함수가 $F(x) = 1 - e^{-2x}$인 확률변수 X의 확률밀도함수 $f(x)$와 확률 $P(X \ge 1)$을 구하라.

14 연속확률변수 X의 분포함수가 $F(x) = a + be^{-x}$, $x \ge 0$일 때 다음을 구하라.

(1) 상수 a와 b　　(2) $P(2 \le X \le 5)$　　(3) 확률밀도함수 $f(x)$

15 확률변수 X의 분포함수가 다음과 같을 때, 다음 확률을 구하라.

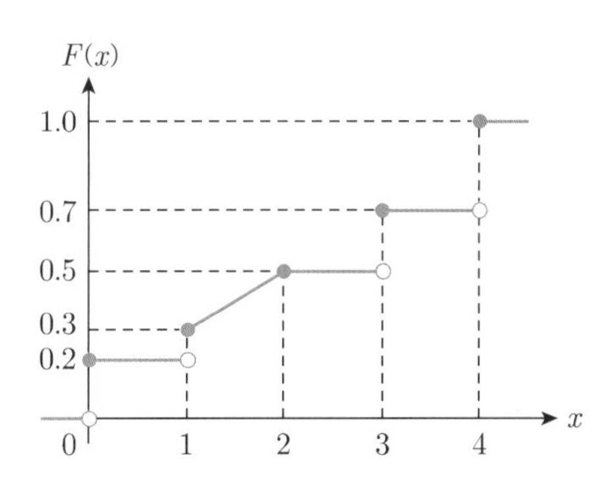

(1) $P(X=0)$ (2) $P(1<X\le 2)$

(3) $P(1<X<3)$ (4) $P(X\ge 3)$

16 포커게임에서 이길 확률이 $\frac{3}{5}$인 사람이 이기면 4만 원을 받고 지면 5만 원을 낸다고 할 때, 이 사람이 벌어들일 기대수입을 구하라.

17 10원짜리 동전 5개와 100원짜리 동전 3개가 들어 있는 주머니에서 동전 3개를 임의로 꺼낸다고 하자. 이때 임의로 추출한 동전 3개에 포함된 100원짜리 동전의 개수에 대한 기댓값과 분산을 구하라.

18 어떤 상수 c에 대해 $P(X=c)=1$이라 한다. 이때 X의 분산을 구하라.

19 확률밀도함수 $f(x)=\frac{k}{x^3}$, $x>1$에 대해 다음을 구하라.

(1) 상수 k (2) $E(X)$ (3) $Var(X)$

20 확률변수 X의 분포함수가 $F(x)=\frac{x^2}{16}$, $0\le x\le 4$일 때, 다음을 구하라.

(1) $E(X)$ (2) $Var(X)$ (3) 중앙값 (4) 최빈값

21 확률밀도함수 $f(x)=\frac{x}{8}$, $0\le x\le 4$를 갖는 연속확률변수 X에 대해 다음을 구하라.

(1) X의 분포함수 (2) $E(X)$ (3) 표준편차 (4) 중앙값

22 확률밀도함수가 $f(x) = \frac{1}{8}(x+2)$, $1 \le x \le 3$인 연속확률변수 X에 대해 다음을 구하라.

(1) $E(X+1)$ (2) $Var(X+1)$ (3) $Var(2X-1)$ (4) 중앙값

23 확률변수 X의 분포함수가 다음과 같을 때, X의 기댓값을 구하라.

$$F(x) = \begin{cases} 0 & , \ x \le -1 \\ \frac{1}{2} + \frac{5}{4}x^3 - \frac{3}{4}x^5 & , \ -1 \le x < 1 \\ 1 & , \ x \ge 1 \end{cases}$$

24 장거리 전화통화 시간 X의 확률밀도함수는 $f(x) = \frac{1}{2}e^{-x/2}$, $x > 0$이다. 이때 확률 $P(\mu - \sigma \le X \le \mu + \sigma)$와 $P(\mu - 2\sigma \le X \le \mu + 2\sigma)$를 구하라.

25 패스트푸드 가게에서 음식이 나오는 시간의 평균은 63초, 표준편차는 3초라고 한다. 음식을 주문하고 나올 때까지 걸리는 시간이 59초와 67초 사이일 확률의 최솟값을 구하라.

CHAPTER 03

결합확률분포

Joint Probability Distributions

목차

학습목표

- 결합확률분포를 이해하고 결합확률과 주변확률을 구할 수 있다.
- 조건부 확률분포를 이해하고 조건부 확률을 구할 수 있다.
- 공분산과 상관계수를 구하고 확률변수 사이의 관계를 이해할 수 있다.

3.1 결합확률분포

지금까지 단일 확률변수에 대한 확률분포를 살펴보았다. 실제로 확률적 모형을 설명하려면 둘 이상의 확률변수가 필요한 경우가 있다. 이 절에서는 두 확률변수가 결합된 확률분포에 대해 살펴본다.

동전을 세 번 던지는 실험에서 앞면이 나온 횟수를 X, 뒷면이 나온 횟수를 Y라 하자. 그러면 각각의 실험 결과에 대한 두 확률변수 X와 Y가 취하는 값은 [표 3.1]과 같다.

[표 3.1] 표본점과 두 확률변수의 값

표본점	HHH	HHT	HTH	THH	HTT	THT	TTH	TTT
X	3	2	2	2	1	1	1	0
Y	0	1	1	1	2	2	2	3

두 확률변수의 상태공간은 각각 $S_X = \{0, 1, 2, 3\}$, $S_Y = \{0, 1, 2, 3\}$이고, 사건 {HHH}는 $X=3$이면서 동시에 $Y=0$인 사건을 나타낸다. 따라서 $X=3$이면서 동시에 $Y=0$일 확률은 다음과 같다.

$$P(X=3,\ Y=0) = P(\{\text{HHH}\}) = \frac{1}{8}$$

이와 같이 둘 이상의 확률변수가 쌍으로 나타나는 확률을 결합확률joint probability이라 하며, 다음과 같이 두 이산확률변수 X와 Y의 상태공간 S_X와 S_Y에 대해 결합확률을 나타내는 함수 $f(x, y)$를 두 확률변수 X와 Y의 결합확률질량함수joint probability mass function라 한다.

$$f(x,\ y) = \begin{cases} P(X=x,\ Y=y), & x \in S_X,\ y \in S_Y \\ 0 & , \text{다른 곳에서} \end{cases}$$

이산확률변수 X와 Y의 결합확률질량함수 $f(x, y)$는 다음 성질을 갖는다.

❶ 임의의 실수 x, y에 대해 $f(x, y) \geq 0$이다.

❷ $\sum_{\text{모든 } x}\sum_{\text{모든 } y} f(x, y) = 1$

❸ $P(a \le X \le b, c \le Y \le d) = \sum_{a \le x \le b}\sum_{c \le y \le d} f(x, y)$

예제 1

동전을 세 번 던지는 실험에서 앞면이 나온 횟수를 X, 뒷면이 나온 횟수를 Y라 할 때, X와 Y의 결합확률질량함수 $f(x, y)$와 $P(X \ge 2,\ Y \le 2)$를 구하라.

풀이

[표 3.1]로부터 X와 Y의 결합확률표를 얻는다.

X \ Y	0	1	2	3
0	0	0	0	$\frac{1}{8}$
1	0	0	$\frac{3}{8}$	0
2	0	$\frac{3}{8}$	0	0
3	$\frac{1}{8}$	0	0	0

결합확률질량함수는 다음과 같다.

$$f(x, y) = \begin{cases} \frac{1}{8}, & (x, y) = (0, 3), (3, 0) \\ \frac{3}{8}, & (x, y) = (1, 2), (2, 1) \\ 0, & \text{다른 곳에서} \end{cases}$$

구하는 결합확률은 다음과 같다.

$$\begin{aligned} P(X \ge 2,\ Y \le 2) &= f(2, 0) + f(2, 1) + f(2, 2) + f(3, 0) + f(3, 1) + f(3, 2) \\ &= 0 + \frac{3}{8} + 0 + \frac{1}{8} + 0 + 0 = \frac{1}{2} \end{aligned}$$

[예제 1]의 결합확률표에서 $X = 0$인 경우의 결합확률을 모두 더하면 동전을 세 번 던져서 나온 앞면이 0개일 확률과 같음을 알 수 있다.

$$P(X=0)=f(0,0)+f(0,1)+f(0,2)+f(0,3)=\sum_{y=0}^{3} f(0,y)=\frac{1}{8}$$

같은 방법으로 X가 취하는 값 $x=1, 2, 3$인 경우의 $P(X=x)$를 구할 수 있다. 이와 같이 X와 Y의 결합확률질량함수 $f(x, y)$로부터 얻은 X의 확률질량함수를 주변확률질량함수marginal probability mass function라 하며, $f_X(x)$로 나타낸다.

$$f_X(x)=P(X=x)=\sum_{y \in S_Y} f(x,y), \quad x \in S_X$$

마찬가지로 Y의 주변확률질량함수 $f_Y(y)$는 다음과 같이 정의한다.

$$f_Y(y)=P(Y=y)=\sum_{x \in S_X} f(x,y), \quad y \in S_Y$$

연속확률변수 X와 Y에 대해 다음 두 조건을 만족하는 함수 $f(x, y)$를 X와 Y의 결합확률밀도함수joint probability density function라 한다.

❶ 임의의 실수 x, y에 대해 $f(x, y) \geq 0$이다.

❷ $\int_{S_X}\int_{S_Y} f(x,y)\,dx\,dy=1$

결합확률밀도함수 $f(x, y)$에 대해 X와 Y의 주변확률밀도함수marginal probability density function를 다음과 같이 정의한다.

- X의 주변확률밀도함수: $f_X(x)=\int_{S_Y} f(x,y)\,dy, \quad x \in S_X$
- Y의 주변확률밀도함수: $f_Y(y)=\int_{S_X} f(x,y)\,dx, \quad y \in S_Y$

연속확률변수 X와 Y에 대해 $A=\{(x,y) \mid a \leq x \leq b,\ c \leq y \leq d\}$라 할 때, 두 확률변수가 영역 A에 속할 확률 즉, $a \leq X \leq b$이고 $c \leq Y \leq d$일 확률은 다음과 같다.

$$P(a \leq X \leq b,\ c \leq Y \leq d)=\int_a^b\int_c^d f(x,y)\,dy\,dx$$

이때 결합확률 $P(a \leq X \leq b,\ c \leq Y \leq d)$는 [그림 3.1]과 같이 xy 평면의 영역 A와 함수 $f(x, y)$에 의해 둘러싸인 입체의 부피를 의미한다.

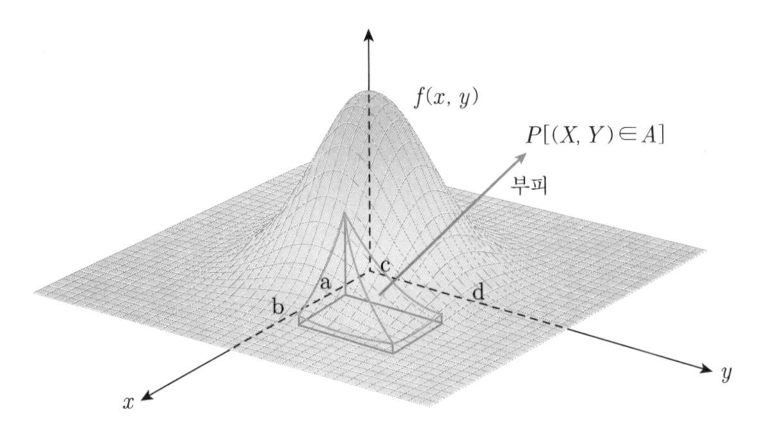

[그림 3.1] $P(a \le X \le b,\ c \le Y \le d)$의 기하학적 의미

$f_X(x)$는 연속확률변수 X의 확률밀도함수이므로 결합확률밀도함수 $f(x, y)$를 이용하여 $P(a \le X \le b)$를 구할 수 있다.

$$P(a \le X \le b) = \int_a^b f_X(x)\,dx = \int_a^b \left(\int_{S_Y} f(x, y)\,dy \right) dx$$

예제 2

연속확률변수 X와 Y의 결합확률밀도함수가 다음과 같다.

$$f(x, y) = \begin{cases} \dfrac{3}{16} x y^2, & 0 \le x \le 2,\ 0 \le y \le 2 \\ 0 & , \text{ 다른 곳에서} \end{cases}$$

(1) 두 확률변수 X와 Y의 주변확률밀도함수를 구하라.
(2) 확률 $P(0 \le X \le 1,\ 1 \le Y \le 2)$, $P(0 \le X \le 1)$, $P(1 \le Y \le 2)$를 구하라.

풀이

(1) X의 주변확률밀도함수:

$$f_X(x) = \int_0^2 \frac{3}{16} x y^2\,dy = \left[\frac{x y^3}{16} \right]_{y=0}^2 = \frac{x}{2},\ 0 \le x \le 2$$

Y의 주변확률밀도함수:

$$f_Y(y) = \int_0^2 \frac{3}{16} x y^2\,dx = \left[\frac{3}{32} x^2 y^2 \right]_{x=0}^2 = \frac{3}{8} y^2,\ 0 \le y \le 2$$

(2) $P(0 \le X \le 1, 1 \le Y \le 2) = \int_0^1 \int_1^2 \frac{3}{16} xy^2 \, dy \, dx = \int_0^1 \left[\frac{xy^3}{16} \right]_{y=1}^2 dx$

$$= \int_0^1 \frac{7}{16} x \, dx = \left[\frac{7}{32} x^2 \right]_0^1 = \frac{7}{32}$$

$$P(0 \le X \le 1) = \int_0^1 f_X(x) \, dx = \int_0^1 \frac{x}{2} \, dx = \left[\frac{x^2}{4} \right]_0^1 = \frac{1}{4}$$

$$P(1 \le X \le 2) = \int_1^2 f_Y(y) \, dy = \int_0^1 \frac{3}{8} y^2 \, dy = \left[\frac{y^3}{8} \right]_1^2 = \frac{7}{8}$$

두 확률변수 X와 Y에 대해 다음과 같이 정의되는 함수를 X와 Y의 결합분포함수joint distribution function라 한다.

- 이산확률변수인 경우: $F(x, y) = P(X \le x, Y \le y) = \sum_{u \le x} \sum_{v \le y} f(u, v)$
- 연속확률변수인 경우: $F(x, y) = P(X \le x, Y \le y) = \int_{-\infty}^{x} \int_{-\infty}^{y} f(u, v) \, dv \, du$

결합분포함수를 이용하면 다음과 같이 결합확률을 구할 수 있다. 이때 a, b, c, d는 $a < b$, $c < d$인 임의의 실수이다.

$$P(a < X \le b, c < Y \le d) = F(b, d) - F(a, d) - F(b, c) + F(a, c)$$

특히 연속확률변수 X와 Y에 대해 결합확률밀도함수와 결합분포함수 사이에 다음이 성립한다.

$$f(x, y) = \frac{\partial^2}{\partial x \, \partial y} F(x, y)$$

X의 주변확률질량(밀도)함수 $f_X(x)$에 대해 X의 분포함수는 다음과 같으며, 이 함수를 X의 주변분포함수marginal distribution function라 한다.

- 이산확률변수인 경우: $F_X(x) = \sum_{u \le x} f_X(u) = \sum_{u \le x} \left(\sum_{y \in S_Y} f(u, y) \right)$

- 연속확률변수인 경우: $F_X(x) = \int_{-\infty}^{x} f_X(u)\,du = \int_{-\infty}^{x} \left(\int_{S_Y} f(u, y)\,dy \right) du$

예제 3

[예제 2]의 결합분포에 대해 다음을 구하라.

(1) X와 Y의 결합분포함수 (2) 확률 $P(0 \le X \le 1, 1 \le Y \le 2)$

풀이

(1) $0 \le x \le 2$, $0 \le y \le 2$에서 결합확률밀도함수가 $f(x, y) = \frac{3}{16} x y^2$이므로 결합 분포함수는 다음과 같다.

$$F(x, y) = \int_0^x \int_0^y \frac{3}{16} u v^2\,dv\,du = \int_0^x \left[\frac{1}{16} u v^3 \right]_{v=0}^{y} du$$
$$= \int_0^x \frac{1}{16} u y^3\,du = \left[\frac{1}{32} u^2 y^3 \right]_{u=0}^{x} = \frac{1}{32} x^2 y^3$$

(2) $P(0 \le X \le 1, 1 \le Y \le 2) = F(1, 2) - F(0, 2) - F(1, 1) + F(0, 1)$
$$= \frac{1}{4} - 0 - \frac{1}{32} + 0 = \frac{7}{32}$$

3.2 조건부 확률분포

1.3절에서 살펴본 조건부 확률과 독립사건의 개념을 확률변수에 적용할 수 있다. 이 절에서는 조건이 주어진 확률변수에 대한 확률분포를 살펴본다.

어떤 사건 A가 주어졌을 때, 사건 B의 조건부 확률을 다음과 같이 정의하였다.

$$P(B|A) = \frac{P(A \cap B)}{P(A)}, \quad P(A) > 0$$

마찬가지로 두 확률변수 X와 Y의 결합분포에 대해 $X = a$인 조건이 주어졌을 때,

확률변수 Y의 확률분포를 조건부 확률분포 conditional probability distribution 라 한다. 특히 조건부 확률의 정의처럼 이산확률변수 X와 Y에 대해 사건 $A=[X=a]$가 주어졌을 때, 확률변수 Y의 조건부 확률질량함수 conditional probability mass function 를 $f(y|x=a)$ 또는 간단히 $f(y|a)$로 나타내며, 다음과 같이 정의한다.

$$f(y|a)=\frac{f(a,\,y)}{f_X(a)},\quad f_X(a)>0$$

동일한 방법으로 연속확률변수 X와 Y의 결합확률밀도함수 $f(x,\,y)$와 X의 주변확률밀도함수 $f_X(x)$에 대해 $X=a$일 때 Y의 조건부 확률밀도함수 conditional probability density function 는 다음과 같다.

$$f(y|a)=\frac{f(a,\,y)}{f_X(a)},\quad f_X(a)>0$$

$X=a$일 때 Y가 c와 d 사이에 있을 조건부 확률은 다음과 같다.

- 이산확률변수인 경우: $P(c\le Y\le d|X=a)=\sum_{c\le y\le d} f(y|a)=\dfrac{\sum_{c\le y\le d} f(a,y)}{f_X(a)}$
- 연속확률변수인 경우: $P(c\le Y\le d|X=a)=\int_c^d f(y|a)\,dy=\dfrac{\int_c^d f(a,y)\,dy}{f_X(a)}$

예제 4

연속확률변수 X와 Y의 결합확률밀도함수가 $f(x,\,y)=6e^{-x-2y}$, $x>0$, $x<y<\infty$일 때 다음을 구하라.

(1) X의 주변확률밀도함수

(2) $X=1$일 때, Y의 조건부 확률밀도함수

(3) 조건부 확률 $P(1\le Y\le 2|X=1)$

풀이

(1) $x<y<\infty$이므로 X의 주변확률밀도함수는 다음과 같다.

$$f_X(x) = \int_x^\infty f(x, y)\,dy = \int_x^\infty 6e^{-x-2y}\,dy$$
$$= \left[-3e^{-x}e^{-2y}\right]_{y=x}^\infty = 3e^{-3x}, \quad x > 0$$

(2) $f_X(1) = 3e^{-3}$이므로 Y의 조건부 확률밀도함수는 다음과 같다.

$$f(y|1) = \frac{f(1, y)}{f_X(1)} = \frac{6e^{-1-2y}}{3e^{-3}} = 2e^{2-2y}, \quad y > 1$$

(3) $P(1 \le Y \le 2 | X = 1) = \int_1^2 2e^{2-2y}\,dy = \left[-e^{2-2y}\right]_1^2 = 1 - e^{-2}$

예제 5

이산확률변수 X와 Y의 결합확률질량함수가 다음과 같다.

$$f(x, y) = \begin{cases} \dfrac{x+y}{21}, & x = 1, 2,\ y = 1, 2, 3 \\ 0, & \text{다른 곳에서} \end{cases}$$

(1) Y의 주변확률질량함수를 구하라.
(2) $Y = 2$일 때, X의 조건부 확률질량함수를 구하라.
(3) 조건부 확률 $P(X = 1 | Y = 2)$를 구하라.

풀이

(1) Y의 주변확률질량함수는 다음과 같다.

$$f_Y(y) = f(1, y) + f(2, y) = \frac{2y+3}{21}, \quad y = 1, 2, 3$$

(2) $f_Y(2) = \frac{7}{21} = \frac{1}{3}$이므로 $Y = 2$인 X의 조건부 확률질량함수는 다음과 같다.

$$f(x|y=2) = \frac{P(X = x,\ Y = 2)}{f_Y(2)} = \frac{(x+2)/21}{1/3} = \frac{x+2}{7}, \quad x = 1, 2$$

(3) $P(X = 1 | Y = 2) = f(1|y=2) = \frac{3}{7}$

1.3절에서 $P(A)>0$, $P(B)>0$인 두 사건 A와 B에 대해 $P(A)=P(A|B)$일 때 두 사건 A와 B는 독립이라고 정의하였으며, 이 개념을 두 확률변수 X와 Y의 결합분포에 적용할 수 있다. 주변확률질량(밀도)함수가 $f_X(x)>0$일 때, 임의의 실수 x, y에 대해 다음이 성립하면 두 확률변수 X와 Y는 독립independent이라 한다.

$$f_Y(y)=f(y|x)$$

조건부 확률질량(밀도)함수의 정의로부터 $f(x, y)=f(y|x)f_X(x)$이므로 X와 Y가 독립일 필요충분조건은 다음과 같다.

$$f(x, y)=f_X(x)f_Y(y)$$

이를 이용하면 두 확률변수 X와 Y가 독립일 필요충분조건을 얻는다.

❶ 임의의 실수 x, y에 대해 $F(x, y)=F_X(x)F_Y(y)$이다.

❷ 임의의 실수 a, b, c, d, $a<b$, $c<d$에 대해 다음이 성립한다.

$$P(a<X\le b, c<Y\le d)=P(a<X\le b)\,P(c<Y\le d)$$

두 확률변수의 독립성을 3개 이상의 확률변수에 적용할 수 있으며, 세 확률변수 X, Y, Z가 독립일 필요충분조건은 다음과 같다.

$$f(x, y, z)=f_X(x)f_Y(y)f_Z(z)$$

임의의 실수 x에 대해 두 확률변수 X와 Y의 확률분포가 동일하면 X와 Y는 항등분포identically distributed를 따른다고 한다.

$$f_X(x)=f_Y(x)$$

특히 독립인 두 확률변수 X와 Y가 항등분포를 이룬다면 X와 Y는 독립항등분포 independent and identically distributed, i.i.d를 따른다고 한다.

예제 6

[예제 4]와 [예제 5]의 두 확률변수 X와 Y가 독립이 아님을 보여라.

풀이

[예제 4]의 경우: X의 주변확률밀도함수는 $f_X(x) = 3e^{-3x}$, $x > 0$이고 Y의 주변확률밀도함수는 다음과 같다.

$$f_Y(y) = \int_0^y f(x, y)\,dx = \int_0^y 6e^{-x-2y}\,dy$$
$$= \left[-6e^{-x}e^{-2y}\right]_{x=0}^{y} = 6e^{-3y}(e^y - 1), \quad y > 0$$

따라서 $x > 0$, $y > 0$에 대해 다음이 성립하므로 X와 Y는 독립이 아니다.

$$f(x, y) = 6e^{-x-2y} \neq f_X(x) f_Y(y) = 18e^{-3x-3y}(e^y - 1)$$

[예제 5]의 경우: Y의 주변확률질량함수는 $f_Y(y) = \dfrac{2y+3}{21}$, $y = 1, 2, 3$이고 X의 주변확률질량함수는 다음과 같다.

$$f_X(x) = f(x, 1) + f(x, 2) + f(x, 3) = \frac{x+2}{7}, \quad x = 1, 2$$

따라서 $f(1, 1) = \dfrac{2}{21} \neq f_X(1) f_Y(1) = \dfrac{9}{21} \times \dfrac{5}{21} = \dfrac{5}{49}$이므로 X와 Y는 독립이 아니다.

예제 7

결합확률밀도함수가 $f(x, y) = xe^{-y/2}$, $0 \le x \le 1$, $y > 0$인 두 확률변수 X와 Y가 독립임을 보여라.

풀이

X와 Y의 주변확률밀도함수는 각각 다음과 같다.

$$f_X(x) = \int_0^\infty xe^{-y/2}\,dy = \left[-2xe^{-y/2}\right]_{y=0}^{\infty} = 2x, \quad 0 \le x \le 1$$

$$f_Y(y) = \int_0^1 x e^{-y/2} dx = \left[\frac{1}{2}x^2 e^{-y/2}\right]_{x=0}^1 = \frac{1}{2}e^{-y/2}, \quad y > 0$$

따라서 $0 \le x \le 1$, $y > 0$에 대해 다음이 성립하므로 X와 Y는 독립이다.

$$f(x, y) = x e^{-y/2} = f_X(x) f_Y(y) = (2x)\left(\frac{1}{2}e^{-y/2}\right)$$

예제 8

결합확률밀도함수가 $f(x, y, z) = 8e^{-2(x+y+z)}$, $x > 0$, $y > 0$, $z > 0$인 세 확률변수 X, Y, Z는 i.i.d 확률변수임을 보여라.

풀이

$f(x, y, z) = 8e^{-2(x+y+z)} = (2e^{-2x})(2e^{-2y})(2e^{-2z})$ 이므로 X의 주변확률밀도함수는 다음과 같다.

$$\begin{aligned} f_X(x) &= \int_0^\infty \int_0^\infty 8e^{-2(x+y+z)} dy dz \\ &= 2e^{-2x} \int_0^\infty 2e^{-2y} dy \int_0^\infty 2e^{-2z} dz \\ &= 2e^{-2x}\left(\left[e^{-2y}\right]_0^\infty\right)\left(\left[e^{-2z}\right]_0^\infty\right) = 2e^{-2x}, \quad x > 0 \end{aligned}$$

X의 주변확률밀도함수에서 변수 x를 y와 z로 바꾸면 $y > 0$, $z > 0$에서 Y, Z의 주변확률밀도함수는 각각 다음과 같다.

$$f_Y(y) = 2e^{-2y}, \quad f_Z(z) = 2e^{-2z}$$

$x > 0$, $y > 0$, $z > 0$에 대해 다음이 성립하므로 X, Y, Z는 독립이다.

$$\begin{aligned} f(x, y, z) &= 8e^{-2(x+y+z)} = f_X(x) f_Y(y) f_Z(z) \\ &= (2e^{-2x})(2e^{-2y})(2e^{-2z}) \end{aligned}$$

$x > 0$에 대해 $f_X(x) = f_Y(x) = f_Z(x) = 2e^{-2x}$ 이므로 X, Y, Z는 항등분포를 따른다.

3.3 결합분포에 대한 기댓값

단일 확률변수의 기댓값 개념을 두 확률변수의 함수로 확대할 수 있으며, 결합분포에 대한 기댓값으로 두 확률변수 사이의 관계를 알 수 있다. 이 절에서는 두 확률변수의 함수에 대한 기댓값과 확률변수 사이의 관계에 대해 살펴본다.

두 확률변수 X와 Y의 함수 $u(X, Y)$의 기댓값 $E[u(X, Y)]$를 다음과 같이 정의한다.

- 이산확률변수인 경우: $E[u(X, Y)] = \sum_{x \in S_X} \sum_{y \in S_Y} u(x, y) f(x, y)$
- 연속확률변수인 경우: $E[u(X, Y)] = \int_{S_X} \int_{S_Y} u(x, y) f(x, y) \, dy \, dx$

$u(X, Y) = X$의 기댓값은 X의 평균이고, $u(X, Y) = (X - \mu_X)^2$의 기댓값은 X의 분산이며, 결합분포에 대한 기댓값은 다음 성질을 만족한다.

❶ $E[au(X, Y) + bv(X, Y)] = aE[u(X, Y)] + bE[v(X, Y)]$

❷ X와 Y가 독립이면 $E(XY) = E(X)E(Y)$

예제 9

결합확률밀도함수가 $f(x, y) = 6xy^2$, $0 < x < 1$, $0 < y < 1$인 두 확률변수 X, Y에 대해 다음을 구하라.

(1) $E(X)$ (2) $Var(X)$ (3) $E(X+Y)$ (4) $E(XY)$

풀이

(1) $E(X) = \int_0^1 \int_0^1 x f(x, y) \, dy \, dx = \int_0^1 \int_0^1 6x^2 y^2 \, dy \, dx = \left[\frac{2}{3} x^3\right]_0^1 \left[y^3\right]_0^1 = \frac{2}{3}$

(2) $E(X^2) = \int_0^1 \int_0^1 x^2 f(x, y) \, dy \, dx = \int_0^1 \int_0^1 6x^3 y^2 \, dy \, dx$

$= \left[\frac{1}{2} x^4\right]_0^1 \left[y^3\right]_0^1 = \frac{1}{2}$

$Var(X) = E(X^2) - [E(X)]^2 = \frac{1}{2} - \left(\frac{2}{3}\right)^2 = \frac{1}{18}$

(3) $E(X+Y)=\int_0^1\int_0^1 (x+y)f(x,y)\,dy\,dx=\int_0^1\int_0^1 6(x+y)xy^2\,dy\,dx$

$$=\int_0^1\int_0^1 6(x^2y^2+xy^3)\,dy\,dx=\int_0^1\left[2x^2y^3+\frac{3}{2}xy^4\right]_{y=0}^1 dx$$

$$=\int_0^1\left(\frac{3}{2}x+2x^2\right)dx=\left[\frac{3}{4}x^2+\frac{2}{3}x^3\right]_0^1=\frac{17}{12}$$

(4) $E(XY)=\int_0^1\int_0^1 xyf(x,y)\,dy\,dx=\int_0^1\int_0^1 6x^2y^3\,dy\,dx$

$$=\int_0^1\left[\frac{3}{2}x^2y^4\right]_{y=0}^1 dx=\int_0^1\frac{3}{2}x^2\,dx=\left[\frac{x^3}{2}\right]_0^1=\frac{1}{2}$$

두 확률변수 X와 Y의 종속 관계를 나타내는 척도로 공분산과 상관계수를 생각할 수 있다. 두 확률변수 X와 Y의 공분산covariance은 다음과 같이 정의한다.

$$Cov(X,Y)=E[(X-\mu_X)(Y-\mu_Y)]$$

그러면 공분산에 대한 다음 성질이 성립한다.

❶ $Cov(X,Y)=E(XY)-\mu_X\mu_Y$

❷ X와 Y가 독립이면 $Cov(X,Y)=0$

❸ $Cov(X,X)=Var(X)$

❹ $Cov(aX+b,\ cY+d)=ac\,Cov(X,Y)$

❺ $Var(X\pm Y)=Var(X)+Var(Y)\pm 2Cov(X,Y)$

❻ X와 Y가 독립이면 $Var(X\pm Y)=Var(X)+Var(Y)$

예를 들어 기댓값의 성질에 의해 공분산은 다음과 같이 간단하게 표현된다.

$$Cov(X,Y)=E[(X-\mu_X)(Y-\mu_Y)]=E(XY-\mu_XY-\mu_YX+\mu_X\mu_Y)$$

$$=E(XY)-\mu_XE(Y)-\mu_YE(X)+\mu_X\mu_Y$$

$$=E(XY)-\mu_X\mu_Y$$

예제 10

[예제 9]의 확률변수 X, Y에 대해 다음을 구하라.

(1) $Cov(X, Y)$　　(2) $Cov(X+1, 2Y-1)$　　(3) $Var(X+Y)$

풀이

(1) [예제 9]로부터 $E(X)=\frac{2}{3}$, $E(XY)=\frac{1}{2}$이고 $E(Y)$는 다음과 같다.

$$E(Y)=\int_0^1\int_0^1 y f(x, y)\,dy\,dx=\int_0^1\int_0^1 6xy^3\,dy\,dx$$

$$=\left[x^2\right]_0^1\left[\frac{3}{4}y^4\right]_0^1=\frac{3}{4}$$

따라서 $Cov(X, Y)=\frac{1}{2}-\frac{2}{3}\times\frac{3}{4}=0$이다.

(2) $Cov(X+1, 2Y-1)=2\,Cov(X, Y)=2\times 0=0$

(3) Y의 분산을 구하면 다음과 같다.

$$E(Y^2)=\int_0^1\int_0^1 y^2 f(x, y)\,dy\,dx=\int_0^1\int_0^1 6xy^4\,dy\,dx$$

$$=\left[x^2\right]_0^1\left[\frac{3}{5}y^5\right]_0^1=\frac{3}{5}$$

$$Var(Y)=E(Y^2)-[E(Y)]^2=\frac{3}{5}-\left(\frac{3}{4}\right)^2=\frac{3}{80}$$

[예제 9]로부터 $Var(X)=\frac{1}{18}$, $Cov(X, Y)=0$이므로 다음을 얻는다.

$$Var(X\pm Y)=Var(X)+Var(Y)=\frac{1}{18}+\frac{3}{80}=\frac{67}{720}$$

공분산의 부호를 이용하여 두 확률변수 X와 Y의 관계를 살펴볼 수 있지만 두 확률변수의 관계를 명확하게 알려 주는 척도인 상관계수$^{\text{correlation coefficient}}$를 다음과 같이 정의한다.

$$\rho=Corr(X, Y)=\frac{Cov(X, Y)}{\sigma_X\sigma_Y}$$

상관계수 ρ의 값에 따라 두 확률변수 X와 Y의 관계는 다음과 같이 구분된다.

- $\rho > 0$인 경우: 두 확률변수 X와 Y는 양의 상관관계positive correlation가 있다고 하고, X가 커지면 Y도 커지는 관계가 성립한다.
- $\rho < 0$인 경우: 두 확률변수 X와 Y는 음의 상관관계negative correlation가 있다고 하고, X가 커지면 Y는 작아지는 관계가 성립한다.
- $\rho = 0$인 경우: 두 확률변수 X와 Y는 무상관관계no correlation라 하며, 두 확률변수는 서로 영향을 미치지 않는다.

두 확률변수 X와 Y가 독립이면 $Cov(X, Y) = 0$이므로 상관계수는 $\rho = 0$이고 따라서 두 확률변수는 서로 영향을 미치지 않는다. [그림 3.2]는 두 확률변수 X와 Y의 상관관계를 보여 준다.

[그림 3.2] 상관관계

$\rho = 1$이면 두 확률변수 사이에 $Y = aX + b,\ a > 0$인 관계가 성립하며 두 확률변수는 완전 양의 상관관계perfect positive correlation가 있다고 한다. $\rho = -1$이면 $Y = aX + b,\ a < 0$인 관계가 성립하며 두 확률변수는 완전 음의 상관관계perfect negative correlation가 있다고 한다. 상관계수는 다음 성질을 갖는다.

❶ $-1 \le \rho \le 1$

❷ X와 Y가 독립이면 $\rho = 0$이다.

❸ $Corr(aX + b, cY + d) = \begin{cases} Corr(X, Y), & ac > 0 \\ -Corr(X, Y), & ac < 0 \end{cases}$

예제 11

다음 결합확률밀도함수를 갖는 두 확률변수 X, Y의 공분산과 상관계수를 구하라.

$$f(x, y) = 8xy,\ 0 < x < 1,\ x \le y \le 1$$

풀이

X와 Y의 평균은 각각 다음과 같다.

$$\mu_X = \int_0^1 \int_x^1 8x^2 y\, dy\, dx = \int_0^1 4x^2 \left[y^2\right]_{y=x}^1 dx$$
$$= 4\int_0^1 (x^2 - x^4)\, dx = 4\left[\frac{x^3}{3} - \frac{x^5}{5}\right]_0^1 = \frac{8}{15}$$

$$\mu_Y = \int_0^1 \int_x^1 8xy^2\, dy\, dx = \int_0^1 8x \left[\frac{y^3}{3}\right]_{y=x}^1 dx$$
$$= \frac{8}{3}\int_0^1 (x - x^4)\, dx = \frac{8}{3}\left[\frac{x^2}{2} - \frac{x^5}{5}\right]_0^1 = \frac{4}{5}$$

XY, X^2, Y^2의 기댓값은 각각 다음과 같다.

$$E(XY) = \int_0^1 \int_x^1 8x^2 y^2\, dy\, dx = \int_0^1 8x^2 \left[\frac{y^3}{3}\right]_{y=x}^1 dx$$
$$= \frac{8}{3}\int_0^1 (x^2 - x^5)\, dx = \frac{8}{3}\left[\frac{x^3}{3} - \frac{x^6}{6}\right]_0^1 = \frac{4}{9}$$

$$E(X^2) = \int_0^1 \int_x^1 8x^3 y\, dy\, dx = \int_0^1 8x^3 \left[\frac{y^2}{2}\right]_{y=x}^1 dx$$
$$= 4\int_0^1 (x^3 - x^5)\, dx = 4\left[\frac{x^4}{4} - \frac{x^6}{6}\right]_0^1 = \frac{1}{3}$$

$$E(Y^2) = \int_0^1 \int_x^1 8xy^3\, dy\, dx = \int_0^1 2x \left[y^4\right]_{y=x}^1 dx$$
$$= 2\int_0^1 (x - x^5)\, dx = 2\left[\frac{x^2}{2} - \frac{x^6}{6}\right]_0^1 = \frac{2}{3}$$

X와 Y의 분산과 표준편차는 각각 다음과 같다.

$$\sigma_X^2 = E(X^2) - [E(X)]^2 = \frac{1}{3} - \left(\frac{8}{15}\right)^2 = \frac{11}{225},\quad \sigma_X = \sqrt{\frac{11}{225}}$$

$$\sigma_Y^2 = E(Y^2) - [E(Y)]^2 = \frac{2}{3} - \left(\frac{4}{5}\right)^2 = \frac{2}{75} = \frac{6}{225}, \quad \sigma_Y = \sqrt{\frac{6}{225}}$$

X와 Y의 공분산은 $Cov(X, Y) = \frac{4}{9} - \frac{8}{15} \times \frac{4}{5} = \frac{4}{225}$이고 상관계수는 다음과 같다.

$$\rho = \frac{\frac{4}{225}}{\sqrt{\frac{11}{225}}\sqrt{\frac{6}{225}}} = \frac{4}{\sqrt{66}} \approx 0.49$$

3장 연습문제

01 정사면체를 두 번 던지는 게임에서 X는 처음 던져서 바닥에 놓인 수, Y는 두 번 던져서 바닥에 놓인 두 수의 합을 나타낼 때, 다음을 구하라.

(1) X와 Y의 주변질량함수

(2) 확률 $P(X+Y\le 5)$

02 확률변수 X와 Y의 결합확률질량함수가 $f(x, y)=\dfrac{2x+y}{12}$, $(x, y)=(0, 1)$, $(0, 2)$, $(1, 2)$, $(1, 3)$일 때, 다음을 구하라.

(1) $P(X=1, Y=2)$

(2) $P(X\le 1, Y<3)$

(3) X의 주변확률질량함수 $f_X(x)$

03 두 확률변수 X와 Y의 결합확률질량함수가 $f(x, y)=k\left(\dfrac{1}{3}\right)^{x-1}\left(\dfrac{1}{4}\right)^{y-1}$, $x=1, 2, \cdots$, $y=1, 2, \cdots$일 때, 다음을 구하라.

(1) 상수 k

(2) X와 Y의 주변확률질량함수

(3) 확률 $P(X+Y=4)$

04 두 도시 A와 B의 교통사고 발생 시간 X와 Y의 결합확률밀도함수가 $f(x, y)=2e^{-x-2y}$, $x>0$, $y>0$일 때, 다음을 구하라.

(1) X와 Y의 주변확률밀도함수

(2) X와 Y의 결합분포함수

(3) X와 Y의 주변분포함수

(4) 확률 $P(0<X<1, 0<Y<1)$

05 확률변수 X와 Y의 결합확률밀도함수가 $f(x, y)=kxy$, $0<x<1$, $x<y<1$일 때, 다음을 구하라.

(1) 상수 k

(2) X와 Y의 결합분포함수

(3) X와 Y의 주변분포함수

06 확률변수 X와 Y의 결합확률밀도함수가 $f(x, y) = 2e^{-x-y}$, $0 < x < y < \infty$일 때, 다음을 구하라.

(1) X와 Y의 주변확률밀도함수

(2) X와 Y의 주변분포함수

(3) 확률 $P(1 \le X \le 2, 1 \le Y \le 2)$

07 확률변수 X와 Y의 결합확률밀도함수가 $f(x, y) = \dfrac{x+y}{8}$, $0 < x < 2$, $0 < y < 2$일 때, 다음 확률을 구하라.

(1) $P(X \le Y)$ (2) $P(X \ge 2Y)$ (3) $P(Y \ge X^2)$

08 확률변수 X와 Y의 결합확률밀도함수가 $f(x, y) = 2e^{-x-y}$, $0 < x < y < \infty$, $x < y < 1$일 때, 다음을 구하라.

(1) X와 Y의 주변확률밀도함수

(2) 확률 $P(X > Y)$

09 결합확률질량함수가 $f(x, y) = \dfrac{2x+y}{12}$, $(x, y) = (0, 1), (0, 2), (1, 2), (1, 3)$인 두 확률변수 X와 Y에 대해 다음을 구하라.

(1) $P(X = 1 | Y = 2)$

(2) $Y = 2$일 때, X의 조건부 확률질량함수

10 두 확률변수 X와 Y의 결합확률밀도함수가 $f(x, y) = \dfrac{21}{4}x^2 y$, $x^2 \le y \le 1$일 때, 다음을 구하라.

(1) 조건부 확률밀도함수 $f(y|x)$

(2) $P\left(\dfrac{1}{3} \le Y \le \dfrac{2}{3} \middle| X = \dfrac{1}{2}\right)$

11 두 확률변수 X와 Y의 결합확률밀도함수가 $f(x, y) = \frac{1}{2}$, $0 < x < y < 1$일 때, 다음을 구하라.

(1) X와 Y의 주변확률밀도함수

(2) 조건부 확률밀도함수 $f(y|x = 0.2)$

(3) X와 Y의 독립성

(4) $P(1 \le Y \le 1.5 | X = 0.2)$

12 두 확률변수 X와 Y의 결합분포함수가 $F(x, y) = \frac{1}{2}x^2(1 - e^{-2y})$, $0 \le x \le 2$, $y > 0$일 때, 다음을 구하라.

(1) X와 Y의 결합확률밀도함수

(2) X와 Y의 주변확률밀도함수

(3) X와 Y의 독립성

(4) 확률 $P(0 < X \le 1, 0 < Y \le 1)$

13 두 도시 A와 B의 교통사고 건수 X와 Y의 결합확률질량함수가

$f(x, y) = \frac{2^x 3^y}{(x!)(y!)} e^{-5}$, $x = 0, 1, 2, 3, \cdots$, $y = 0, 1, 2, 3, \cdots$일 때, 다음을 구하라.

(1) X와 Y의 주변확률질량함수

(2) X와 Y의 독립성

(3) $P(X \le 1, Y \le 1)$

14 두 확률변수 X와 Y의 결합확률밀도함수가 $f(x, y) = ke^{x+y}$, $0 < x < 1$, $0 < y < 1$일 때, 다음을 구하라.

(1) 상수 k

(2) X와 Y의 주변밀도함수

(3) X와 Y의 독립성과 항등분포 여부

(4) $P(0.2 \le X \le 0.8, 0.2 \le Y \le 0.8)$

15 두 확률변수 X와 Y의 결합확률질량함수가 다음과 같다.

$$f(x, y) = \begin{cases} \frac{3}{10}, & (x, y) = (0, 0), (1, 2) \\ \frac{1}{5}, & (x, y) = (0, 1), (1, 1) \\ 0 & , \text{다른 곳에서} \end{cases}$$

(1) X와 Y의 주변확률질량함수를 구하라.

(2) X와 Y의 독립성을 조사하라.

(3) X와 Y의 평균과 표준편차를 구하라.

(4) X와 Y의 공분산을 구하라.

(5) X와 Y의 상관계수를 구하라.

16 두 확률변수 X와 Y의 결합확률밀도함수가 $f(x, y) = x + y$, $0 < x < 1$, $0 < y < 1$일 때, 다음을 구하라.

(1) X와 Y의 주변확률밀도함수

(2) X와 Y의 분산

(3) $Cov(X, Y)$

(4) $Corr(X, Y)$

17 두 확률변수 X와 Y의 결합확률밀도함수가 $f(x, y) = \frac{3}{16}$, $x^2 \le y \le 4$, $0 \le x \le 2$일 때, 다음을 구하라.

(1) X와 Y의 주변확률밀도함수

(2) X와 Y의 분산

(3) $Cov(X, Y)$

(4) $Corr(X, Y)$

18 두 확률변수 X와 Y의 결합확률밀도함수가 $f(x, y) = 15x^2 y$, $0 \le x < y \le 1$일 때, 다음을 구하라.

(1) X와 Y의 주변확률밀도함수

(2) X와 Y의 분산

(3) $Cov(X, Y)$

(4) $Var(X + Y)$

(5) $Corr(X, Y)$

(6) $Corr(X + 1, 1 - 2Y)$

CHAPTER 04

이산확률분포

Discrete Probability Distributions

목차

학습목표

- 이산균등분포를 이해하고 확률을 구할 수 있다.
- 초기하분포를 이해하고 확률을 구할 수 있다.
- 이항분포를 이해하고 확률을 구할 수 있다.
- 음이항분포를 이해하고 확률을 구할 수 있다.
- 푸아송 분포를 이해하고 확률을 구할 수 있다.

4.1 이산균등분포

주사위를 한 번 던져서 나온 눈의 수를 확률변수 X라 하면 상태공간은 $S_X = \{1, 2, 3, 4, 5, 6\}$이고 각 경우의 확률이 동등하므로 확률질량함수는 다음과 같다.

$$f(x) = \frac{1}{6}, \quad x = 1, 2, 3, 4, 5, 6$$

확률변수 X의 상태공간 $S_X = \{1, 2, \cdots, n\}$에 대해 확률질량함수가 다음과 같은 확률분포를 이산균등분포discrete uniform distribution라 하며 $X \sim DU(n)$으로 나타낸다.

$$f(x) = \frac{1}{n}, \ x = 1, 2, \cdots, n$$

이때 X와 X^2의 기댓값은 각각 다음과 같다.

- $E(X) = \sum_{x=1}^{n} x\, f(x) = \sum_{x=1}^{n} x \left(\frac{1}{n}\right) = \frac{1}{n} \times \frac{n(n+1)}{2} = \frac{n+1}{2}$
- $E(X^2) = \sum_{x=1}^{n} x^2 f(x) = \sum_{x=1}^{n} x^2 \left(\frac{1}{n}\right) = \frac{1}{n} \times \frac{n(n+1)(2n+1)}{6} = \frac{(n+1)(2n+1)}{6}$

그러므로 X의 분산은 다음과 같다.

$$Var(X) = E(X^2) - [E(X)]^2 = \frac{(n+1)(2n+1)}{6} - \left(\frac{n+1}{2}\right)^2 = \frac{n^2-1}{12}$$

$X \sim DU(n)$인 이산균등분포의 평균과 분산은 각각 다음과 같다.

❶ 평균: $\mu = \frac{n+1}{2}$

❷ 분산: $\sigma^2 = \frac{n^2-1}{12}$

예제 1

1에서 10까지 번호를 적은 동일한 모양의 카드가 들어 있는 주머니에서 임의로 하나를 꺼내어 나온 카드의 번호를 X라 할 때, 다음을 구하라.

(1) X의 확률질량함수 (2) X의 평균과 분산

풀이

(1) 1에서 10까지 번호가 적힌 카드가 나올 가능성이 동등하므로 X의 확률질량함수는 다음과 같다.

$$f(x) = \frac{1}{10}, \quad x = 1, 2, \cdots, 10$$

(2) $E(X) = \dfrac{10+1}{2} = 5.5, \quad Var(X) = \dfrac{10^2 - 1}{12} = 8.25$

4.2 초기하분포

[그림 4.1]과 같이 흰색 바둑돌 M개와 검은색 바둑돌 $N-M$개가 들어 있는 주머니에서 임의로 바둑돌 n개를 꺼낼 때, 꺼낸 바둑돌 n개 안에 포함된 흰색 바둑돌의 개수를 확률변수 X라 하자.

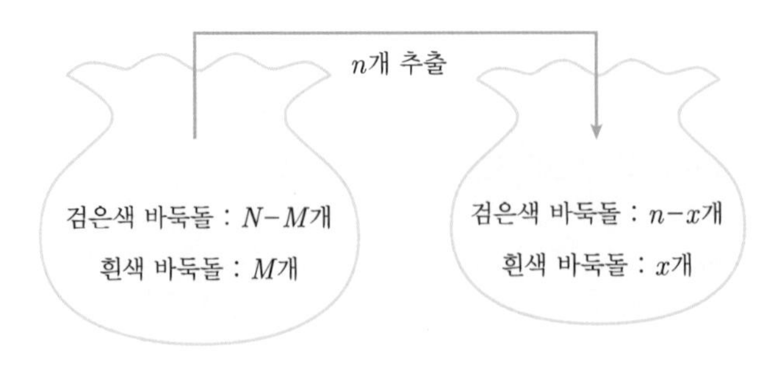

[그림 4.1] 초기하분포

N개의 바둑돌 중 n개의 바둑돌을 무작위로 꺼내는 경우의 수는 $\binom{N}{n}$이다. M개의

흰색 바둑돌 중 x 개를 추출하는 경우의 수는 $\binom{M}{x}$ 이고, 각 경우에 대해 $N-M$ 개의 검은색 바둑돌 중 $n-x$ 개가 추출되는 경우의 수는 $\binom{N-M}{n-x}$ 이다. 따라서 $n \le M$ 이라 하면 X 의 확률질량함수는 다음과 같다.

$$f(x)=\frac{\binom{M}{x}\binom{N-M}{n-x}}{\binom{N}{n}}, \quad x=0, 1, \cdots, n$$

이러한 확률 모형을 나타내는 확률변수 X 는 모수 N, M, n 인 초기하분포 hypergeometric distribution 를 따른다고 하고 $X \sim H(N, M, n)$ 으로 나타낸다. 약간의 지루한 계산을 거치면 다음 평균과 분산을 얻는다.

❶ 평균: $\mu = n\frac{M}{N}$

❷ 분산: $\sigma^2 = n\frac{M}{N}\left(1-\frac{M}{N}\right)\frac{N-n}{N-1}$

예제 2

불량품 5개를 포함하여 40개의 반도체 칩이 들어 있는 상자에서 임의로 칩 5개를 꺼낼 때, 포함된 불량품의 개수 X 에 대해 다음을 구하라.

(1) X 의 확률질량함수 (2) X 의 평균과 분산

(3) $P(X=2)$ (4) $P(X \ge 1)$

풀이

(1) 꺼낸 칩 5개에 포함된 불량품의 수를 X 라 하면 $X \sim H(40, 5, 5)$ 이고 확률질량함수는 다음과 같다.

$$f(x)=\frac{\binom{5}{x}\binom{35}{5-x}}{\binom{40}{5}}, \quad x=0, 1, 2, 3, 4, 5$$

(2) $\mu = 5\times\frac{5}{40}=0.625$, $\sigma^2 = 5\times\frac{5}{40}\times\frac{35}{40}\times\frac{40-5}{40-1}=\frac{1225}{2496}\approx 0.491$

(3) $P(X=2)=f(2)=\dfrac{\binom{5}{2}\binom{35}{3}}{\binom{40}{5}}=\dfrac{32725}{329004}\approx 0.0995$

(4) $P(X\geq 1)=1-P(X=0)=1-\dfrac{\binom{5}{0}\binom{35}{5}}{\binom{40}{5}}=1-\dfrac{40579}{82251}\approx 0.5066$

4.3 이항분포

동전의 앞면과 뒷면, 상품의 양품과 불량품 등과 같이 실험 결과가 서로 상반되는 두 가지뿐인 통계실험을 베르누이 실험이라 한다. 베르누이 실험에서 관심을 갖는 결과를 성공(S), 그렇지 않은 결과를 실패(F)라 하고 성공이면 1, 실패이면 0으로 대응시키는 확률변수 X를 생각하자. 성공률을 p라 하면 실패율은 $q=1-p$이므로 X의 확률질량함수는 다음과 같다.

$$f(x)=\begin{cases}1-p, & x=0\\ p, & x=1\\ 0, & \text{다른 곳에서}\end{cases}$$

이러한 확률분포를 모수 p인 베르누이 분포 Bernoulli distribution 라 하고 $X\sim B(1,p)$로 나타낸다. 그리고 이와 같은 통계실험을 독립적으로 반복하여 시행하는 것을 베르누이 시행 Bernoulli trial 이라 한다. X와 X^2의 기댓값은 각각 다음과 같다.

- $E(X)=0\times P(X=0)+1\times P(X=1)=p$
- $E(X^2)=0^2\times P(X=0)+1^2\times P(X=1)=p$

그러므로 X의 분산은 다음과 같다.

$$Var(X)=E(X^2)-[E(X)]^2=p-p^2=p(1-p)=pq$$

$X \sim B(1, p)$인 베르누이 분포의 평균과 분산은 각각 다음과 같다.

❶ 평균: $\mu = p$ ❷ 분산: $\sigma^2 = pq$

예제 3

앞면이 나올 가능성이 $\frac{1}{3}$인 찌그러진 동전을 던지는 게임에서 앞면이 나오는 사건에 대한 확률분포와 평균, 분산을 구하라.

풀이

앞면이 나오면 성공이므로 $P(X=1) = \frac{1}{3}$이고 뒷면이 나오면 실패이므로 $P(X=0) = \frac{2}{3}$이다. 그러므로 X의 확률질량함수는 다음과 같다.

$$f(x) = \begin{cases} \frac{2}{3}, & x = 0 \\ \frac{1}{3}, & x = 1 \\ 0, & \text{다른 곳에서} \end{cases}$$

평균과 분산은 각각 $E(X) = \frac{1}{3}$, $Var(X) = \frac{1}{3} \times \frac{2}{3} = \frac{2}{9}$이다.

[예제 1]의 베르누이 시행을 세 번 반복할 때, 앞면이 나온 횟수 X의 확률분포를 생각하면 [표 4.1]과 같다.

[표 4.1] 성공 횟수와 확률

표본공간	FFF	SFF	FSF	FSS	SSF	SFS	FSS	SSS
X	0	1	1	1	2	2	2	3
$P(X=x)$	$\left(\frac{2}{3}\right)^3$	$\left(\frac{1}{3}\right)\left(\frac{2}{3}\right)^2$	$\left(\frac{1}{3}\right)\left(\frac{2}{3}\right)^2$	$\left(\frac{1}{3}\right)\left(\frac{2}{3}\right)^2$	$\left(\frac{1}{3}\right)^2\left(\frac{2}{3}\right)$	$\left(\frac{1}{3}\right)^2\left(\frac{2}{3}\right)$	$\left(\frac{1}{3}\right)^2\left(\frac{2}{3}\right)$	$\left(\frac{1}{3}\right)^3$

즉, 매회 성공률이 $\frac{1}{3}$인 베르누이 시행을 독립적으로 세 번 반복할 때, 성공한 횟수 X의 확률은 다음과 같다.

$$P(X=0)=\left(\frac{1}{3}\right)^0\left(\frac{2}{3}\right)^3 \qquad P(X=1)=3\left(\frac{1}{3}\right)\left(\frac{2}{3}\right)^2$$

$$P(X=2)=3\left(\frac{1}{3}\right)^2\left(\frac{2}{3}\right) \qquad P(X=3)=\left(\frac{1}{3}\right)^3\left(\frac{2}{3}\right)^0$$

조합의 수 $\binom{3}{0}=1$, $\binom{3}{1}=3$, $\binom{3}{2}=3$, $\binom{3}{3}=1$을 이용하면 X의 확률질량함수는 다음과 같다.

$$P(X=x)=\binom{3}{x}\left(\frac{1}{3}\right)^x\left(\frac{2}{3}\right)^{3-x}, \quad x=0,\ 1,\ 2,\ 3$$

X의 확률질량함수에 대한 형식적인 구조는 [그림 4.2]와 같다.

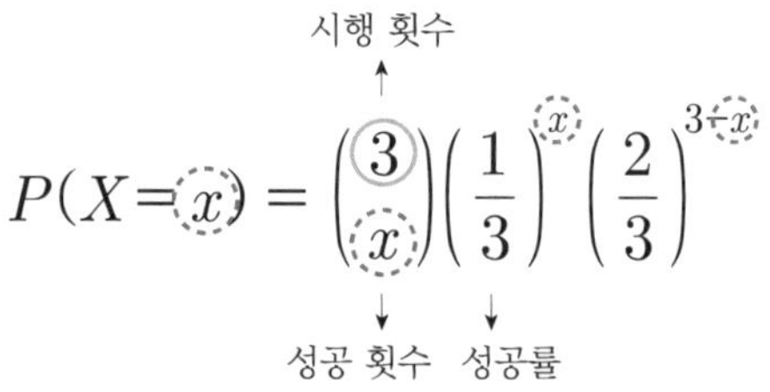

$$P(X=x)=\binom{3}{x}\left(\frac{1}{3}\right)^x\left(\frac{2}{3}\right)^{3-x}$$

시행 횟수

성공 횟수 성공률

[그림 4.2] 이항분포 확률질량함수의 구조

매 시행에서 성공률이 p인 베르누이 시행을 n번 독립적으로 반복할 때, n번의 시행에서 성공한 횟수 X의 확률질량함수는 다음과 같다.

$$f(x)=\binom{n}{x}p^x(1-p)^{n-x}, \quad x=0,\ 1,\ \cdots,\ n$$

이러한 확률분포를 모수 n, p인 **이항분포**binomial distribution라 하며, $X\sim B(n,\ p)$로 나타낸다. 특히 X_i를 i번째 베르누이 시행의 결과라 하면 $X_i\sim B(1,\ p)$이고 성공이면 $X_i=1$, 실패이면 $X_i=0$이므로 $X=X_1+X_2+\cdots+X_n$은 n번의 베르누이 시행에서 성공한 횟수를 나타낸다. 특히 X_i가 독립이고 $E(X_i)=p$, $Var(X_i)=p(1-p)$이므로 X의 평균과 분산은 각각 다음과 같다.

- $E(X) = E(X_1 + \cdots + X_n) = E(X_1) + \cdots + E(X_n) = np$
- $Var(X) = Var(X_1 + \cdots + X_n) = Var(X_1) + \cdots + Var(X_n) = np(1-p)$

모수 n, p인 이항분포의 평균과 분산은 각각 다음과 같다.

❶ 평균: $\mu = np$

❷ 분산: $\sigma^2 = npq$, $q = 1 - p$

예제 4

앞면이 나올 가능성이 0.75인 찌그러진 동전을 다섯 번 던지는 게임에서 앞면이 나온 횟수 X에 대해 다음을 구하라.

(1) X의 확률질량함수

(2) X의 평균과 분산

(3) $P(X=2)$

(4) $P(X \geq 1)$

풀이

(1) $X \sim B(5, 0.75)$이므로 확률질량함수는 $f(x) = \binom{5}{x}(0.75)^x (0.25)^{5-x}$,

$x = 0, 1, 2, 3, 4, 5$이다.

(2) $\mu = 5 \times 0.75 = 3.75$, $\sigma^2 = 5 \times 0.75 \times 0.25 = 0.9375$

(3) $P(X=2) = f(2) = \binom{5}{2}(0.75)^2 (0.25)^3 \approx 0.0879$

(4) $P(X \geq 1) = 1 - P(X=0) = 1 - \binom{5}{0}(0.25)^5 \approx 0.999$

[그림 4.3]과 같은 부록 1의 이항누적분포표를 이용하면 [예제 4]의 확률 $P(X=2)$를 쉽게 얻을 수 있다. 표에서 n이 5이고 x가 2인 행과 p가 0.75인 열이 만나는 위치의 수 0.1035를 선택하면 $P(X \leq 2) = 0.1035$이다.

시행 횟수　성공 횟수　성공률　$P(X \le 2) = 0.1035$

n	x	0.55	0.60	0.65	0.70	0.75	0.80	0.85	0.90	0.95
5	0	0.0185	0.0102	0.0053	0.0024	0.0010	0.0003	0.0001	0.0000	0.0000
	1	0.1312	0.0870	0.0540	0.0308	0.0156	0.0067	0.0022	0.0005	0.0000
	2	0.4069	0.3174	0.2352	0.1631	0.1035	0.0579	0.0266	0.0086	0.0012
	3	0.7438	0.6630	0.5716	0.4718	0.3672	0.2627	0.1648	0.0815	0.0226
	4	0.9497	0.9222	0.8840	0.8319	0.7627	0.6723	0.5563	0.4095	0.2262

[그림 4.3] 이항누적분포표

따라서 다음과 같이 $P(X=2)$를 쉽게 구할 수 있다.

$$P(X=2) = P(X \le 2) - P(X \le 1) = 0.1035 - 0.0156 = 0.0879$$

예제 5

오지선다형 10문제에서 임의로 답안을 선정한다. 이항누적분포표를 이용하여 다음을 구하라.

(1) 정답을 선택한 문항이 2개일 확률

(2) 적어도 5문제 이상 맞힐 확률

풀이

(1) 정답을 맞힌 문제의 개수를 X라 하면 $X \sim B(10, 0.2)$이고 $P(X=2) = P(X \le 2) - P(X \le 1)$이므로 이항누적분포표에 의해 다음을 얻는다.

$$P(X=2) = P(X \le 2) - P(X \le 1) = 0.6778 - 0.3758 = 0.3020$$

(2) $P(X \ge 5) = 1 - P(X \le 4) = 1 - 0.9672 = 0.0328$

초기하분포 $X \sim H(N, M, n)$에서 $p = \dfrac{M}{N}$이 일정하고 N이 충분히 크다면$(N \to \infty)$ 초기하분포의 평균은 $\mu = np$이고 분산은 $\sigma^2 = npq$에 근사한다. 이와 같이 $p = \dfrac{M}{N}$이 일정하고 N이 충분히 큰 초기하분포는 이항분포에 근사하며, 이항분포 $B(n, p)$에 의해 근사적으로 확률을 구할 수 있다.

예제 6

빨간 공 75개와 파란 공 1425개가 들어 있는 상자에서 공 10개를 임의로 꺼낸다. 꺼낸 공 중 빨간 공이 2개일 근사확률을 구하라.

풀이

공 1500개가 들어 있는 상자에서 꺼낸 공 10개에 포함된 빨간 공의 수를 X라 하면 $X \sim H(1500, 75, 10)$이다. 이때 $p = \frac{M}{N} = \frac{75}{1500} = 0.05$이므로 X는 근사적으로 이항분포 $B(10, 0.05)$를 따른다. 따라서 이항누적분포표에 의해 다음 근사확률을 얻는다.

$$P(X=2) = P(X \leq 2) - P(X \leq 1) = 0.9885 - 0.9139 = 0.0746$$

참고 Mathematica를 이용하여 초기하분포에 대한 확률을 구하면 다음과 같다.

$$P(X=2) = \frac{\binom{75}{2}\binom{1425}{8}}{\binom{1500}{10}} \approx 0.0744$$

4.4 음이항분포

매 시행에서 성공률이 p인 통계실험을 처음 성공할 때까지 반복시행한 횟수를 확률변수 X라 하자. 반복되는 시행이 독립적으로 이루어지므로 표본공간과 확률변수 X가 취하는 값 및 $P(X=x)$는 [표 4.2]와 같다.

[표 4.2] 시행 횟수 X의 확률

표본공간	S	FS	FFS	FFFS	FFFFS	⋯
X	1	2	3	4	5	⋯
$P(X=x)$	p	$p(1-p)$	$p(1-p)^2$	$p(1-p)^3$	$p(1-p)^4$	⋯

따라서 확률변수 X의 상태공간은 $S_X = \{1, 2, 3, \cdots\}$이고 X의 확률질량함수는 다음과 같다.

$$f(x) = pq^{x-1}, \quad x = 1, 2, 3, \cdots, \quad q = 1 - p$$

이와 같이 매 시행에서 성공률이 p인 베르누이 시행을 처음 성공할 때까지 반복시행한 횟수에 대한 확률분포를 모수 p인 기하분포geometric distribution라 하며, $X \sim G(p)$로 나타낸다. 모수 p인 기하분포의 평균과 분산은 각각 다음과 같다.

❶ 평균: $\mu = \dfrac{1}{p}$

❷ 분산: $\sigma^2 = \dfrac{q}{p^2}$

특히 확률변수 $X \sim G(p)$일 때 양의 정수 m, n에 대하여 다음 성질이 성립하는 것을 쉽게 알 수 있으며, 이를 비기억성 성질memorylessness property이라 한다.

$$P(X > n + m \mid X > n) = P(X > m)$$

예제 7

1의 눈이 처음 나올 때까지 주사위를 던진 횟수를 확률변수 X라 할 때, 다음을 구하라.

(1) X의 확률질량함수

(2) X의 평균과 분산

(3) $P(X = 5)$

(4) $P(X > 10 \mid X > 5)$

풀이

(1) 매 시행에서 1의 눈이 나올 확률은 $\dfrac{1}{6}$이므로 처음으로 1의 눈이 나올 때까지 주사위를 던진 횟수 X의 확률질량함수는 다음과 같다.

$$f(x) = \frac{1}{6}\left(\frac{5}{6}\right)^{x-1}, \quad x = 1, 2, 3, \cdots$$

(2) $\mu = \dfrac{1}{p} = \dfrac{1}{1/6} = 6, \quad \sigma^2 = \dfrac{q}{p^2} = \dfrac{5/6}{(1/6)^2} = 30$

(3) $P(X=5)=f(5)=\frac{1}{6}\left(\frac{5}{6}\right)^4=\frac{625}{7776}\approx 0.0804$

(4) $P(X>10 \mid X>5)=P(X>5)=P(X\geq 6)=\sum_{x=6}^{\infty}\frac{1}{6}\left(\frac{5}{6}\right)^{x-1}$

$$=\frac{1}{6}\,\frac{(5/6)^5}{1-(5/6)}=\frac{3125}{7776}\approx 0.4019$$

기하분포는 매 시행에서 성공률이 p 인 베르누이 시행에서 처음 성공할 때까지 반복시행한 횟수에 대한 확률 모형을 나타낸다. 이를 일반화하여 r 번째 성공할 때까지 반복시행한 횟수 X의 확률 모형을 생각할 수 있다. 확률변수가 취할 수 있는 가장 작은 값은 처음부터 r번 연속하여 성공하는 경우이므로 X의 상태공간은 $S_X=\{r,\ r+1,\ r+2,\ \cdots\}$이다. 매 시행에서 성공률이 p 인 베르누이 시행을 반복하여 x 번째 시행에서 r 번째 성공이 이루어진다면 [그림 4.4]와 같이 처음 $x-1$ 번의 시행에서 꼭 $r-1$ 번 성공하고 x 번째 시행에서 마지막 r번째 성공이 이루어져야 한다.

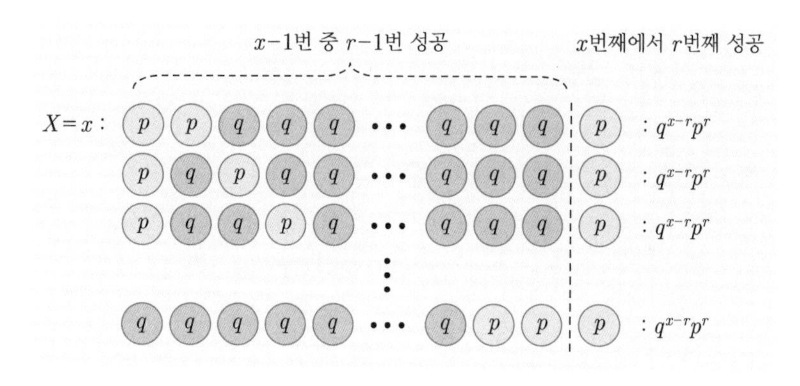

[그림 4.4] x 번째 시행에서 r 번째 성공하는 경우

처음 $x-1$ 번의 시행에서 꼭 $r-1$ 번 성공할 확률은 $\binom{x-1}{r-1}p^{r-1}q^{x-r}$이고, x 번째 시행은 이전 시행에 독립이며 성공의 확률이 p 이므로 x 번째 시행에서 r 번째 성공이 이루어질 확률은 다음과 같다.

$$P(X=x)=P(x-1\text{번 시행에서 } r-1\text{번 성공})\cdot P(x\text{번 시행에서 } r\text{번째 성공})$$

$$=\binom{x-1}{r-1}p^{r-1}q^{x-r}\times p=\binom{x-1}{r-1}p^r q^{x-r}$$

따라서 확률변수 X의 확률질량함수는 다음과 같으며, 이 확률분포를 모수 r, p인 음이항분포negative binomial distribution라 하고 $X \sim NB(r, p)$로 나타낸다.

$$f(x) = \binom{x-1}{r-1} p^r q^{x-r}, \quad x = r, r+1, r+2, \cdots, q = 1-p$$

기하분포의 비기억성 성질은 처음 성공할 때까지 반복시행한 횟수가 그 이후로 다시 처음 성공할 때까지 반복시행한 횟수에 독립이고 항등분포를 따름을 나타낸다. 즉, 베르누이 시행에서 $i-1$번째 성공 이후 처음 성공할 때까지 반복시행한 횟수를 X_i라 하면 확률변수 X_1, X_2, $\cdots$, X_r은 독립이고 $X_i \sim G(p)$, $i = 1, 2, \cdots, r$이다. 이때 $X = X_1 + X_2 + \cdots + X_r$이라 하면 X는 성공률 p인 베르누이 시행을 r번째 성공을 이루기까지 반복시행한 총 횟수를 나타내므로 $X \sim NB(r, p)$이며, X의 평균과 분산은 각각 다음과 같다.

- $E(X) = E(X_1 + X_2 + \cdots + X_r) = E(X_1) + E(X_2) + \cdots + E(X_r) = \frac{r}{p}$
- $Var(X) = Var(X_1 + \cdots + X_r) = Var(X_1) + \cdots + Var(X_r) = \frac{rq}{p^2}$

즉, X의 평균과 분산은 각각 다음과 같다.

❶ 평균: $\mu = \frac{r}{p}$

❷ 분산: $\sigma^2 = \frac{rq}{p^2}$

예제 8

세 번째 1의 눈이 나올 때까지 주사위를 던진 횟수를 확률변수 X라 할 때, 다음을 구하라.

(1) X의 확률질량함수

(2) X의 평균과 분산

(3) $P(X=5)$

(4) $P(X \le 5)$

풀이

매 시행에서 1의 눈이 나올 확률은 $\frac{1}{6}$이고 X는 세 번째 1의 눈이 나올 때까지 주사위를 던진 횟수이므로 $X \sim NB\left(3, \frac{1}{6}\right)$이다.

(1) $f(x)=\binom{x-1}{2}\left(\frac{1}{6}\right)^3\left(\frac{5}{6}\right)^{x-3}$, $x=3, 4, 5, \cdots$

(2) $p=\frac{1}{6}$, $r=3$이므로 $\mu=\frac{3}{1/6}=18$, $\sigma^2=\frac{3\times(5/6)}{(1/6)^2}=90$이다.

(3) $P(X=5)=f(5)=\binom{4}{2}\left(\frac{1}{6}\right)^3\left(\frac{5}{6}\right)^2=\frac{25}{1296}\approx 0.0193$

(4) $f(3)=\binom{2}{2}\left(\frac{1}{6}\right)^3=\frac{1}{216}$, $f(4)=\binom{3}{2}\left(\frac{1}{6}\right)^3\left(\frac{5}{6}\right)=\frac{5}{432}$이므로 구하는 확률은 다음과 같다.

$$P(X\le 5)=f(3)+f(4)+f(5)=\frac{1}{216}+\frac{5}{432}+\frac{25}{1296}=\frac{23}{648}\approx 0.0355$$

4.5 푸아송 분포

어떤 물질에 의해 방출된 방사능 입자의 수, 주어진 시간 안에 걸려 온 전화의 수 등과 같이 한정된 단위 시간이나 공간에서 발생하는 사건의 수에 관련되는 확률 모형을 다룰 때, 이항분포의 극한분포인 푸아송 분포를 사용한다. 이항분포 $X\sim B(n, p)$에서 평균 $m=np$가 일정하고 $n\to\infty$라고 하면, 확률변수 X의 확률질량함수 $f(x)$는 다음과 같은 극한분포를 갖는다.

$$f(x)=\binom{n}{x}p^x(1-p)^{n-x}=\frac{n!}{x!(n-x)!}\left(\frac{m}{n}\right)^x\left(1-\frac{m}{n}\right)^{n-x}$$

$$=\frac{m^x}{x!}\times\frac{n(n-1)\cdots(n-x+1)}{n^x}\times\left[\left(1-\frac{m}{n}\right)^{-\frac{n}{m}}\right]^{-m}\times\left(1-\frac{m}{n}\right)^{-x}$$

$$\xrightarrow{n\to\infty}\frac{m^x}{x!}e^{-m},\quad x=0, 1, 2, \cdots,\ m>0$$

함수 $f(x)$의 극한도 확률질량함수의 조건을 만족하며, 이러한 확률분포를 모수 m인 **푸아송 분포**Poisson distribution라 하고 $X\sim P(m)$으로 나타낸다. 즉, 모수 m인 푸아송 분포의 확률질량함수는 다음과 같다.

$$f(x)=\frac{m^x}{x!}e^{-m},\quad x=0,\ 1,\ 2,\ \cdots$$

X의 기댓값은 다음과 같이 구할 수 있다.

$$E(X)=\sum_{x=0}^{\infty}xf(x)=\sum_{x=0}^{\infty}\frac{x\,m^x}{x!}e^{-m}=m\sum_{x=1}^{\infty}\frac{m^{x-1}}{(x-1)!}e^{-m}\ \ (t=x-1\text{로 놓으면})$$

$$=m\sum_{t=0}^{\infty}\frac{m^t}{t!}e^{-m}=m\ \ (\Sigma\ \text{안의 식은 푸아송 분포 확률질량함수이므로})$$

동일한 방법으로 $E[X(X-1)]=m^2$을 얻으며, $E(X^2)=m^2+m$이다. 그러므로 모수 m인 푸아송 분포의 평균과 분산은 각각 다음과 같다.

❶ 평균: $\mu=m$

❷ 분산: $\sigma^2=m$

예제 9

평균 $\mu=1.5$인 푸아송 분포를 따르는 확률변수 X에 대해 다음 확률을 구하라.

(1) $P(X=1)$ (2) $P(X\le 3)$ (3) $P(1\le X\le 3)$ (4) $P(X\ge 3)$

풀이

(1) $X\sim P(1.5)$이므로 X의 확률질량함수는 $f(x)=\frac{1.5^x}{x!}e^{-1.5}$, $x=0,\ 1,\ 2,\ \cdots$ 이다. 따라서 $P(X=1)=f(1)=\frac{1.5^1}{1!}e^{-1.5}=1.5e^{-1.5}\approx 0.3347$이다.

(2)
$$\begin{aligned}P(X\le 3)&=f(0)+f(1)+f(2)+f(3)\\&=\frac{1.5^0}{0!}e^{-1.5}+\frac{1.5^1}{1!}e^{-1.5}+\frac{1.5^2}{2!}e^{-1.5}+\frac{1.5^3}{3!}e^{-1.5}\\&=(1+1.5+1.125+0.5625)\,e^{-1.5}=(4.1875)\,e^{-1.5}\approx 0.9344\end{aligned}$$

(3)
$$\begin{aligned}P(1\le X\le 3)&=f(1)+f(2)+f(3)\\&=(1.5+1.125+0.5625)\,e^{-1.5}\approx 0.7112\end{aligned}$$

(4)
$$\begin{aligned}P(X\ge 3)&=1-P(X\le 2)=1-[f(0)+f(1)+f(2)]\\&=1-(1+1.5+1.125)\,e^{-1.5}=1-3.625e^{-1.5}\approx 0.1912\end{aligned}$$

[그림 4.5]와 같은 부록 2의 누적푸아송분포표를 이용하여 확률을 쉽게 구할 수 있다. x는 누적된 발생 횟수를 나타내며, μ는 푸아송 분포의 평균을 나타낸다. 그러면 $\mu = 1.5$인 푸아송 분포에서 누적확률 $P(X \le 3)$은 $x = 3$ 행과 $\mu = 1.5$ 열이 만나는 위치의 수 .934이다. 즉, $P(X \le 3) = 0.934$이다.

발생 횟수 $P(X \le 3)$ 평균

x \ μ	1.10	1.20	1.30	1.40	1.50	1.60	1.70	1.80	1.90	2.00
0	.333	.301	.273	.247	.223	.202	.183	.165	.150	.135
1	.699	.663	.627	.592	.558	.525	.493	.463	.434	.406
2	.900	.879	.857	.833	.809	.783	.757	.731	.704	.677
3	.974	.966	.957	.946	.934	.921	.907	.891	.875	.857
4	.995	.992	.989	.986	.981	.976	.970	.964	.954	.956
3	.999	.998	.998	.997	.996	.994	.992	.990	.987	.983
4	1.000	1.000	1.000	.999	.999	.999	.998	.997	.997	.995

[그림 4.5] 푸아송 누적분포표

예제 10

불량률이 0.05인 공정라인에서 생산된 제품 20개를 임의로 선정했을 때, 불량품의 개수 X에 대해 다음을 구하라.

(1) 이항분포에 의한 $P(X=1)$

(2) 푸아송 분포에 의한 $P(X=1)$의 근사확률

풀이

(1) 불량품의 개수를 X라 하면 $X \sim B(20, 0.05)$이므로 부록 1에 의해 다음을 얻는다.

$$P(X=1) = P(X \le 1) - P(X=0) = 0.7358 - 0.3585 = 0.3773$$

(2) $\mu = 20 \times 0.05 = 1$이므로 X는 $P(1)$에 근사한다. 따라서 부록 2에 의해 다음을 얻는다.

$$P(X=1) \approx P(X \le 1) - P(X=0) = 0.736 - 0.368 = 0.368$$

4장 연습문제

01 $X \sim H(10, 6, 5)$에 대해 다음 확률을 구하라.

(1) $P(X=3)$　　(2) $P(X=4)$

(3) $P(X \leq 4)$　　(4) $P(X > 3)$

02 $X \sim B(8, 0.45)$에 대해 다음을 구하라.

(1) $P(X=4)$　　(2) $P(X \neq 3)$

(3) $P(X \leq 5)$　　(4) $P(X \geq 6)$

(5) $E(X)$　　(6) $Var(X)$

(7) $P(\mu - \sigma \leq X \leq \mu + \sigma)$　　(8) $P(\mu - 2\sigma \leq X \leq \mu + 2\sigma)$

03 $X \sim G(0.6)$에 대해 다음 확률을 구하라.

(1) $P(X=3)$　　(2) $P(X \leq 4)$

(3) $P(X \geq 10)$　　(4) $P(4 \leq X \leq 8)$

04 $X \sim NB(4, 0.6)$에 대해 다음 확률을 구하라.

(1) $P(X=6)$　　(2) $P(X \leq 7)$

(3) $P(X \geq 7)$　　(4) $P(6 \leq X \leq 8)$

05 $X \sim P(5)$에 대해 다음 확률을 구하라.

(1) $P(X=3)$　　(2) $P(X \leq 4)$

(3) $P(X \geq 10)$　　(4) $P(4 \leq X \leq 8)$

06 숫자 1에서 100까지 적힌 카드가 들어 있는 주머니에서 임의로 한 장을 꺼내어 나온 숫자를 확률변수 X라 할 때, 다음을 구하라.

(1) X의 확률질량함수　　(2) X의 평균과 분산

07 $X \sim DU(n)$일 때, $Y = X - 1$에 대해 다음을 구하라.

(1) Y의 상태공간　　(2) Y의 확률질량함수　　(3) Y의 평균과 분산

08 여자 4명과 남자 6명이 섞여 있는 그룹에서 무작위로 2명을 선출할 때, 다음을 구하라.

(1) 2명 중 남자의 수에 대한 확률질량함수

(2) 2명 모두 동성일 확률

(3) 여자 1명과 남자 1명이 선출될 확률

(4) 2명 중 남자의 수에 대한 평균과 분산

09 카드 52장이 들어 있는 주머니에서 임의로 3장의 카드를 꺼낸다. 3장의 카드 안에 포함된 하트의 수 X에 대해 다음을 구하라.

(1) X의 확률질량함수

(2) X의 평균과 분산

10 1부터 4의 숫자가 적힌 정사면체를 다섯 번 던질 때, 바닥에 놓인 숫자가 1인 횟수 X에 대해 다음을 구하라.

(1) X의 확률질량함수

(2) $P(X=1)$

(3) $P(X \le 1)$

(4) $P(X \ge 2)$

11 오지선다형으로 제시된 15문제 중 지문을 임의로 선택한다. 정답을 맞힌 개수에 대해 다음을 구하라.

(1) 평균 개수

(2) 정확히 5개를 맞힐 확률

(3) 4개 이상 맞힐 확률

12 지방의 어느 중소도시에서 5%의 사람이 특이한 질병에 걸렸다고 한다. 이 도시에서 임의로 5명을 선정했을 때, 이 질병에 걸린 사람이 2명 이하일 확률을 구하라.

13 수도권에서 B+ 혈액형을 가진 사람의 비율이 10%라고 한다. 헌혈 센터에서 20명이 헌혈을 했을 때, 그들 중 정확히 4명이 B+ 혈액형일 확률과 적어도 3명이 B+ 혈액형일 확률을 구하라.

14 컴퓨터 칩 2000개가 들어 있는 상자에 불량품 10개가 있는 것으로 알려져 있다. 임의로 칩 15개를 꺼냈을 때, 불량품의 개수에 대해 다음을 구하라.

(1) 평균과 분산

(2) 불량품이 하나일 확률

(3) 불량품이 3개 이상일 확률

15 매회 성공률이 p인 베르누이 실험을 처음 성공할 때까지 독립적으로 반복시행할 때, 실패한 횟수 Y의 확률질량함수와 평균 및 분산을 구하라.

16 매회 성공률이 0.4인 베르누이 실험을 처음 성공할 때까지 독립적으로 반복시행하여 실패한 횟수를 Y라 할 때, 다음을 구하라.

(1) Y의 확률질량함수

(2) 처음 성공할 때까지 다섯 번 실패할 확률

(3) 평균과 분산

17 평소 전화를 세 번 걸면 두 번 정도 통화가 되는 친구에게 전화를 다섯 번 걸어서 처음으로 통화가 될 확률을 구하라.

18 1의 눈이 세 번 나올 때까지 주사위를 반복해서 던지는 실험에서 주사위를 던진 횟수 X에 대해 다음을 구하라.

(1) X의 확률질량함수

(2) X의 평균과 분산

(3) 다섯 번째 시행에서 세 번째 1의 눈이 나올 확률

19 환자들의 결핵 검사를 위해 엑스레이 사진을 촬영하였다.

(1) 환자들 중 20%가 결핵균을 보유하고 있을 때, 10명을 검사해야 비로소 처음 결핵 환자가 발견될 확률을 구하라.

(2) 15번째로 검사 받은 환자가 세 번째로 결핵 양성 반응이 나올 확률을 구하라.

(3) 5번째 결핵 환자가 발견되기 전까지 검사를 받은 음성 반응 환자 수의 평균을 구하라.

20 한 의학 연구팀은 새로운 치료법을 시도하기 위해 특별한 질병에 걸린 한 사람을 찾고자 한다. 이 질병에 걸린 사람은 전체 인구의 5%이며, 연구팀이 이 질병에 걸린 사람을 찾을 때까지 반복하여 환자를 진찰할 경우, 다음을 구하라.

(1) 질병에 걸린 사람을 만나기 위해 진찰해야 하는 평균 환자 수

(2) 4명 이하의 환자를 진찰해서 이 질병을 걸린 사람을 만날 확률

(3) 10명 이상 진찰해야 이 질병을 걸린 사람을 찾을 확률

21 지질학자들은 지르콘의 표면에 있는 우라늄의 분열 흔적의 수로 지르콘의 연대를 측정한다. 특정한 지르콘은 $1\,\mathrm{cm}^2$ 당 평균 1.5개의 흔적을 가지고 있다. 이 지르콘의 $2\,\mathrm{cm}^2$ 에 적어도 흔적 5개가 있을 확률을 구하라. 이 분열 흔적의 수는 푸아송 분포를 따른다고 한다.

22 세라믹 타일 조각 안에 생긴 흠집의 수가 평균 2.4인 푸아송 분포를 따른다고 한다.

(1) 이 조각 안에 흠집이 하나도 없을 확률을 구하라.

(2) 이 조각 안에 흠집이 적어도 2개 이상 있을 확률을 구하라.

23 상자에 500개의 전기 스위치가 들어 있으며, 이 상자에서 불량인 스위치가 나올 확률은 0.004라고 한다. 이 상자에 불량품 스위치가 많아야 하나 있을 확률을 구하라.

24 $X \sim H(N, r, n)$에 대하여 $p = \dfrac{r}{N}$로 일정하고 $N \to \infty$이면 X의 확률분포는 모수 n, p인 이항분포에 근사함을 보여라.

25 $X \sim G(p)$에 대한 비기억성을 증명하라.

CHAPTER 05

연속확률분포

Continuous Probability Distributions

목차

학습목표

- 균등분포를 이해하고 확률을 구할 수 있다.
- 지수분포를 이해하고 확률을 구할 수 있다.
- 감마분포를 이해하고 확률을 구할 수 있다.
- 정규분포를 이해하고 확률을 구할 수 있다.
- χ^2-분포, t-분포, F-분포를 이해하고 백분위수를 구할 수 있다.

5.1 균등분포

이산균등분포와 동일하게 $a < b$에 대해 두 점 a와 b 사이에서 확률밀도함수가 [그림 5.1(a)]와 같이 일정하게 나타나는 연속확률분포를 균등분포uniform distribution라 하고, $X \sim U(a, b)$로 나타낸다.

$$f(x) = \begin{cases} \dfrac{1}{b-a}, & a \le x \le b \\ 0 & ,\text{다른 곳에서} \end{cases}$$

분포함수 $F(x)$는 다음과 같으며, 분포함수의 그래프는 [그림 5.1(b)]와 같다.

$$F(x) = \begin{cases} 0 & , x < a \\ \dfrac{x-a}{b-a}, & a \le x < b \\ 1 & , x \ge b \end{cases}$$

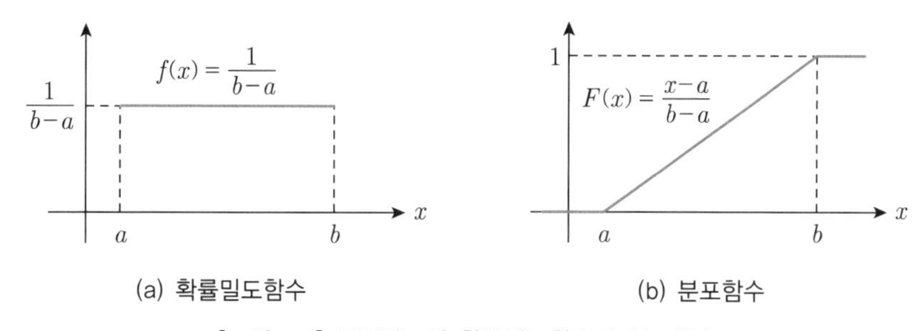

[그림 5.1] 균등분포의 확률밀도함수와 분포함수

X와 X^2의 기댓값은 각각 다음과 같다.

- $E(X) = \int_a^b x f(x)\,dx = \int_a^b \frac{x}{b-a}\,dx = \left[\frac{x^2}{2(b-a)}\right]_a^b = \frac{a+b}{2}$
- $E(X^2) = \int_a^b x^2 f(x)\,dx = \int_a^b \frac{x^2}{b-a}\,dx = \left[\frac{x^3}{3(b-a)}\right]_a^b = \frac{a^2+ab+b^2}{3}$

$X \sim U(a, b)$에 대한 평균과 분산은 각각 다음과 같다.

❶ 평균: $\mu = \dfrac{a+b}{2}$

❷ 분산: $\sigma^2 = E(X^2) - [E(X)]^2 = \dfrac{(b-a)^2}{12}$

예제 1

$X \sim U(0, 10)$에 대해 다음을 구하라.

(1) 확률밀도함수와 분포함수

(2) 평균과 표준편차

(3) $P(\mu - \sigma < X < \mu + \sigma)$

(4) $P(X \le 7 \mid X \ge 5)$

풀이

(1) X가 $[0, 10]$에서 균등분포를 이루므로 확률밀도함수와 분포함수는 각각 다음과 같다.

$$f(x) = \begin{cases} \dfrac{1}{10}, & 0 \le x \le 10 \\ 0 & ,\text{다른 곳에서} \end{cases}, \quad F(x) = \begin{cases} 0 & , x < 0 \\ \dfrac{x}{10}, & 0 \le x < 10 \\ 1 & , x \ge 10 \end{cases}$$

(2) $\mu = \dfrac{0+10}{2} = 5$, $\sigma^2 = \dfrac{(10-0)^2}{12} = \dfrac{25}{3} \approx 8.33$, $\sigma \approx \sqrt{8.33} \approx 2.89$

(3) $P(\mu - \sigma < X < \mu + \sigma) = P(5 - 2.89 < X < 5 + 2.89) = \displaystyle\int_{2.11}^{7.89} \frac{1}{10}\, dx$

$$= \frac{1}{10}(7.89 - 2.11) = 0.578$$

(4) $P(X \le 7 \mid X \ge 5) = \dfrac{P(5 \le X \le 7)}{P(X \ge 5)} = \dfrac{2/10}{5/10} = \dfrac{2}{5} = 0.4$

5.2 지수분포

처음 성공할 때까지 반복시행한 횟수에 관한 기하분포와 유사한 성질을 갖는 연속확률분포가 지수분포이다. 어떤 사건이 평균 λ인 푸아송 분포에 따라 관측될 때, 이 사건이 관측된 이후로 다음 사건이 관측될 때까지 걸리는 시간 X의 확률분포를 모수 λ인 지수분포 exponential distribution라 하며, $X \sim \text{Exp}(\lambda)$로 나타낸다. 그러면 X의 확률밀도함수는 다음과 같다.

$$f(x) = \lambda e^{-\lambda x}, \quad x > 0$$

확률변수 X의 분포함수는 다음과 같다.

$$F(x) = P(X \le x) = \int_0^x \lambda e^{-\lambda t} dt = \left[-e^{-\lambda t}\right]_0^x = 1 - e^{-\lambda x}, \; x > 0$$

지수분포는 [그림 5.2]와 같이 왼쪽으로 치우치고 오른쪽으로 긴 꼬리를 갖는 양의 비대칭 분포를 이룬다.

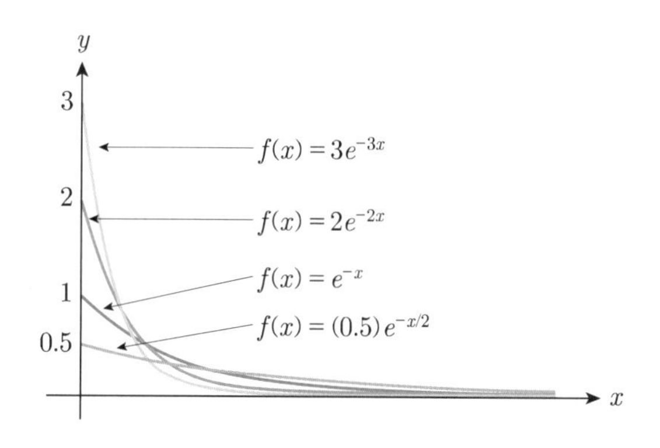

[그림 5.2] λ에 따른 지수분포의 비교

X와 X^2의 기댓값은 각각 다음과 같다.

- $E(X) = \int_0^\infty \lambda x e^{-\lambda x} dx = \left[-\frac{\lambda x + 1}{\lambda} e^{-\lambda x} \right]_0^\infty = \frac{1}{\lambda}$
- $E(X^2) = \int_0^\infty \lambda x^2 e^{-\lambda x} dx = \left[-\frac{\lambda^2 x^2 + 2\lambda x + 2}{\lambda^2} e^{-\lambda x} \right]_0^\infty = \frac{2}{\lambda^2}$

모수 λ인 지수분포의 평균과 분산은 각각 다음과 같다.

❶ 평균: $\mu = \frac{1}{\lambda}$

❷ 분산: $\sigma^2 = E(X^2) - [E(X)]^2 = \frac{1}{\lambda^2}$

예제 2

관측을 시작한 이후로 1년 동안 교차로에서 처음으로 교통사고가 발생할 때까지 걸리는 시간 X의 확률밀도함수가 $f(x) = 4e^{-4x}$, $x > 0$일 때, 다음을 구하라.

(1) 한 달이 지난 후 사고가 처음 발생할 확률

(2) 두 달 안에 사고가 처음 발생할 확률

(3) 평균적으로 사고가 발생하는 개월 수

풀이

(1) 모수가 4이므로 분포함수는 $F(x) = 1 - e^{-4x}$, $x > 0$이다. 한 달은 $\frac{1}{12}$년이므로 구하는 확률은 다음과 같다.

$$P\left(X > \frac{1}{12}\right) = 1 - F\left(\frac{1}{12}\right) = 1 - \left(1 - e^{-4/12}\right) = e^{-1/3} \approx 0.7165$$

(2) 두 달은 $\frac{1}{6}$년이므로 구하는 확률은 다음과 같다.

$$P\left(X \le \frac{1}{6}\right) = F\left(\frac{1}{6}\right) = 1 - e^{-4/6} \approx 0.4866$$

(3) 사고 일수는 모수 $\lambda = 4$ 인 지수분포를 이루므로 연평균 사고 일수는 $\mu = \frac{1}{4}$년, 즉 3개월이다.

연속확률변수 X에 대해 오른쪽 꼬리확률 $S(x)=P(X>x)$를 생존함수[survival function]라 하며, 지수분포에 대한 생존함수는 다음과 같다.

$$S(x)=e^{-\lambda x}, \quad x>0$$

$X \sim \mathrm{Exp}(\lambda)$일 때, 임의의 양수 a와 b에 대해 다음 조건부 확률을 얻는다.

$$\begin{aligned} P(X \geq a+b \mid X \geq a) &= \frac{P(X \geq a+b,\, X \geq a)}{P(X \geq a)} = \frac{P(X \geq a+b)}{P(X \geq a)} \\ &= \frac{S(a+b)}{S(a)} = \frac{e^{-\lambda(a+b)}}{e^{-\lambda a}} = e^{-\lambda b} = P(X \geq b) \end{aligned}$$

즉, 지수분포는 다음과 같이 비기억성이 성립한다.

$$P(X \geq a+b \mid X \geq a) = P(X \geq b)$$

예제 3

스마트폰의 수명이 평균 2년인 지수분포에 따른다고 할 때, 다음을 구하라.

(1) 1.5년 이전에 수명이 다할 확률

(2) 3년 이상 사용할 확률

(3) 1.5년 이상 사용했을 때 앞으로 2년 이상 사용할 확률

풀이

(1) 스마트폰의 수명을 X라 하면 $\lambda=\frac{1}{\mu}=\frac{1}{2}$이므로 분포함수는 $F(x)=1-e^{-x/2}$, $x>0$이다. 따라서 구하는 확률은 $P(X<1.5)=F(1.5)=1-e^{-1.5/2}\approx 0.5276$이다.

(2) 3년 이상 사용할 확률은 $S(3)=e^{-3/2}\approx 0.2231$이다.

(3) $P(X \geq 2+1.5 \mid X \geq 1.5)=P(X \geq 2)=S(2)=e^{-2/2}\approx 0.3679$

5.3 감마분포

음이항분포가 n번째 성공을 이룰 때까지 반복시행한 확률 모형을 설명한다면, n번째 성공을 이룰 때까지 걸리는 시간에 대한 확률 모형을 설명할 때에는 감마분포를 이용한다. 감마분포는 모수 λ인 푸아송 분포를 따라 어떤 사건이 발생할 때, 처음부터 n번째 사건이 발생할 때까지 걸리는 시간 X에 대한 확률분포이다. 감마분포는 임의의 양수 α에 대해 다음과 같이 정의되는 감마함수로부터 유도된다.

$$\Gamma(\alpha) = \int_0^\infty t^{\alpha-1} e^{-t}\, dt$$

양수 β에 대해 $t = \frac{x}{\beta}$라 하면 $dt = \frac{1}{\beta} dx$이고, $0 \le x < \infty$이므로 다음을 얻는다.

$$\Gamma(\alpha) = \int_0^\infty t^{\alpha-1} e^{-t}\, dt = \int_0^\infty \frac{1}{\beta^\alpha} x^{\alpha-1} e^{-x/\beta} dx$$

이때 $\Gamma(\alpha) > 0$이므로 다음을 얻는다.

$$\int_0^\infty \frac{1}{\Gamma(\alpha)\beta^\alpha} x^{\alpha-1} e^{-x/\beta} dx = 1$$

따라서 피적분함수는 $x \ge 0$에서 확률밀도함수의 조건을 만족하며, 이와 같은 확률분포를 모수 α와 β인 감마분포gamma distribution라 하고 $X \sim \Gamma(\alpha, \beta)$로 나타낸다. 모수 α와 β인 감마분포의 확률밀도함수는 다음과 같다.

$$f(x) = \frac{1}{\Gamma(\alpha)\beta^\alpha} x^{\alpha-1} e^{-x/\beta}, \quad x > 0$$

특히 자연수 n에 대해 $\Gamma(n) = (n-1)!$이므로 $\alpha = n$인 감마분포의 확률밀도함수는 다음과 같으며, 이 확률분포를 모수 n과 β인 얼랑분포Erlang distribution라 한다.

$$f(x)=\frac{1}{(n-1)!\,\beta^n}\,x^{n-1}\,e^{-x/\beta},\quad x>0$$

감마분포는 [그림 5.3]과 같이 왼쪽으로 치우치고 오른쪽으로 긴 꼬리를 갖는 양의 비대칭 분포를 이룬다.

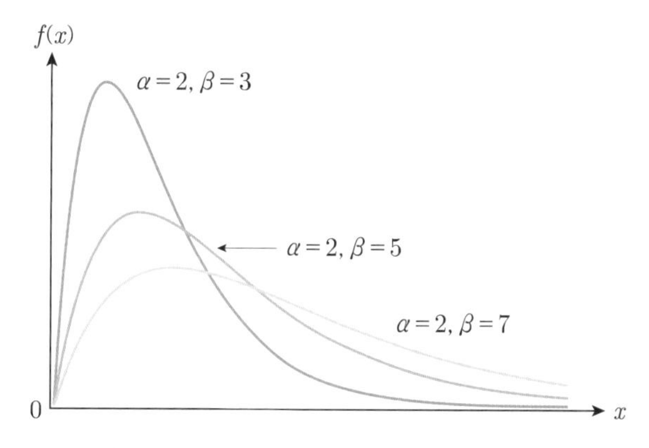

[그림 5.3] α, β에 따른 감마분포의 비교

감마분포의 평균과 분산은 각각 다음과 같으며, 증명은 연습문제로 남긴다.

❶ 평균: $\mu=\alpha\beta$ ❷ 분산: $\sigma^2=\alpha\beta^2$

특히 $\alpha=1$이면 감마분포는 모수 $\lambda=\frac{1}{\beta}$인 지수분포와 동일하다. 즉, $X\sim\Gamma(1,\beta)$이면 $X\sim\mathrm{Exp}(1/\beta)$이다. 어떤 특정한 사건이 모수 $\lambda=\frac{1}{\beta}$인 푸아송 분포를 따를 때, $i-1$번째 사건이 발생한 이후 다음 사건이 발생할 때까지 걸리는 시간을 X_i라 하자. 그러면 확률변수 X_1, X_2, $\cdots$, X_n은 독립이고 $X_i\sim\mathrm{Exp}(1/\beta)$, $i=1,2,\cdots,n$이다. 이때 $X=X_1+X_2+\cdots+X_n$이라 하면 지수분포의 비기억성에 의해 X는 모수 $\alpha=n$, $\beta=\frac{1}{\lambda}$인 감마분포를 따른다.

예제 4

1시간당 평균 4명의 손님이 찾아오는 상점에 다섯 번째 손님이 찾아올 때까지 걸리는 시간 X에 대해 다음을 구하라.

(1) X의 확률밀도함수

(2) X의 평균과 분산

(3) 30분 안에 다섯 번째 손님이 방문할 확률

풀이

(1) 1시간당 평균 4명의 손님이 찾아오므로 $\beta = \frac{1}{4}$이고 다섯 번째 손님이 방문할 때까지 걸리는 시간 X는 $n = 5$, $\beta = \frac{1}{4}$인 감마분포를 따른다. 따라서 X의 확률밀도함수는 다음과 같다.

$$f(x) = \frac{1}{\Gamma(5)(1/4)^5} x^4 e^{-4x} = \frac{128}{3} x^4 e^{-4x}, \quad x > 0$$

(2) $n = 5$, $\beta = \frac{1}{4}$이므로 $\mu = \frac{5}{4} = 1.25$, $\sigma^2 = \frac{5}{4^2} = 0.3125$이다.

(3) $$P(X \le 0.5) = \int_0^{0.5} \frac{128}{3} x^4 e^{-4x} dx$$
$$= \left[-\frac{1}{3}(32x^4 + 32x^3 + 24x^2 + 12x + 3)e^{-4x} \right]_0^{0.5}$$
$$= 1 - 7e^{-2} \approx 0.0527$$

5.4 정규분포

수많은 확률분포 중 대표적이면서 통계적 추론에서 매우 중요하게 취급하는 확률분포가 정규분포이다. 임의의 실수 m과 양의 실수 s에 대해 다음 확률밀도함수를 갖는 확률분포를 모수 m과 s^2인 정규분포^normal distribution^라 하며, $X \sim N(m, s^2)$으로 나타낸다.

$$f(x) = \frac{1}{\sqrt{2\pi}\, s} e^{-(x-m)^2/(2s^2)}, \quad -\infty < x < \infty$$

정규분포의 확률밀도함수는 다음 성질을 갖는다.

- $f(x)$는 $x = m$에 대해 좌우 대칭이고 X의 중앙값은 $M_e = m$이다.
- $f(x)$는 $x = m$에서 최댓값을 가지며 X의 최빈값은 $M_o = m$이다.
- $m - s < x < m + s$에서 $f(x)$는 위로 볼록하고 다른 범위에서 아래로 볼록하다.
- $x = m \pm 3s$에서 x축에 거의 접하며, $x \to \pm\infty$이면 $f(x) \to 0$이다.

모수 m과 s^2인 정규분포의 평균과 분산은 다음과 같이 모수와 동일하며, 평균과 분산을 구하는 방법은 생략한다.

❶ 평균: $\mu = m$ ❷ 분산: $\sigma^2 = s^2$

정규분포의 확률밀도함수 $f(x)$의 그림을 그리면 [그림 5.4]와 같이 $x = \mu$를 중심으로 좌우 대칭인 종 모양으로 나타난다.

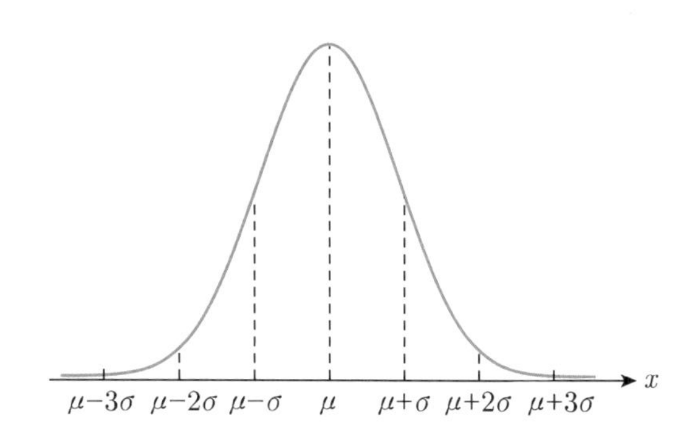

[그림 5.4] 정규분포 곡선의 모양

특히 평균이 μ이고 분산이 σ^2인 정규분포를 따르는 확률변수를 $Z = \frac{X-\mu}{\sigma}$와 같이 표준화하면 확률변수 Z는 평균이 0이고 표준편차가 1인 정규분포를 따른다. 이와 같이 일반적인 정규분포를 표준화한 확률분포를 표준정규분포 standard normal distribution 라 하며, $Z \sim N(0, 1)$로 나타낸다. 표준정규분포는 $z = 0$에 대해 좌우 대칭이므로 다음 성질이 성립한다.

❶ $P(Z \leq 0) = P(Z \geq 0) = 0.5$

❷ $P(Z \leq -z) = P(Z \geq z)$

❸ $P(Z \leq z_\alpha) = 1 - \alpha, \ P(Z \geq z_\alpha) = \alpha$

❹ $P(0 \leq Z \leq z) = P(Z \leq z) - 0.5$

❺ $P(Z \geq z) = 0.5 - P(0 \leq Z \leq z)$

❻ $P(-z \leq Z \leq z) = 2P(0 \leq Z \leq z) = 2P(Z \leq z) - 1$

❼ $P(|Z| \leq z_{\alpha/2}) = P(-z_{\alpha/2} \leq Z \leq z_{\alpha/2}) = 1 - \alpha$

성질 ❸에서 z_α는 $100(1-\alpha)\%$ 백분위수이며 [그림 5.5]와 같이 양쪽 꼬리 부분의 확률 $P(Z \leq -z_\alpha) = \alpha$와 $P(Z \geq z_\alpha) = \alpha$를 꼬리확률tail probability이라 한다.

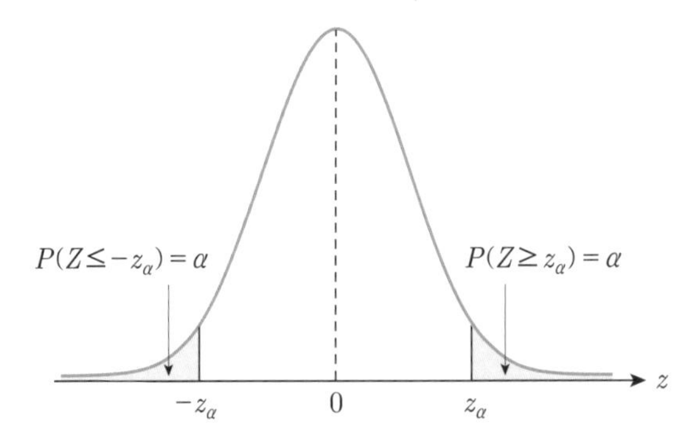

[그림 5.5] 표준정규분포의 꼬리확률

통계적 추론에 많이 사용하는 오른쪽 꼬리확률 $\alpha = 0.05, \ 0.025, \ 0.005$에 대한 백분위수 z_α는 각각 다음과 같다.

- 오른쪽 꼬리확률: $P(Z > 1.645) = 0.05, \quad P(Z > 1.96) = 0.025,$
  $P(Z > 2.58) = 0.005$
- 중심 부분의 확률: $P(|Z| < 1.645) = 0.9, \quad P(|Z| < 1.96) = 0.95,$
  $P(|Z| < 2.58) = 0.99$

[그림 5.6]은 표준정규분포에 대한 백분위수와 중심 부분의 확률을 나타낸다.

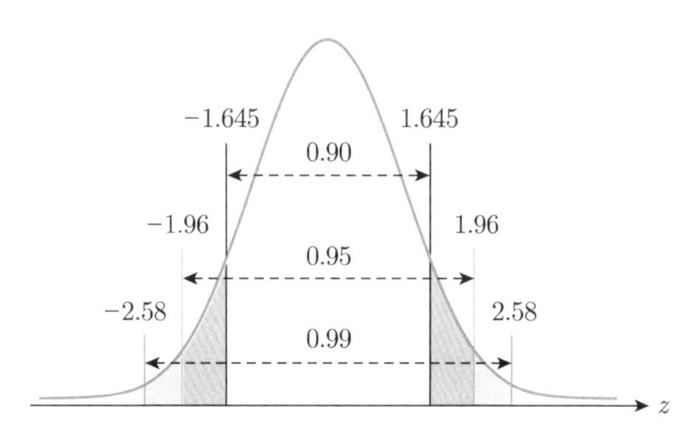

[그림 5.6] 표준정규분포의 특수 확률에 대한 백분위수

부록 3의 표준정규분포표를 이용하여 표준정규분포에 대한 확률을 쉽게 구할 수 있다. 예를 들어, [그림 5.7]과 같이 z열에서 소수점 첫째 자리까지 나타낸 숫자 1.1을 선택하고 z행에서 소수점 둘째 자리를 나타내는 숫자 .06을 선택한다. 열과 행이 만난 위치의 수 .8770을 선택하면 $P(Z \le 1.16) = 0.8770$이다.

$P(X \le 1.16) = 0.8770$

z	.00	.01	.02	.03	.04	.05	.06	.07	.08	.09
0.6	.7257	.7291	.7324	.7357	.7389	.7422	.7454	.7486	.7517	.7549
0.7	.7580	.7611	.7642	.7673	.7704	.7734	.7764	.7794	.7823	.7852
0.8	.7881	.7910	.7939	.7967	.7995	.8023	.8051	.8078	.8106	.8133
0.9	.8159	.8186	.8212	.8238	.8264	.8289	.8315	.8340	.8365	.8389
1.0	.8413	.8438	.8461	.8485	.8508	.8531	.8554	.8577	.8599	.8621
1.1	.8643	.8665	.8686	.8708	.8729	.8749	.8770	.8790	.8810	.8830
1.2	.8949	.8869	.8888	.8907	.8925	.8944	.8962	.8980	.8997	.9015
1.3	.9032	.9049	.9066	.9082	.9099	.9115	.9131	.9147	.9162	.9177
1.4	.9192	.9207	.9222	.9236	.9251	.9265	.9279	.9292	.9306	.9319

[그림 5.7] 누적표준정규확률표

예제 5

누적표준정규확률표를 이용하여 다음 확률을 구하라.

(1) $P(0 < Z < 1.54)$

(2) $P(-1.10 < Z < 1.10)$

(3) $P(Z \le -1.78)$

(4) $P(Z > -1.23)$

풀이

(1) $P(0 < Z < 1.54) = P(Z < 1.54) - 0.5 = 0.9382 - 0.5 = 0.4382$

(2) $P(-1.10 < Z < 1.10) = 2P(0 < Z < 1.10) = 2P(Z < 1.10) - 1$

$$= 2 \times 0.8643 - 1 = 0.7286$$

(3) $P(Z \le -1.78) = P(Z \ge 1.78) = 1 - P(Z < 1.78) = 1 - 0.9625 = 0.0375$

(4) $P(Z > -1.23) = P(Z < 1.23) = 0.8907$

평균이 μ 이고 분산이 σ^2 인 정규분포에 대한 확률은 X 에 대한 표준화 확률변수 Z 를 이용하여 계산할 수 있다.

$$P(a \le X \le b) = P\left(\frac{a-\mu}{\sigma} \le Z \le \frac{b-\mu}{\sigma}\right)$$

예제 6

$X \sim N(5, 4)$에 대해 다음 확률을 구하라.

(1) $P(X \le 8.5)$ (2) $P(3 < X < 7)$

(3) $P(X < 3.5)$ (4) $P(X > 1.5)$

풀이

(1) $P(X \le 8.5) = P\left(\frac{X-5}{2} \le \frac{8.5-5}{2}\right) = P(Z \le 1.75) = 0.9599$

(2) $P(3 < X < 7) = P\left(\frac{3-5}{2} < Z < \frac{7-5}{2}\right) = P(-1 < Z < 1) = 2P(Z < 1) - 1$

$$= 2 \times 0.8413 - 1 = 0.6826$$

(3) $P(X < 3.5) = P\left(\frac{X-5}{2} < \frac{3.5-5}{2}\right) = P(Z < -0.75)$

$$= 1 - P(Z \le 0.75) = 1 - 0.7734 = 0.2266$$

(4) $P(X > 1.5) = P\left(\frac{X-5}{2} > \frac{1.5-5}{2}\right) = P(Z > -1.75) = P(Z < 1.75)$

$$= 0.9599$$

2.3절과 3.3절에서 다음 사실을 살펴보았다.

- $E(aX+b)=aE(X)+b$, $Var(aX+b)=a^2 Var(X)$
- X와 Y가 독립이면 $Var(X \pm Y)=Var(X)+Var(Y)$

한편 독립인 두 확률변수 $X \sim N(\mu_1, \sigma_1^2)$, $Y \sim N(\mu_2, \sigma_2^2)$에 대해 다음 성질이 성립한다.

❶ $aX+b \sim N(a\mu_1+b, a^2\sigma_1^2)$이다.

❷ $X \pm Y \sim N(\mu_1 \pm \mu_2, \sigma_1^2+\sigma_2^2)$

성질 ❷에 의해 i.i.d 확률변수 $X_i \sim N(\mu, \sigma^2)$, $i=1, 2, \cdots, n$에 대해 다음이 성립한다.

$$\overline{X}=\frac{1}{n}\sum_{i=1}^{n} X_i \sim N\left(\mu, \frac{\sigma^2}{n}\right)$$

이때 $\overline{X}=\frac{1}{n}\sum_{i=1}^{n} X_i$를 X_1, X_2, $\cdots$, X_n의 표본평균sample mean이라 한다. 특히 X_1, X_2, $\cdots$, X_n이 평균 μ와 분산 σ^2을 갖는 임의의 i.i.d 확률변수이면 충분히 큰 n에 대해 표본평균 $\overline{X}$는 다음과 같은 정규분포에 근사하는 것이 알려져 있다. 이러한 성질을 중심극한정리central limit theorem라 하며, 증명은 생략한다.

$$\overline{X} \approx N\left(\mu, \frac{\sigma^2}{n}\right)$$

따라서 확률변수 $X_1+X_2+\cdots+X_n$은 다음과 같은 정규분포에 근사한다.

$$X_1+X_2+\cdots+X_n \approx N(n\mu, n\sigma^2)$$

예제 7

어느 건전지 제조회사에서 생산한 1.5볼트 건전지 전압이 1.45볼트에서 1.65볼트 사이에서 균등분포를 이룬다고 한다.

(1) 생산한 건전지 중 임의로 하나를 선정했을 때, 평균 전압과 분산을 구하라.
(2) 건전지 전압이 1.5볼트보다 작을 확률을 구하라.
(3) 건전지 100개의 평균 전압이 1.54볼트 이하일 확률을 구하라.

풀이

(1) 건전지의 전압을 X라 하면 $X \sim U(1.45, 1.65)$이므로 X의 평균과 분산은 각각 다음과 같다.

$$\mu = \frac{1.45 + 1.65}{2} = 1.55, \quad \sigma^2 = \frac{(1.65 - 1.45)^2}{12} \approx 0.0033$$

(2) X의 확률밀도함수는 다음과 같다.

$$f(x) = \frac{1}{1.65 - 1.45} = 5, \quad 1.45 \le x \le 1.65$$

구하는 확률은 다음과 같다.

$$P(X \le 1.5) = \int_{1.45}^{1.5} 5\,dx = 5\,(1.5 - 1.45) = 0.25$$

(3) $\mu = 1.55$, $\sigma^2 = 0.0033$이므로 중심극한정리에 의해 $\overline{X} \approx N(1.55, 0.000033)$이다. 그러므로 구하는 확률은 다음과 같다.

$$\begin{aligned} P(\overline{X} \le 1.54) &= P\left(\frac{\overline{X} - 1.55}{\sqrt{0.000033}} \le \frac{1.54 - 1.55}{\sqrt{0.000033}}\right) \approx P(Z \le -1.74) \\ &= P(Z \ge 1.74) = 1 - P(Z < 1.74) \\ &= 1 - 0.9591 = 0.0409 \end{aligned}$$

모수가 n과 p인 이항분포 $B(n, p)$에 대해 $\mu = np$가 일정하고 n이 충분히 큰 경우, 평균 μ인 푸아송 분포를 이용하여 근사확률을 구하였다. 한편 $np \ge 5$, $nq \ge 5$인 경우, 이항분포 $B(n, p)$는 중심극한정리에 의해 정규분포 $N(np, npq)$에 근사한다. 따라서 정규분포를 이용하여 이항분포의 확률을 근사적으로 구할 수 있으며, 이를 이항분포의 정규근사normal approximation라 한다.

$$P(a \le X \le b) \approx P\left(\frac{a - np}{\sqrt{npq}} \le Z \le \frac{b - np}{\sqrt{npq}}\right)$$

예제 8

$X \sim B(15, 0.4)$일 때, 다음 확률을 구하라.

(1) 이항분포표에 의한 확률 $P(7 \le X \le 9)$

(2) 정규근사에 의한 확률 $P(7 \le X \le 9)$

(3) 정규근사에 의한 확률 $P(6.5 \le X \le 9.5)$

풀이

(1) $P(7 \le X \le 9) = P(X \le 9) - P(X \le 6) = 0.9662 - 0.6098 = 0.3564$

(2) $np = 15 \times 0.4 = 6$이고 $npq = 15 \times 0.4 \times 0.6 = 3.6$이므로 정규분포 $N(6, 3.6)$을 이용한 근사확률은 다음과 같다.

$$\begin{aligned} P(7 \le X \le 9) &= P\left(\frac{7-6}{\sqrt{3.6}} \le \frac{X-6}{\sqrt{3.6}} \le \frac{9-6}{\sqrt{3.6}}\right) \\ &\approx P(0.53 \le Z \le 1.58) \\ &= P(Z \le 1.58) - P(Z \le 0.53) \\ &= 0.9429 - 0.7019 = 0.241 \end{aligned}$$

(3) $$\begin{aligned} P(6.5 \le X \le 9.5) &= P\left(\frac{6.5-6}{\sqrt{3.6}} \le \frac{X-6}{\sqrt{3.6}} \le \frac{9.5-6}{\sqrt{3.6}}\right) \\ &\approx P(0.26 \le Z \le 1.84) \\ &= P(Z \le 1.84) - P(Z \le 0.26) \\ &= 0.9671 - 0.6026 = 0.3645 \end{aligned}$$

[예제 8]에서 $P(6.5 \le X \le 9.5)$에 의한 근사확률이 $P(7 \le X \le 9)$에 비해 이항확률에 더 가까운 것을 알 수 있다. 이항확률 $P(7 \le X \le 9)$는 [그림 5.8(a)]와 같이 이항분포의 확률히스토그램에서 구간 $[6.5, 9.5]$ 사이의 막대의 넓이를 나타낸다. 근사확률 $P(7 \le X \le 9)$는 [그림 5.8(b)]와 같이 구간 $[7, 9]$에 대한 확률이므로 두 구간 $[6.5, 7]$과 $[9, 9.5]$에 대한 막대의 넓이가 누락된다. 이러한 누락에 의한 오차를 줄이기 위해 구간 $[6.5, 9.5]$에 대한 근사확률을 구한다.

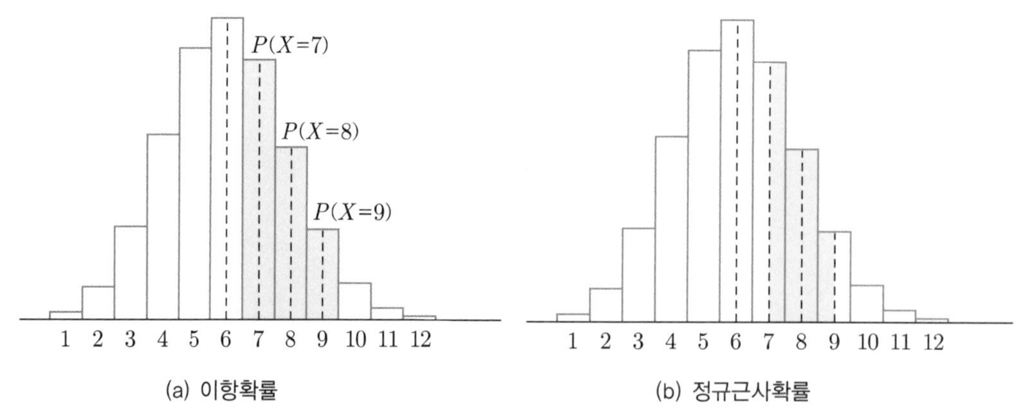

(a) 이항확률 (b) 정규근사확률

[그림 5.8] 이항분포의 정규근사

즉, 다음과 같이 근사확률로 이항확률 $P(a \le X \le b)$를 구할 수 있으며, 이러한 정규근사를 연속성 수정 정규근사^normal approximation with continuity correction factor^라 한다.

$$P(a \le X \le b) \approx P\left(\frac{a-np-0.5}{\sqrt{npq}} \le Z \le \frac{b-np+0.5}{\sqrt{npq}}\right)$$

5.5 정규분포와 관련된 연속확률분포

정규분포와 관련된 여러 확률분포 중 통계적 추론에 많이 사용하는 χ^2-분포, t-분포, F-분포 등에 대해 살펴본다.

■ 카이제곱분포

독립인 확률변수 $Z_i \sim N(0,1)$, $i=1,2,\cdots,n$에 대해 $V=Z_1^2+Z_2^2+\cdots+Z_n^2$의 확률분포를 자유도 n인 카이제곱분포^chi-squared distribution^라 하며, $X \sim \chi^2(n)$으로 나타낸다. 이 분포는 모수가 $\alpha=\frac{n}{2}$, $\beta=2$인 감마분포와 동일하며, 따라서 자유도 n인 카이제곱분포의 평균과 분산은 각각 다음과 같다.

❶ 평균: $\mu = n$ ❷ 분산: $\sigma^2 = 2n$

카이제곱분포는 [그림 5.9]와 같이 왼쪽으로 치우치는 양의 비대칭 분포를 이루며, 자유도 n이 커질수록 오른쪽으로 퍼지면서 종 모양을 이룬다.

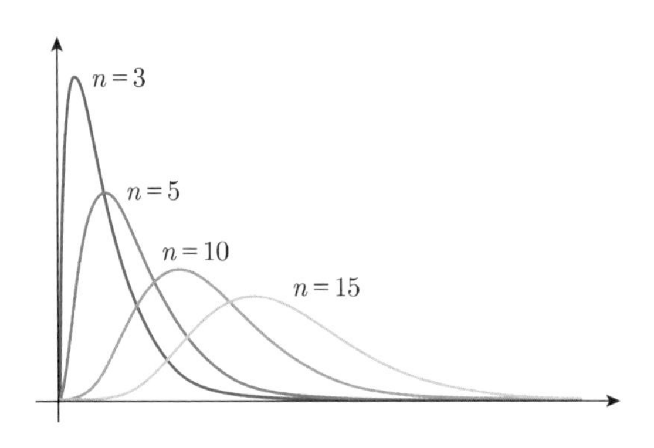

[그림 5.9] 자유도에 따른 카이제곱분포

[그림 5.10(a)]와 같이 $0 < \alpha < 1$에 대하여 오른쪽 꼬리확률 $\alpha = P(X > x_\alpha)$를 만족하는 $100(1-\alpha)\%$ 백분위수를 $x_\alpha = \chi^2_\alpha(n)$으로 나타낸다. 즉, $P(X > \chi^2_\alpha(n)) = \alpha$이다. 양쪽 꼬리확률이 각각 $\frac{\alpha}{2}$, 즉 $P(\chi^2_{1-(\alpha/2)}(n) < V < \chi^2_{\alpha/2}(n)) = 1-\alpha$가 되는 백분위수는 [그림 5.10(b)]와 같다.

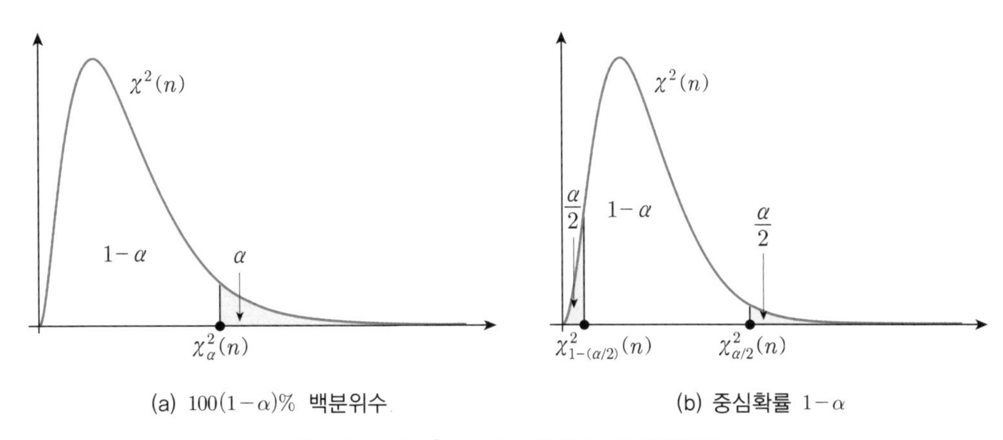

(a) $100(1-\alpha)\%$ 백분위수 (b) 중심확률 $1-\alpha$

[그림 5.10] χ^2-분포의 백분위수와 중심확률

이때 꼬리확률 α와 자유도 n인 카이제곱분포에 대해 오른쪽 꼬리확률을 나타내는

부록 4의 카이제곱분포표로부터 $100(1-\alpha)\%$ 백분위수 $\chi_{\alpha}^2(n)$을 구할 수 있다([그림 5.11]). 예를 들어, $X \sim \chi^2(4)$에 대해 $P(X > \chi_{0.025}^2(4)) = 0.025$를 만족하는 97.5% 백분위수 $\chi_{0.025}^2(4)$는 자유도를 나타내는 d.f의 4와 오른쪽 꼬리확률을 나타내는 α에서 0.025가 만나는 위치의 수 11.14이다. 즉, $X \sim \chi^2(4)$에 대해 $\chi_{0.025}^2(4) = 11.14$이고 $P(X > 11.14) = 0.025$이다.

꼬리확률 $\chi_{0.025}^2(4) = 11.14, \ P(X > 11.14) = 0.025$

자유도 → d.f, 백분위수 →

d.f \ α	0.250	0.200	0.150	0.100	0.050	0.025	0.020	0.010	0.005	0.0025
1	1.32	1.64	2.07	2.71	3.84	5.02	5.41	6.63	7.88	9.14
2	2.77	3.22	3.79	4.61	5.99	7.38	7.82	9.21	10.60	11.98
3	4.11	4.64	5.32	6.25	7.81	9.35	9.84	11.34	12.84	14.31
4	5.39	5.99	6.74	7.78	9.49	11.14	11.67	13.28	14.86	16.42
5	6.63	7.29	8.12	9.24	11.07	12.83	13.39	15.09	16.75	18.39
6	7.84	8.56	9.45	10.64	12.59	14.45	15.03	16.81	18.55	20.25
7	9.04	9.80	10.75	12.02	14.07	16.01	16.62	18.48	20.28	22.04

[그림 5.11] 카이제곱분포표

예제 9

$X \sim \chi^2(7)$에 대해 다음을 구하라.

(1) $P(X < x_0) = 0.975$를 만족하는 x_0

(2) $P(X \le 14.07)$

풀이

(1) $P(X < x_0) = 0.975$이므로 $P(X > x_0) = 0.025$이고, 카이제곱분포표 [그림 5.11]에서 $\text{d.f} = 7$과 $\alpha = 0.025$에 대해 $x_0 = \chi_{0.025}^2(7) = 16.01$이다.

(2) 자유도 7과 14.07에 대응하는 꼬리확률 α를 구하면 $\alpha = 0.05$이다.
따라서 $P(X > 14.07) = 0.05$이고 다음 확률을 얻는다.

$$P(X \le 14.07) = 1 - P(X < 14.07) = 1 - 0.05 = 0.95$$

정규분포와 카이제곱분포 사이에 다음 성질이 성립한다.

❶ 독립인 $X \sim \chi^2(n)$, $Y \sim \chi^2(m)$에 대해 $X+Y \sim \chi^2(n+m)$이다.

❷ $Z \sim N(0, 1)$이면 $Z^2 \sim \chi^2(1)$이다.

❸ $X \sim N(\mu, \sigma^2)$이면 $Z^2 = \left(\frac{X-\mu}{\sigma}\right)^2 \sim \chi^2(1)$이다.

❹ i.i.d $Z_i \sim N(0, 1)$, $i = 1, 2, \cdots, n$이면 $V = Z_1^2 + Z_2^2 + \cdots + Z_n^2 \sim \chi^2(n)$이다.

❺ i.i.d $X_i \sim N(\mu, \sigma^2)$, $i = 1, 2, \cdots, n$이면 $V = \sum_{i=1}^{n}\left(\frac{X_i-\mu}{\sigma}\right)^2 \sim \chi^2(n)$이다.

예제 10

독립인 두 확률변수 X, Y가 $X \sim \chi^2(3)$, $Y \sim \chi^2(5)$일 때, $P(X+Y > x_0) = 0.01$을 만족하는 x_0을 구하라.

풀이

$X \sim \chi^2(3)$, $Y \sim \chi^2(5)$이고 독립이므로 $X+Y \sim \chi^2(8)$이다. 그러므로 구하는 백분위수는 $x_0 = \chi^2_{0.01}(8) = 20.09$이다.

■ t-분포

두 확률변수 Z와 V가 독립이고 $Z \sim N(0, 1)$, $V \sim \chi^2(n)$일 때, 다음과 같이 정의되는 확률변수 T의 확률분포를 자유도 n인 t-분포[t-distribution]라 하며, $T \sim t(n)$으로 나타낸다.

$$T = \frac{Z}{\sqrt{V/n}}$$

자유도 n인 t-분포의 평균과 분산은 각각 다음과 같다.

❶ 평균: $\mu = 0$

❷ 분산: $\sigma^2 = \frac{n}{n-2}$, $n > 2$

[그림 5.12]와 같이 t-분포의 확률밀도함수는 표준정규분포와 동일한 종 모양을 나타내며, $t=0$에 대해 좌우 대칭이다. 그리고 자유도 n이 커질수록 t-분포는 표준정규분포에 근접하게 된다.

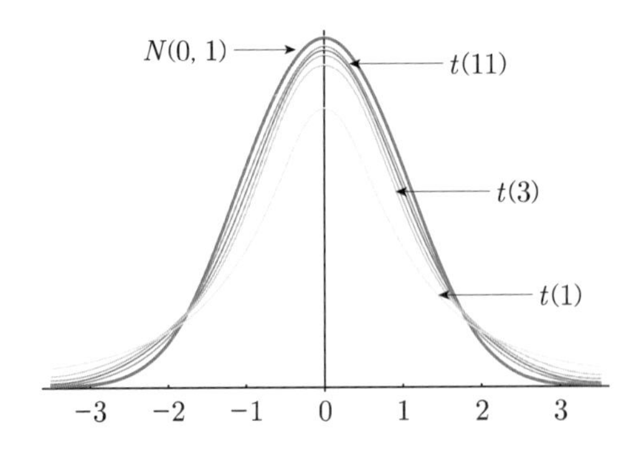

[그림 5.12] t -분포와 표준정규분포의 비교

[그림 5.13]과 같이 오른쪽 꼬리확률 $\alpha = P(T > t_\alpha)$를 만족하는 $100(1-\alpha)\%$ 백분위수를 $t_\alpha = t_\alpha(n)$으로 나타낸다.

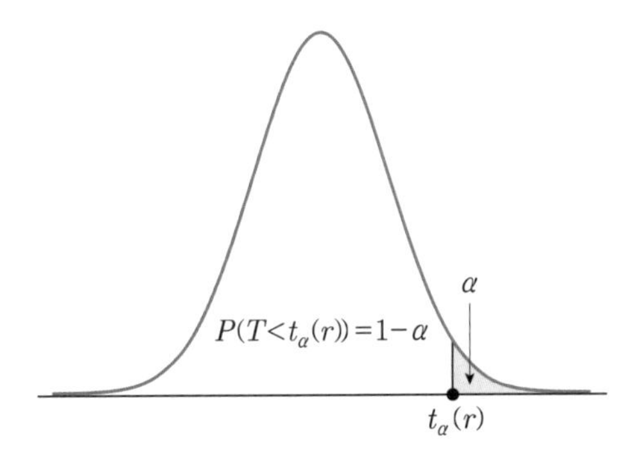

[그림 5.13] t -분포의 백분위수 $t_\alpha(r)$

t -분포가 $t=0$에 대해 좌우 대칭이므로 같이 다음 성질이 성립한다.

❶ $t_{1-\alpha}(n) = -t_\alpha(n)$, 즉 $P(T < t_{1-\alpha}(n)) = P(T < -t_\alpha(n)) = \alpha$

❷ $P(|T| < t_{\alpha/2}(n)) = 1-\alpha$

❸ $P(|T| < t_\alpha(n)) = 2P(T < t_\alpha(n)) - 1$

백분위수 $t_\alpha(n)$은 [그림 5.14]와 같은 부록 5의 t -분포표를 이용하여 구할 수 있다. 예를 들어, 자유도 4인 t -분포에서 오른쪽 꼬리확률 $P(T > t_{0.025}(4)) = 0.025$를 만족하는 백분위수 $t_{0.025}(4)$는 자유도 d.f 4와 오른쪽 꼬리확률 $\alpha = 0.025$가 만나는 위치의 수 2.776이다. 즉, $P(T > 2.776) = 0.025$이다.

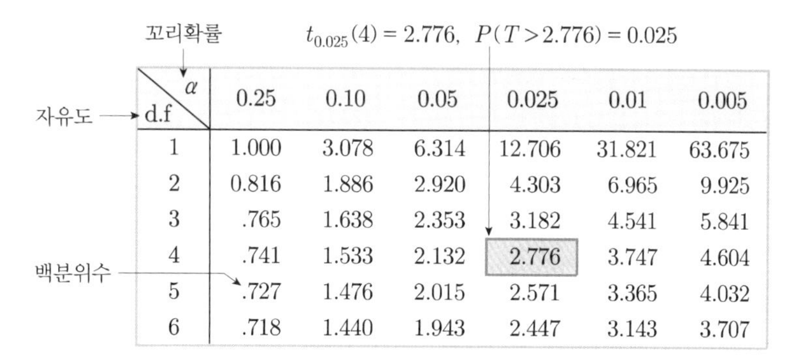
꼬리확률 $t_{0.025}(4) = 2.776,\ P(T > 2.776) = 0.025$

자유도 → d.f, 백분위수

d.f \ α	0.25	0.10	0.05	0.025	0.01	0.005
1	1.000	3.078	6.314	12.706	31.821	63.675
2	0.816	1.886	2.920	4.303	6.965	9.925
3	.765	1.638	2.353	3.182	4.541	5.841
4	.741	1.533	2.132	2.776	3.747	4.604
5	.727	1.476	2.015	2.571	3.365	4.032
6	.718	1.440	1.943	2.447	3.143	3.707

[그림 5.14] t-분포표

예제 11

t-분포표를 이용하여 $T \sim t(5)$에 대해 다음을 구하라.

(1) $P(T > t_{0.05}(5)) = 0.05$를 만족하는 $t_{0.05}(5)$

(2) $P(|T| < t_0) = 0.99$를 만족하는 t_0

(3) $P(T \le 3.365)$

풀이

(1) $\mathrm{d.f} = 5$이고 $\alpha = 0.05$이므로 $t_{0.05}(5) = 2.015$이다.

(2) $P(|T| < t_0) = P(-t_0 < T < t_0) = 0.99$이므로 $P(|T| \ge t_0) = 0.01$이다.
t-분포는 $t = 0$에 대해 대칭이므로 $P(T > t_0) = 0.005$ 즉,
$t_0 = t_{0.005}(5) = 4.032$이다.

(3) 자유도 5인 t-분포표에서 3.365를 찾아 그에 대응하는 α를 구하면 $\alpha = 0.01$이다. $P(T > 3.365) = 0.01$이므로 다음 확률을 얻는다.

$$P(T \le 3.365) = 1 - P(T > 3.365) = 1 - 0.01 = 0.99$$

■ F-분포

두 확률변수 U와 V가 독립이고 $U \sim \chi^2(m)$과 $V \sim \chi^2(n)$일 때, 다음과 같이 정의되는 확률변수 F의 확률분포를 분자와 분모의 자유도가 각각 m과 n인 F-분포[F-distribution]라 하며, $F \sim F(m, n)$으로 나타낸다.

$$F = \frac{U/m}{V/n}$$

$F \sim F(m, n)$에 대한 평균과 분산은 각각 다음과 같다.

❶ 평균: $\mu = \dfrac{n}{n-2}$, $n \geq 3$

❷ 분산: $\sigma^2 = \dfrac{2n^2(m+n-2)}{m(n-2)^2(n-4)}$, $n \geq 5$

[그림 5.15]와 같이 오른쪽 꼬리확률 α에 대한 $100(1-\alpha)\%$ 백분위수를 $f_\alpha(m, n)$으로 나타내며, 왼쪽 꼬리확률 α에 대한 백분위수는 $f_{1-\alpha}(m, n)$이다.

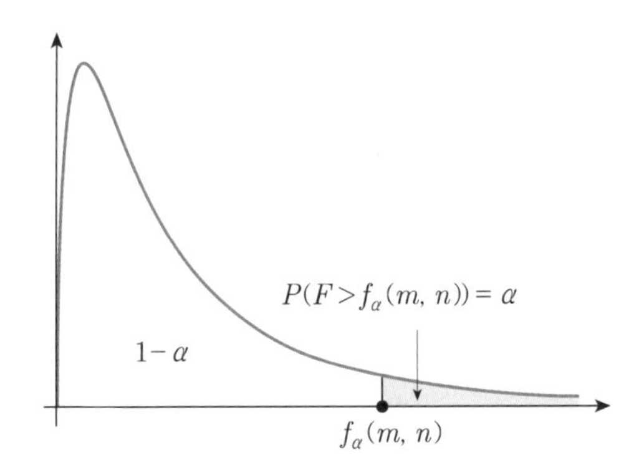

[그림 5.15] F-분포의 백분위수 $f_\alpha(m, n)$

F-분포 $F(m, n)$에 대해 다음 성질이 성립한다.

❶ $F \sim F(m, n)$이면 $\dfrac{1}{F} \sim F(n, m)$이다.

❷ $P(f_{1-(\alpha/2)}(m, n) < F < f_{\alpha/2}(m, n)) = 1 - \alpha$

❸ $f_{1-\alpha}(m, n) = \dfrac{1}{f_\alpha(n, m)}$

❹ $P(F < f_{1-\alpha}(m, n)) = P\left(F < \dfrac{1}{f_\alpha(n, m)}\right) = \alpha$

성질 ❹는 분자와 분모의 자유도가 각각 m과 n인 F-분포의 왼쪽 꼬리확률은 분자와 분모의 자유도가 각각 n과 m인 F-분포를 이용하여 구할 수 있음을 보여 준다.

오른쪽 꼬리확률에 대한 $100(1-\alpha)\%$ 백분위수 $f_{\alpha}(m,\ n)$은 부록 6의 F-분포표를 이용하여 구할 수 있다. 예를 들어, $F \sim F(6,\ 4)$에 대해 $P(F > f_{0.05}(6,\ 4)) = 0.05$를 만족하는 백분위수 $f_{0.05}(6,\ 4)$는 분모의 자유도 4의 α에서 0.050과 분자의 자유도 6을 선택하여 만난 위치의 수 6.16이다. 즉, $F \sim F(6,\ 4)$에 대해 $f_{0.05}(6,\ 4) = 6.16$이고 $P(F > 6.16) = 0.05$이다.

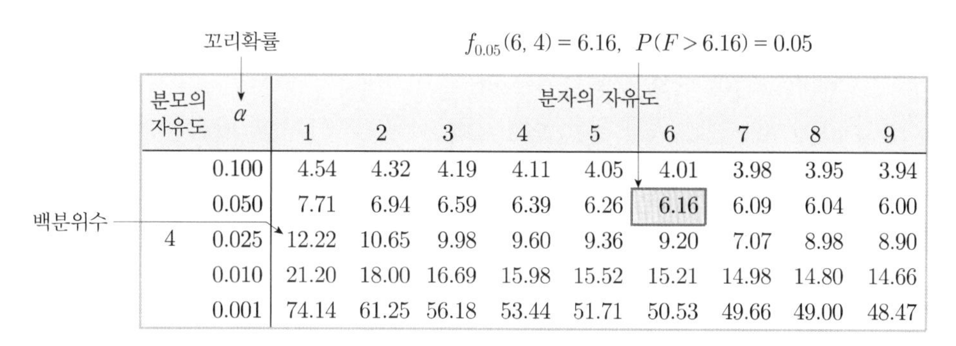

분모의 자유도	α	분자의 자유도 1	2	3	4	5	6	7	8	9
	0.100	4.54	4.32	4.19	4.11	4.05	4.01	3.98	3.95	3.94
	0.050	7.71	6.94	6.59	6.39	6.26	6.16	6.09	6.04	6.00
4	0.025	12.22	10.65	9.98	9.60	9.36	9.20	7.07	8.98	8.90
	0.010	21.20	18.00	16.69	15.98	15.52	15.21	14.98	14.80	14.66
	0.001	74.14	61.25	56.18	53.44	51.71	50.53	49.66	49.00	48.47

[그림 5.16] F-분포표

예제 12

[그림 5.16]에서 $f_{0.025}(5,\ 4)$를 구하라.

풀이

분자의 자유도 5와 분모의 자유도 4 및 $\alpha = 0.025$에 대해 $f_{0.025}(5,\ 4) = 9.36$이다.

5장 연습문제

01 표준정규확률변수 Z에 대해 다음을 구하라.

(1) $P(Z \geq 1.15)$

(2) $P(Z < -1.36)$

(3) $P(Z > -2.58)$

(4) $P(-2.01 \leq Z \leq 2.01)$

02 $X \sim N(50, 25)$에 대해 다음을 구하라.

(1) $P(X \geq 62)$

(2) $P(X < 38)$

(3) $P(44 \leq X \leq 56)$

03 $X \sim \chi^2(15)$에 대해 다음을 구하라.

(1) 97.5% 백분위수 $\chi^2_{0.025}(15)$

(2) $P(X > \chi_0) = 0.95$를 만족하는 χ_0

04 $X \sim \chi^2(n)$에 대해 $\sigma^2 = 16$일 때, 자유도 n과 $P(X \geq \chi_0) = 0.01$, $P(X \leq \chi_1) = 0.005$를 만족하는 χ_0과 χ_1을 구하라.

05 $T \sim t(24)$에 대해 다음을 구하라.

(1) 95% 백분위수 $t_{0.05}(24)$

(2) $P(T < -t_0) = 0.005$를 만족하는 t_0

06 $T \sim t(n)$에 대해 $\sigma^2 = 1.1$일 때, 자유도 n과 $P(|T| \geq t_0) = 0.01$을 만족하는 t_0을 구하라.

07 $F \sim F(6, 8)$에 대해 다음을 구하라.

(1) $f_{0.05}(6, 8)$

(2) $f_{0.975}(6, 8)$

08 $X \sim \chi^2(3)$, $Y \sim \chi^2(6)$이고 X와 Y가 독립일 때, $U = \dfrac{2X}{Y}$에 대해 다음을 구하라.

(1) U의 확률분포

(2) U의 평균과 분산

(3) $P(U < 6.6)$

(4) $P(3.29 < U < 23.7)$

09 표준정규확률변수 Z에 대해 다음을 만족하는 z_0을 구하라.

(1) $P(Z \le z_0) = 0.9878$
(2) $P(Z \le z_0) = 0.0052$
(3) $P(0 \le Z \le z_0) = 0.4850$
(4) $P(-z_0 \le Z \le z_0) = 0.9596$
(5) $P(-z_0 \le Z \le z_0) = 0.1114$
(6) $P(Z \ge -z_0) = 0.0582$

10 $X_1,\ X_2,\ \cdots,\ X_{25} \sim \text{i.i.d}\ N(65,\ 16)$일 때, 다음을 구하라.

(1) $P(X_1 > 62)$
(2) $P(\overline{X} > 63.6)$
(3) $P(\overline{X} \ge x_0) = 0.025$를 만족하는 x_0
(4) $P(64 < \overline{X} < x_0) = 0.0099$를 만족하는 x_0

11 고속도로에서 시속 100km로 속도가 제한된 구역을 지나는 차량의 속도는 평균 98km, 표준편차 2km인 정규분포를 따른다고 한다.

(1) 시속 95km 이하로 통과하는 차량의 비율을 구하라.
(2) 시속 97km와 99km 사이로 통과하는 차량의 비율을 구하라.
(3) 이 구간을 지나는 차량 중 제한 속도를 넘는 차량의 비율을 구하라.

12 어느 건전지 제조회사에서 만들어진 1.5볼트 건전지 전압이 실제로 1.45볼트에서 1.65볼트 사이에서 균등분포를 이룰 때, 다음을 구하라.

(1) 전압의 평균과 분산
(2) 건전지 전압이 1.5볼트보다 작을 확률

13 정시에 약속 장소에 도착하였으나 친구가 아직 나오지 않았다. 친구를 만나기 위해 기다리는 시간은 $\lambda = 0.2$인 지수분포를 따른다고 한다.

(1) 친구를 만나기 위한 평균 시간을 구하라.
(2) 3분 이내에 친구를 만날 확률을 구하라.
(3) 10분 이상 기다려야 할 확률을 구하라.
(4) 6분이 경과했다고 할 때, 추가적으로 4분 이상 더 기다려야 할 확률을 구하라.

14 어떤 기계의 고장 날 때까지 걸리는 시간은 $\lambda = 0.3$인 지수분포를 따른다고 할 때, 다음을 구하라. 단위는 일이다.

(1) 고장 날 때까지 걸리는 평균 시간

(2) 고장 날 때까지 걸리는 시간에 대한 표준편차

(3) 고장 날 때까지 걸리는 시간에 대한 중앙값

(4) 이 기계를 수리한 후 다시 고장 나기까지 적어도 일주일 이상 걸릴 확률

(5) 이 기계를 5일 동안 정상적으로 사용했을 때, 고장 나기까지 적어도 이틀 이상 걸릴 확률

15 어느 상점에 방문하는 손님 수는 매 시간 평균 30명인 푸아송 분포를 따른다고 한다.

(1) 상점 주인이 처음 두 손님을 맞이하기 위해 5분 이상 기다릴 확률을 구하라.

(2) 처음 두 손님을 맞이하기 위해 3분에서 5분 정도 기다릴 확률을 구하라.

16 교차로에서 접촉 사고가 발생하는 시간이 모수 3인 지수분포를 따른다. 처음 두 건의 사고가 첫 번째 달과 두 번째 달 사이에 발생할 확률을 구하라.

17 확률밀도함수가 $f(x)=\frac{1}{2}\lambda e^{-\lambda|x-\theta|}$, $-\infty < x < \infty$인 확률분포를 모수 λ와 θ인 라플라스분포[Laplace distribution]라 한다. $\lambda=3$, $\theta=1$일 때, 다음을 구하라.

(1) X의 분포함수　　(2) 확률 $P(X \le 0)$　　(3) 확률 $P(X \le 2)$

18 버스를 타고 집에서 학교까지 가는 데 걸리는 시간은 평균 40분이고 표준편차는 2분인 정규분포를 따른다고 한다. 집에서 학교까지 소요되는 시간 X에 대해 다음 확률을 구하라.

(1) $P(X \ge 37)$　　(2) $P(X < 45)$　　(3) $P(35 < X \le 45)$

19 전기자동차의 배터리 수명은 평균 10년, 표준편차 1.5년인 정규분포를 이룬다고 한다.

(1) 배터리 수명이 12년 이상일 확률을 구하라.

(2) 배터리를 12년 이상 사용했을 때, 이 배터리를 1년 이상 더 사용할 확률을 구하라.

(3) 배터리 수명에 대한 95% 백분위수를 구하라.

(4) 임의로 선정한 배터리 5개의 평균이 11.2년 이상일 확률을 구하라.

20 어떤 전기회로에 필요한 저항은 평균이 400Ω 이고 표준편차가 25Ω 인 정규분포를 따른다. 저항의 측정값이 385Ω 과 420Ω 사이이면 전기회로에 사용할 수 있다. 공장에서 10,000개의 저항을 생산했을 때, 이 전기회로에 사용할 수 있는 저항의 개수를 구하라.

21 어느 댐에서 장마철에 방출되는 물의 양은 평균 $330\,\mathrm{m}^3/\mathrm{s}$, 표준편차 $25\,\mathrm{m}^3/\mathrm{s}$ 인 정규분포를 따르며, 방류량이 초당 $400\,\mathrm{m}^3$ 이상이면 인근 마을이 침수된다고 한다. 다음을 구하라.

(1) 초당 방류량이 $295\,\mathrm{m}^3$와 $382\,\mathrm{m}^3$ 사이일 확률

(2) 장마철에 이 도시가 침수로 피해를 입을 확률

22 이번 학기 통계학 성적은 $X \sim N(68,\,25)$ 인 정규분포를 따르며, 담당 교수는 A, B, C, D, F 학점을 각각 15%, 30%, 30%, 15%, 10%씩 부여한다고 한다. A, B, C, D 학점의 하한 점수를 구하라.

23 A, B 두 회사에서 제조한 전구의 수명(시간)은 각각 $X \sim N(425,\,25)$, $Y \sim N(420,\,15)$인 정규분포를 따른다. 이 두 전구의 수명은 서로 독립이라고 할 때, 다음을 구하라.

(1) A 회사에서 제조한 전구 수명이 436시간 이상일 확률

(2) 두 전구 수명의 합이 860시간 이상일 확률

24 $X_1 \sim N(\mu_1,\,\sigma_1^2)$, $X_2 \sim N(\mu_2,\,\sigma_2^2)$이고 X_1과 X_2가 독립일 때, 다음을 구하라.

(1) $Y = pX_1 + (1-p)X_2$의 확률분포

(2) Y의 분산이 최소가 되는 p와 최소 분산

25 $X_1,\,X_2,\,\cdots,\,X_{100} \sim P(25)$이고 모두 서로 독립일 때, 다음을 구하라.

(1) $P(\overline{X} > 24)$

(2) $P(23.5 \le \overline{X} \le 24.5)$

26 독립인 확률변수들이 $X_1,\,X_2,\,\cdots,\,X_{100} \sim \mathrm{Exp}(1/4)$일 때, $P(\overline{X} \le 3.5) + P(\overline{X} \ge 4.5)$를 구하라.

27 좌석이 30석인 작은 비행기에 승객이 나타나지 않을 확률은 다른 승객에 독립적으로 0.1이라 한다. 이 항공사는 32개의 항공권을 판매했을 때, 비행기에 탑승하기 위해 나타난 승객이 가용할 수 있는 좌석보다 더 많을 확률을 다음 방법으로 구하라.

(1) 확률질량함수를 이용

(2) 연속성을 수정한 정규근사를 이용

28 X가 모수 $n=80$, $p=0.4$인 이항분포를 따를 때, 다음을 구하라.

(1) 정규근사에 의한 $P(27 \le X \le 37)$

(2) 연속성 수정에 의한 $P(27 \le X \le 37)$

(3) 연속성 수정에 의한 $P(27 < X < 37)$

29 임의의 양수 α에 대해 $\Gamma(\alpha+1)=\alpha\Gamma(\alpha)$가 성립한다. 이를 이용하여 $X \sim \Gamma(\alpha, \beta)$에 대한 평균과 분산은 각각 $\mu=\alpha\beta$, $\sigma^2=\alpha\beta^2$임을 보여라.

CHAPTER 06

기술통계학

Descriptive Statistics

목차	학습목표
6.1 통계학 개요	• 통계학이라는 학문을 이해할 수 있다.
6.2 자료의 정리	• 표 또는 그림을 이용하여 범주형 자료와 양적자료를 정리할 수 있다.
6.3 중심위치의 척도	• 양적자료에 대한 여러 가지 대푯값을 구할 수 있다.
6.4 산포의 척도	• 양적자료에 대한 여러 가지 산포도를 구할 수 있다.

6.1 통계학 개요

우리나라는 5년에 한 번씩 인구 총조사를 실시하여 얻은 각종 수치의 변화를 분석하여 여러 국가정책을 결정한다. 연구자들은 실험실에서 얻은 각종 수치를 이용하여 특정한 실험 결과를 얻어낸다. 이때 수집한 수치의 특성을 쉽게 이해하기 위해 도표나 그림을 그린다. 이와 같이 수치의 집단을 가공하여 알아보기 쉽게 표 또는 그림이나 수치로 나타낸 정보를 **통계**[statistic]라 하고, 어떤 통계적 목적에 맞춰서 수집한 수치를 **자료**[data]라 한다. **통계학**[statistics]은 연구의 대상이 되는 모든 수치를 수집, 정리, 요약, 분석을 통하여 결론을 도출하거나 일부 자료만 수집하여 얻은 정보를 수학적으로 분석하여 수치의 특성을 분석하는 방법이나 이론을 연구하는 학문이다.

인구 총조사와 같이 조사 대상이 되는 모든 대상을 상대로 자료를 수집하는 방법을 **전수조사**[census]라 한다. 전수조사로 얻은 자료집단을 **모집단**[population]이라 하고, 모집단의 특성을 나타내는 수치를 **모수**[parameter]라 한다. 전수조사에는 시간적·공간적으로 많은 제약이 따르며, 때로는 전수조사 자체가 불가능한 경우도 있다. 따라서 여론조사와 같이 모집단의 일부 대상만 선정하여 자료를 수집하는 경우가 있다. 이와 같이 모집단에서 일부만 선정하여 자료를 수집하는 방법을 **표본조사**[sample survey]라 하고, 표본조사에 의해 얻은 자료집단을 **표본**[sample]이라 한다. 표본조사를 실시할 경우, 왜곡된 결과를 피하기 위해 각각의 대상이 선정될 가능성을 동등하게 부여하여 객관적이고 공정하게 표본을 선정하며, 이러한 표본 추출 방법을 **임의추출**[random sampling]이라 한다.

전수조사 또는 표본조사를 이용하여 얻은 자료집단의 특성을 쉽게 이해하기 위해 수집한 자료를 정리하여 표 또는 그래프, 그림 등으로 나타내거나 수치적 특성을 분석하고 결론을 도출하는 방법을 다루는 통계학의 한 분야를 **기술통계학**[descriptive statistics]이라 한다. 한편 표본조사로 얻은 결과는 모집단의 특성을 충분히 나타내지 못한다. 따라서 표본조사로 얻은 정보에 대해 신뢰성이 있는 모집단의 모수를 분석하고 추론하는 과정을 **통계적 추론**[statistical inference]이라 한다. 모수에 대한 신뢰성을 보장하기 위해 확률의 개념을 이용하며, 표본을 대상으로 얻은 정보로부터 모집단에 대한 불확실한 특성을 과학적으로 추론하는 방법을 다루는 통계학의 한 분야를 **추측통계학**[inferential statistics]이라 한다. [그림 6.1]은 기술통계학과 추측통계학의 통계 처리 과정을 요약한 것이다.

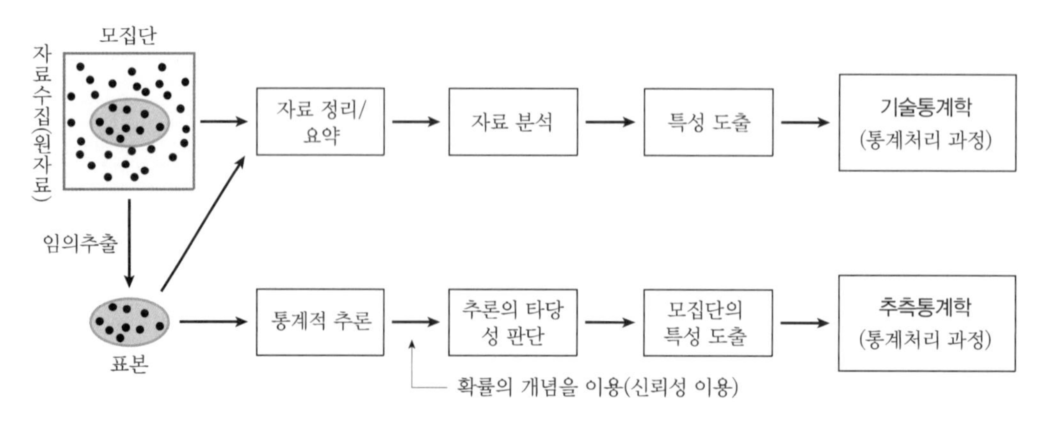

[그림 6.1] 기술통계학과 추측통계학의 비교

6.2 자료의 정리

6.1절에서 자료를 수집하는 방법과 수집한 자료를 이용하여 [그림 6.1]의 통계 처리 과정을 거치는 것을 살펴봤다. 이 절에서는 수집한 자료를 쉽게 이해하기 위해 도표 또는 그림 등으로 정리하는 방법에 대해 살펴본다.

통계실험으로 얻은 자료는 숫자로 표현되거나 범주로 표현되는 경우가 있다. 숫자로 표현되며 정량적으로 크기를 비교할 수 있는 자료를 **양적자료**quantitative data라 하며, 관측값이 정수인 자료를 **이산자료**discrete data, 지정된 구간에서 측정되는 자료를 **연속자료**continuous data라 한다. 예를 들어, 연령대별 인구수, 연간 판매량, 불량품의 개수 등은 이산자료이고 월별 온도, 월별 강우량, 물가지수 등은 연속자료이다. 연속자료인 강우량과 온도에 대해 강우량이 30mm인 날은 15mm인 날보다 비가 내린 양이 두 배라고 할 수 있으나, 온도가 30℃인 날씨가 15℃인 날씨보다 두 배만큼 더운 것을 나타내지는 않는다. 이와 같이 비율의 의미를 갖는 연속자료를 **비율자료**ratio data라 하고, 크기의 차이만 있을 뿐 비율의 의미가 없는 연속자료를 **구간자료**interval data라 한다.

양적자료와 같이 크기를 비교할 수 없을 뿐만 아니라 수치로 표현되지 않는 자료를 **범주형 자료**categorical data 또는 **질적자료**qualitative data라 한다. 예를 들어, 만족도, 혈액형, 피부색 등은 크기를 서로 비교할 수 없을 뿐 아니라 수치적 척도로 표현되지 않는 범주형 자료이다. 한편 양적자료인 시험 성적을 90점 이상은 A, 80~89점은 B, 70~79점은 C, 60~69점은 D, 59점 이하는 F라는 범주로 묶어서 나타낼 수 있으며, 이러한 자료를 집단화 자료grouped data라 한다. [그림 6.2]는 양적자료와 질적자료를 정리한 것이다.

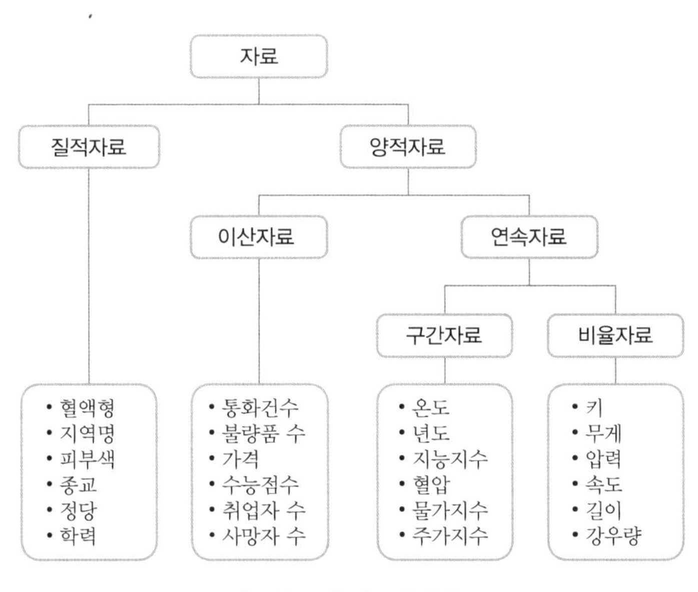

[그림 6.2] 자료의 종류

이 절에서는 질적자료 또는 양적자료를 어떻게 정리하고 요약하는지 살펴본다.

(1) 점도표

점도표dot plot는 질적자료뿐만 아니라 양적자료에도 사용할 수 있으며, 자료의 특성을 그림으로 나타내는 가장 간단한 방법이다. [그림 6.3]과 같이 점도표는 수평축에 각 범주 또는 자료의 측정값을 기입하고, 이 수평축 위에 각 범주 또는 측정값의 관찰 횟수를 점으로 나타낸다. 예를 들어, 어느 동아리 회원 25명의 혈액형을 조사하여 [표 6.1]을 얻었다고 할 때, 이 자료집단에 대한 점도표는 [그림 6.3]과 같다.

[표 6.1] 혈액형 조사 결과

혈액형	A형	B형	AB형	O형
인원	7	4	5	9

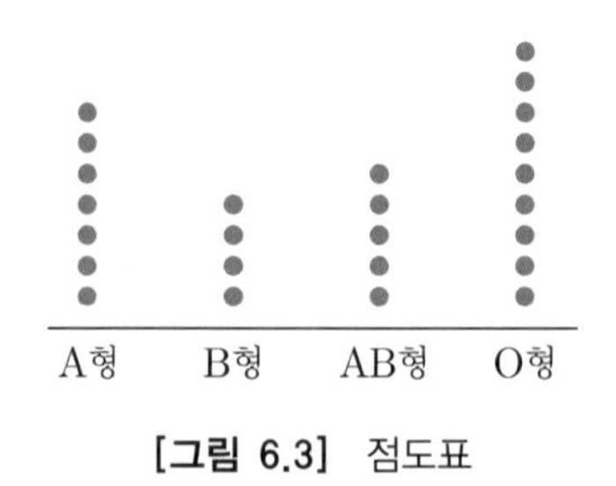

[그림 6.3] 점도표

(2) 도수표

[표 6.2]와 같이 각 범주와 그에 대응하는 도수 및 상대도수 등을 나열한 도표를 도수표 frequency table라 한다. 그러면 각 범주의 도수와 상대적인 비율을 쉽게 비교할 수 있다.

[표 6.2] 도수표

범주	도수	상대도수(%)
A형	7	28
B형	4	16
AB형	5	20
O형	9	36

(3) 막대그래프

[그림 6.4(a)]와 같이 질적자료의 각 범주를 수평축에 작성하고, 수직축에 높이가 도수 또는 상대도수인 동일한 폭의 수직 막대로 나타낸 그림을 막대그래프bar chart라 한다. 막대그래프는 도수분포표에 비해 각 범주의 도수 또는 상대도수를 시각적으로 쉽게 비교할 수 있다.

(4) 꺾은선 그래프

[그림 6.4(b)]와 같이 각 범주에 대한 막대그래프의 상단 중심부를 선분으로 연결하여 각 범주를 비교하는 그림을 꺾은선 그래프graph of broken line라 하며, 수직축에 도수 또는 상대도수를 기입할 수 있다. 꺾은선 그래프는 둘 이상의 자료집단을 비교할 때 효과적이다.

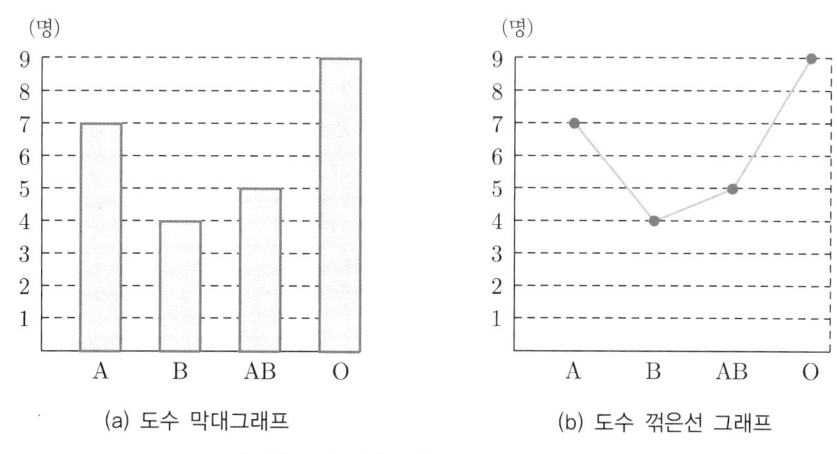

(a) 도수 막대그래프 (b) 도수 꺾은선 그래프

[그림 6.4] 막대그래프와 꺾은선 그래프

(5) 원그래프

질적자료의 각 범주를 상대적으로 비교할 때 많이 사용하며, 중심각이 각 범주의 상대도수에 비례하는 파이 조각 모양으로 나누어진 원으로 작성한 그림을 원그래프^pie chart^라 한다. 위 도수분포표에 의한 각 범주의 중심각은 [표 6.3]과 같다.

[표 6.3] 각 범주의 중심각

범주	도수	상대도수(%)	중심각
A형	7	28	$360 \times 0.28 \approx 100^\circ$
B형	4	16	$360 \times 0.16 \approx 58^\circ$
AB형	5	20	$360 \times 0.20 = 72^\circ$
O형	9	36	$360 \times 0.36 \approx 130^\circ$

동아리 회원의 혈액형에 대한 원그래프는 [그림 6.5]와 같으며, 원그래프의 각 파이 조각에 범주의 명칭과 도수, 상대도수 등을 기입하거나 범례를 사용하기도 한다.

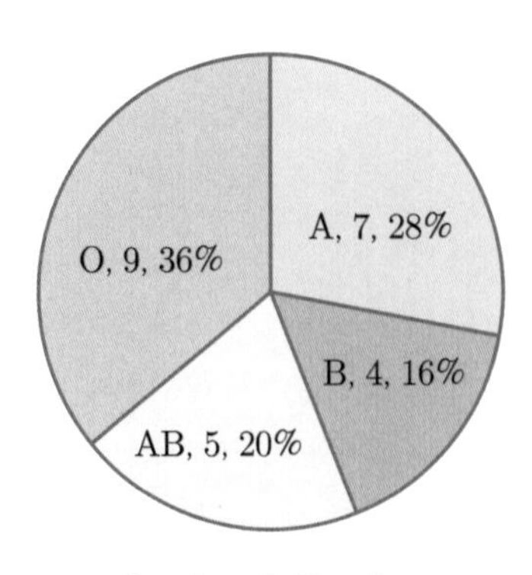

[그림 6.5] 원그래프

예제 1

다음은 일주일 동안 스포츠 또는 레크리에이션으로 발생한 부상으로 응급실을 방문한 환자에 대한 자료이다. 이 자료에 대해 다음을 구하라.

(1) 도수표　　(2) 점도표　　(3) 막대그래프

(4) 꺾은선 그래프　　(5) 원그래프

구분	축구	농구	야구	오토바이	자전거	놀이터
환자 수	9	6	4	11	3	7

풀이

(1) 도수표는 다음과 같다.

구분	도수	상대도수
축구	9	0.225
농구	6	0.150
야구	4	0.100
오토바이	11	0.275
자전거	3	0.075
놀이터	7	0.175

(2)~(5) 점도표, 막대그래프, 꺾은선 그래프, 원그래프는 각각 다음과 같다.

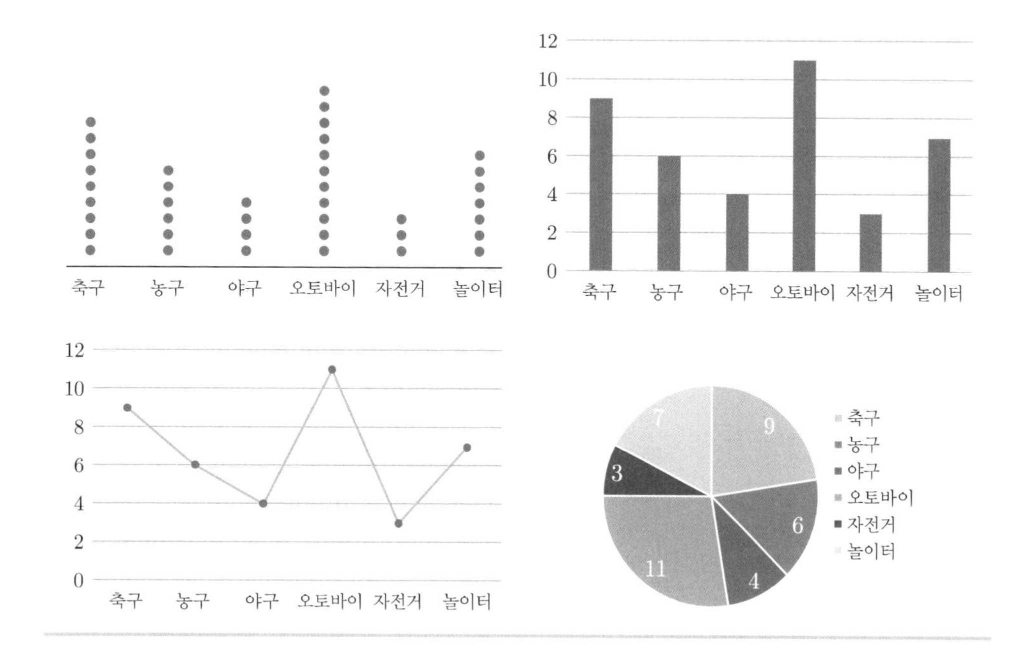

(6) 집단화 자료의 도수분포표

양적자료를 적당한 크기로 집단화하여 범주형 자료의 도수표와 같이 작성한 표를 집단화 자료의 도수분포표frequency distribution table라 하며, 도수분포표에는 각 계급 안에 들어가는 자료의 도수, 상대도수, 누적도수, 누적상대도수, 계급값 등을 기입한다.

- 계급class: 양적자료를 적당한 간격으로 집단화하여 나타낸 범주
- 계급간격class width: 각 계급의 위쪽 경계에서 아래쪽 경계를 뺀 값
- 계급 상대도수class relative frequency: 각 계급의 도수를 전체 도수로 나눈 값

$$\text{계급 상대도수} = \frac{\text{계급의 도수}}{\text{전체 도수}}$$

- 누적도수cumulative frequency: 이전 계급까지의 모든 도수를 합한 도수
- 누적상대도수cumulative relative frequency: 이전 계급까지의 모든 상대도수를 합한 상대도수
- 계급값class mark: 각 계급의 중앙값, 즉 다음에 의해 결정되는 값

$$\text{계급값} = \frac{\text{위쪽 경계} + \text{아래쪽 경계}}{2}$$

도수분포표는 다음과 같이 작성한다.

① 먼저 계급의 수를 결정한다. 일반적으로 스터지스 공식Sturges' formula이라 부르는 $k = 1 + 3.3\log_{10} n$에 가까운 정수를 택한다.

② 각 계급간격(w)을 적당히 구한다.

$$w = \frac{\text{자료의 최대 관찰값} - \text{자료의 최소 관찰값}}{k}$$

③ 이웃하는 계급 간의 중복을 피하기 위해 다음 값을 제1계급의 하한으로 정한다.

$$\text{최소 관찰값} - \frac{\text{최소단위}}{2}$$

④ 도수분포표에 각 계급의 도수, 상대도수, 누적도수, 누적상대도수, 계급값 등을 기입한다.

예를 들어, 머리의 직경이 50mm인 볼트를 제조하는 회사로부터 50개의 볼트를 임의로 수집하여 다음 측정 결과를 얻었다고 하자.

49	50	49	51	49	48	49	49	48	51
50	48	50	50	51	49	51	49	49	43
47	50	49	50	53	48	46	49	55	50
52	50	54	46	57	51	50	46	50	51
47	49	50	51	49	47	46	47	49	48

계급의 개수가 5이면 계급 간격은 다음과 같다.

$$w = \frac{57 - 43}{5} = 2.8 \approx 3$$

최소 단위가 1이므로 제1계급의 하한을 $43 - 0.5 = 42.5$로 정하고 간격이 3인 도수분포표를 작성하면 [표 6.4]와 같다.

[표 6.4] 도수분포표

계급간격	도수	상대도수	누적도수	누적상대도수	계급값
42.5 ~ 45.5	1	0.02	1	0.02	44
45.5 ~ 48.5	13	0.26	14	0.38	47
48.5 ~ 51.5	31	0.62	45	0.90	50
51.5 ~ 54.5	3	0.06	48	0.96	53
54.5 ~ 57.5	2	0.04	50	1.00	56
합계	50	1.00			

도수분포표는 다음과 같은 특성을 갖는다.

❶ 자료집단의 대략적인 중심 위치(50% 위치)를 알 수 있다.

❷ 자료집단의 흩어진 분포 모양을 보여 준다.

❸ 원자료의 정확한 측정값을 알 수 없다.

❹ 계급의 수가 많으면 도수분포표가 너무 복잡해지고, 적으면 자료의 정보를 왜곡할 수 있다.

❺ 극단적인 이상점의 유무를 확인할 수 있다. 여기서 이상점[outlier]은 자료집단에 속하지 않는다고 의심이 되는 비정상적으로 크거나 작은 자료값이다.

예제 2

다음은 40명의 통계학 성적 자료이다. 이 자료에 대한 계급의 수가 5인 도수분포표를 작성하고, 계급값을 이용하여 대략적인 중심위치를 구하라.

83	77	78	53	74	83	78	76	78	79
74	73	56	58	80	60	58	75	79	72
77	73	66	66	72	65	76	76	53	76
67	88	84	75	76	69	89	67	62	71

풀이

자료의 최솟값이 53, 최댓값이 89이고 계급의 수가 5이므로 계급간격은

$w = \dfrac{89-53}{5} = 7.2 \approx 8$이다. 따라서 제1계급의 하한을 52.5라 하면 다음 도수분포표를 얻는다.

계급	계급간격	도수	상대도수	누적도수	누적상대도수	계급값
1	52.5 ~ 60.5	6	0.150	6	0.150	56.5
2	60.5 ~ 68.5	6	0.150	12	0.300	64.5
3	68.5 ~ 76.5	15	0.375	22	0.675	72.5
4	76.5 ~ 84.5	11	0.275	37	0.950	80.5
5	84.5 ~ 92.5	2	0.050	40	1.000	88.5
	합계	40	1.000			

제2계급까지 누적상대도수가 0.3이고 제3계급까지 누적상대도수가 0.675이므로 누적상대도수가 0.5인 위치는 제3계급 안에 있고, 제3계급 계급값이 72.5이므로 대략적인 중심위치는 72.5이다.

(7) 히스토그램

히스토그램histogram은 도수분포표를 시각적으로 쉽게 알 수 있도록 나타낸 그림으로 [그림 6.6(a)]와 같이 수평축에 계급간격을 작성하고 수직축에 도수 또는 상대도수, 누적도수, 누적상대도수에 해당하는 높이를 갖는 막대 모양으로 작성한다.

(8) 도수분포다각형

[그림 6.6(b)]와 같이 히스토그램의 연속적인 막대의 상단 중심을 직선으로 연결하여 다각형으로 표현한 그림을 도수분포다각형frequency polygon이라 한다. 이때 양 끝에 도수가 0인 계급을 추가하며, 수직축에 상대도수, 누적도수, 누적상대도수 등을 작성할 수 있다. 도수분포표는 2개 이상의 양적자료를 비교할 때 널리 사용된다.

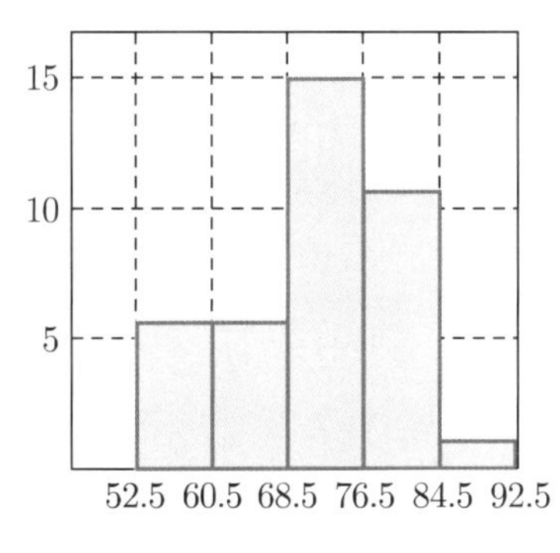

(a) 도수 히스토그램

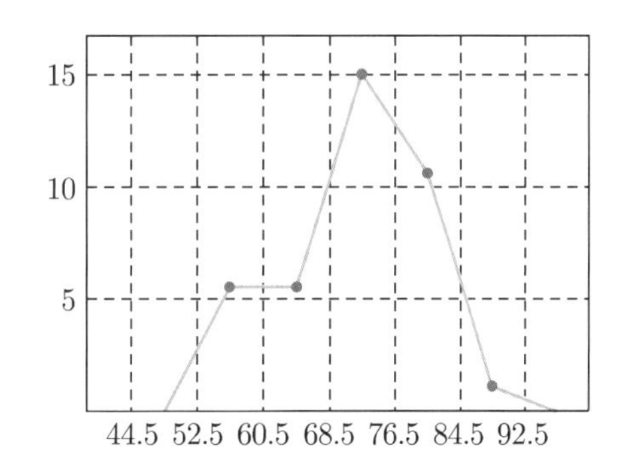

(b) 도수 분포다각형

[그림 6.6] 도수 히스토그램과 도수 분포다각형

예제 3

다음 표는 어느 작업장에서 근무하는 30~40대와 50~60대 근로자의 혈압을 조사한 것이다. 이 자료에 대해 두 그룹의 혈압을 비교하는 상대도수 분포다각형을 그려라.

혈 압	30~40대 근로자 수	50~60대 근로자 수
89.5 ~ 99.5	3	2
99.5 ~ 109.5	13	4
109.5 ~ 119.5	22	12
119.5 ~ 129.5	31	26
129.5 ~ 139.5	24	22
139.5 ~ 149.5	6	26
149.5 ~ 159.5	0	5
159.5 ~ 169.5	1	3
합계	100	100

풀이

우선 두 그룹의 혈압별 상대도수와 계급값을 구한다.

혈 압	30~40대 근로자 수	30~40대 근로자의 상대도수	50~60대 근로자 수	50~60대 근로자의 상대도수	계급값
89.5 ~ 99.5	3	0.03	2	0.02	94.5
99.5 ~ 109.5	13	0.13	4	0.04	104.5
109.5 ~ 119.5	22	0.22	12	0.12	114.5
119.5 ~ 129.5	31	0.31	26	0.26	124.5
129.5 ~ 139.5	24	0.24	22	0.22	134.5
139.5 ~ 149.5	6	0.06	26	0.26	144.5
149.5 ~ 159.5	0	0	5	0.05	154.5
159.5 ~ 169.5	1	0.01	3	0.03	164.5
합계	100	1	100	1	

상대도수 히스토그램을 먼저 그리고, 각 계급의 상단 중심을 선으로 이으면 다음과 같은 상대도수 히스토그램을 얻는다.

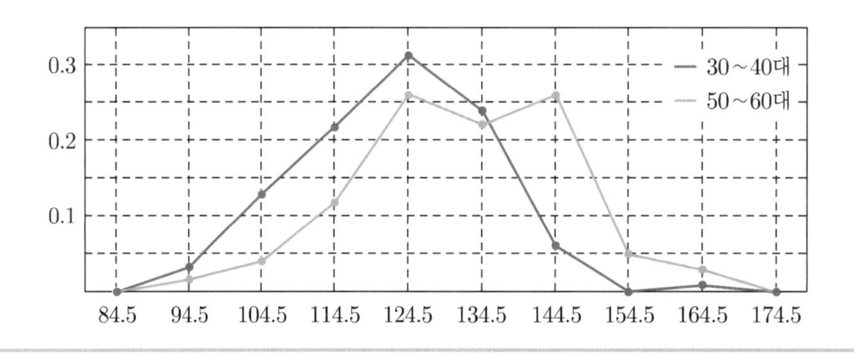

(9) 줄기-잎 그림

히스토그램 또는 도수분포다각형 등은 수집한 자료에 대한 중심위치와 흩어진 모양을 대략적으로 제공하지만 각 계급의 자료값에 대한 정확한 정보는 제공하지 못한다. 이러한 단점을 보완하기 위해 고안된 그림으로 줄기-잎 그림[stem-leaf display]이 있으며, 이는 도수분포표나 히스토그램이 갖고 있는 성질을 그대로 보존하면서 각 계급에 들어 있는 개개의 측정값을 제공한다는 장점이 있다. 줄기-잎 그림은 다음과 같이 작성한다.

① 줄기와 잎을 구분한다. 이때 변동이 작은 부분을 줄기, 변동이 많은 부분을 잎으로 지정한다.

② 줄기 부분을 작은 수부터 순차적으로 나열하고 잎 부분을 원자료의 관찰 순서대로 나열한다.

③ 잎 부분의 숫자를 크기순으로 재배열하고 전체 자료의 중앙에 놓이는 관찰값이 있는 행의 맨 왼쪽에 괄호 ( )를 만들고, 괄호 안에 그 행의 잎의 수(도수)를 기입한다.

④ 괄호가 있는 행을 중심으로 괄호와 동일한 열에 누적도수를 위와 아래 방향에서 각각 기입한다.

⑤ 적당한 위치에 최소 단위와 자료의 전체 개수를 기입한다.

예제 4

[예제 2]의 자료에 대한 줄기-잎 그림을 그려라.

풀이

변동이 적은 10단위 수를 줄기, 변동이 많은 1단위 수를 잎으로 지정하고 다음과 같이 초기 줄기-잎 그림을 그린다.

누적도수 ↓	줄기 ↓	잎 ↓
	5	36883
	6	06657972
	7	78486874359273266561
	8	330849

이제 잎 부분의 수를 순차적으로 재배열한다.

누적도수 ↓	줄기 ↓	잎 ↓
	5	33688
	6	02566779
	7	12233445566666777889
	8	033489

자료값이 40개이므로 크기 순으로 20번째와 21번째 자료값이 들어 있는 행의 맨 왼쪽에 '(행의 도수)'를 기입하고 위쪽과 아래쪽으로부터 누적도수를 기입한다.

누적도수 ↓	줄기 ↓	잎 ↓
5	5	33688
13	6	02566779
(21)	7	122334455666667778889
6	8	033489

끝으로 적당한 위치에 자료값의 최소 단위와 자료의 수를 기입하면 줄기-잎 그림이 완성된다.

5	5	33688	최소 단위: 1
13	6	02566779	자료수: 40
(21)	7	122334455666667778889	
6	8	033489	

[예제 4]의 줄기-잎 그림을 세워 놓으면 계급간격이 10인 히스토그램의 모양을 유지하면서 개개의 자료값을 볼 수 있다. 또한 자료의 개수가 40이므로 크기 순으로 20번째와 21번째 자료값이 74와 75이며, 전체자료에 대한 중심위치, 즉 크기순으로 나열하여 50% 위치를 나타내는 수치는 $\frac{74+75}{2}=74.5$이다. 비어 있는 행이 존재하는 경우, 자료에 대한 이상점을 예측할 수 있다. 종합하면 줄기-잎 그림은 다음과 같은 특성을 갖는다.

❶ 전체 자료의 실제 측정값을 알 수 있다.
❷ 히스토그램을 나타낸다.
❸ 자료집단의 대략적인 중심위치(50% 위치)를 알 수 있다.
❹ 자료집단의 흩어진 분포 모양을 보여 준다.
❺ 이상점을 예측할 수 있다.

[그림 6.7]과 같이 잎의 수치를 0 ~ 4와 5 ~ 9인 경우로 구분하면 간격이 5인 세분화된 줄기-잎 그림을 그릴 수 있다.

2	5*	33	최소 단위: 1
5	5o	688	자료수: 40
7	5*	02	
13	5o	566779	
20	5*	1223344	
20	5o	55666667778889	
6	5*	0334	
2	5o	89	

[그림 6.7] 세분화된 줄기-잎 그림

6.3 중심위치의 척도

수집한 양적자료의 특성을 쉽게 이해하기 위해 도표 또는 그림을 그리면서 중심위치에 대해 살펴보았다. 이 절에서는 수집한 양적자료를 요약하기 위한 중심위치의 척도에 대해 살펴본다.

(1) 평균

보편적으로 중심위치를 나타내는 데 가장 기본적인 척도는 산술평균이다. 이때 모집단과 표본의 평균을 각각 모평균population mean과 표본평균sample mean이라 하며, 다음과 같이 정의한다.

- 모평균: N개로 구성된 모집단의 각 자료값 $x_1, x_2, \cdots, x_N$에 대한 평균 $\mu = \frac{1}{N}\sum_{i=1}^{N} x_i$
- 표본평균: n개로 구성된 표본의 각 자료값 $x_1, x_2, \cdots, x_n$에 대한 평균 $\overline{x} = \frac{1}{n}\sum_{i=1}^{n} x_i$

평균은 다음과 같은 특성을 갖는다.

❶ 평균은 유일하다.
❷ 평균은 계산하기 쉽다.
❸ 모든 측정값을 반영한다.

❹ 자료값 안에 포함된 이상점의 유무에 따라 큰 차이를 보인다.

표본평균은 이상점의 유무에 따라 큰 차이를 보이지만 다른 장점이 많아 추측통계학에서 자주 사용한다.

예제 5

다음 두 표본에 대한 평균을 구하고, 점도표를 이용하여 두 표본의 평균을 비교하라.

표본 A: [1, 2, 3, 4, 5, 6, 7, 8, 9, 10]

표본 B: [1, 2, 3, 4, 5, 6, 7, 8, 9, 100]

풀이

$$\text{표본 A의 평균 : } \bar{x} = \frac{1+2+3+4+5+6+7+8+9+10}{10} = 5.5$$

$$\text{표본 B의 평균 : } \bar{y} = \frac{1+2+3+4+5+6+7+8+9+100}{10} = 14.5$$

다음 점도표에서 보듯이 표본 A에 비하여 표본 B의 평균 위치가 크다.

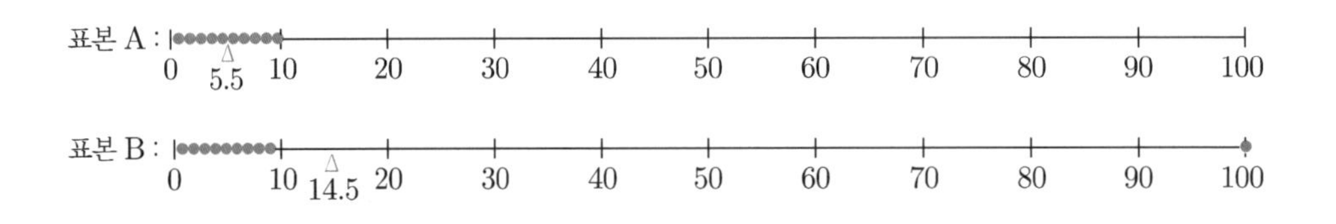

(2) 절사평균

자료집단이 이상점을 갖는 경우, 양 끝에서 일정한 개수의 자료값을 제거한 나머지 자료에 대한 평균을 사용하며, 이러한 평균을 절사평균trimmed mean이라 한다. 자료의 개수가 n인 표본에 대해 $100\alpha\%$-절사평균 $T_{100\alpha\%}$를 얻기 위하여 제거되는 자료의 수는 다음과 같다.

❶ $\alpha n = k$가 정수인 경우, 양 끝에서 각각 k개의 자료를 제거한다.

❷ $\alpha n = k$가 정수가 아닌 경우, k보다 작은 가장 큰 정수만큼 양 끝에서 제거한다.

예제 6

다음 두 자료집단에 대한 10%-절사평균을 구하라.

(1) [1, 2, 3, 4, 5, 6, 7, 8, 9, 10, 100]

(2) [1, 2, 3, 4, 5, 6, 7, 8, 9, 100]

풀이

(1) $n=11$, $\alpha=0.1$이므로 $\alpha n=1.1$보다 작은 정수 중 가장 큰 정수는 1이다. 따라서 가장 작은 자료값 1과 가장 큰 자료값 100을 제거한 나머지 자료에 대한 평균을 구하면 다음과 같다.

$$T_{10\%}=\frac{2+3+4+5+6+7+8+9+10}{9}=\frac{54}{9}=6$$

(2) $n=10$, $\alpha=0.1$이므로 $\alpha n=1$이다. 따라서 가장 작은 자료값 1과 가장 큰 자료값 100을 제거한 나머지 자료에 대한 평균을 구하면 다음과 같다.

$$T_{10\%}=\frac{2+3+4+5+6+7+8+9}{8}=\frac{11}{2}=5.5$$

(3) 가중평균

반복되는 자료값이 있는 자료집단의 산술평균을 가중평균weighted mean이라 한다. 예를 들어, 자료집단 [1, 2, 4, 2, 2]에 대한 산술평균은 다음과 같다.

$$\bar{x}=\frac{1}{5}(1+2+4+2+2)=1\times\frac{1}{5}+2\times\frac{3}{5}+4\times\frac{1}{5}=\frac{11}{4}$$

이와 같이 전체 자료의 수가 n이고 서로 다른 자료값 x_1, x_2, $\cdots$, x_k의 도수가 각각 f_1, f_2, $\cdots$, f_k인 경우 가중평균은 다음과 같다.

$$\bar{x}=x_1\times\frac{f_1}{n}+x_2\times\frac{f_2}{n}+\cdots+x_k\times\frac{f_k}{n}$$

가중평균은 도수분포표로 주어진 자료의 평균을 구할 때 많이 사용하며, 개개의 자료를 알 수 없으므로 각 계급을 대표하는 계급값을 이용한다.

예제 7

[예제 3]의 30~40대 근로자와 50~60대 근로자의 혈압에 대한 평균을 구하라.

풀이

30~40대 근로자의 평균 혈압:

$$\begin{aligned}\bar{x} &= 94.5\times0.03+104.5\times0.13+114.5\times0.22+124.5\times0.31\\&\quad+134.5\times0.24+144.5\times0.06+154.5\times0+164.5\times0.01\\&=122.8\end{aligned}$$

50~60대 근로자의 평균 혈압:

$$\begin{aligned}\bar{y} &= 94.5\times0.02+104.5\times0.04+114.5\times0.12+124.5\times0.26\\&\quad+134.5\times0.22+144.5\times0.26+154.5\times0.05+164.5\times0.03\\&=132\end{aligned}$$

(4) 중앙값

이상점에 대한 평균의 단점을 보완하는 중심위치의 척도로 중앙값을 생각할 수 있다. 자료를 작은 수부터 크기 순서로 나열하여 가장 가운데에 놓이는 자료값을 중앙값median (M_e)이라 한다. 중앙값은 전체 자료 중 가장 중앙에 위치하는 자료값이므로 이상점의 영향을 전혀 받지 않으며, 중앙값은 다음과 같이 구한다.

❶ 자료의 개수 n이 홀수인 경우, $\frac{n+1}{2}$번째 자료값 $x_{((n+1)/2)}$이다.

❷ 자료의 개수 n이 짝수인 경우, $\frac{n}{2}$번째와 $\frac{n}{2}+1$번째 자료값의 평균 $\frac{x_{(n/2)}+x_{((n/2)+1)}}{2}$이다.

중앙값은 어느 한쪽으로 치우친 분포를 갖는 자료집단에 대해 평균보다 좋은 중심위치를 나타낸다. 그러나 수리적으로 다루기 매우 힘들고 자료의 수가 많으면 부적절하다.

(5) 최빈값

자료집단에서 두 번 이상 나타나는 자료값 중 도수가 가장 큰 자료값을 최빈값[mode](M_o)이라 한다. 최빈값은 이상점의 영향을 전혀 받지 않지만 존재하지 않거나 여러 개 존재할 수 있으며, 수리적으로 다루기 매우 힘들다.

예제 8

다음 자료집단에 대한 중앙값과 최빈값을 구하라.

(1) [7, 15, 11, 5, 9]

(2) [7, 15, 110, 15, 7, 9]

(3) [2, 7, 15, 11, 7, 9]

풀이

(1) 크기 순으로 재배열하면 5, 7, 9, 11, 15이고 중앙값은 세 번째 위치에 놓이는 자료값 $M_e = 9$ 이다. 반복되는 자료값이 없으므로 이 경우 최빈값은 없다.

(2) 크기 순으로 재배열하면 7, 7, 9, 15, 15, 110이고 중앙값은 세 번째와 네 번째 위치의 자료값 9와 15의 평균 $M_e = \frac{9+15}{2} = 12$이다. 자료값 7과 15가 두 번씩 나오므로 최빈값은 $M_o = 7,\ 15$이다.

(3) 크기 순으로 재배열하면 2, 7, 7, 9, 11, 15이고 중앙값은 세 번째와 네 번째 위치의 자료값 7과 9의 평균 $M_e = \frac{7+9}{2} = 8$이다. 도수가 가장 큰 자료값은 7이므로 최빈값은 $M_o = 7$이다.

히스토그램을 그리면 자료집단에 대한 분포 모양을 알 수 있으며, 일반적으로 다음 형태로 나타난다.

❶ 대칭형 분포: 평균을 중심으로 대칭인 형태

❷ 양의 비대칭 분포: 왼쪽으로 치우치고 오른쪽으로 긴 꼬리 모양을 갖는 형태

❸ 음의 비대칭 분포: 오른쪽으로 치우치고 왼쪽으로 긴 꼬리 모양을 갖는 형태

자료집단의 분포 모양에 따른 중심위치 척도는 [그림 6.8]과 같으며, 비대칭인 경우 평균보다는 중앙값이 바람직하다.

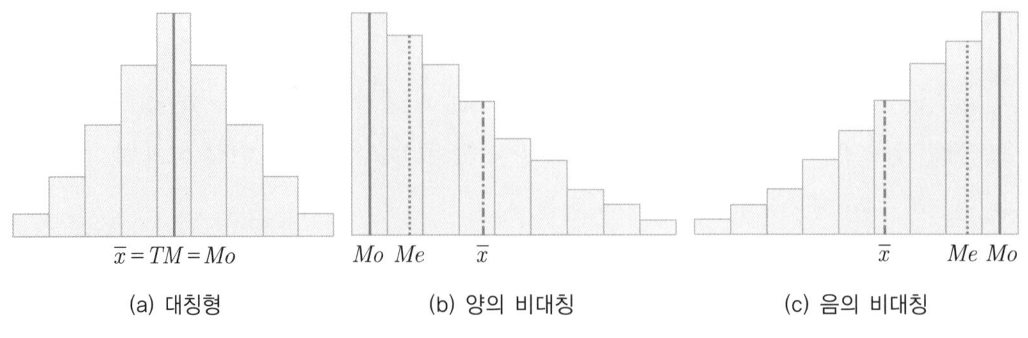

[그림 6.8] 자료집단의 분포 모양에 따른 중심위치 척도의 비교

(6) 분위수

수집한 자료를 크기 순으로 재배열할 때 일정한 간격으로 분할한 위치를 나타내는 척도를 분위수quantiles라 하며, 백분위수와 사분위수를 많이 사용한다.

- 백분위수percentile: 1%씩 등간격으로 구분하는 척도
- 사분위수quartiles: 25%씩 등간격으로 구분하는 척도

전체 자료 중 $k\%$의 자료가 P_k보다 작거나 같고 나머지 $(100-k)\%$의 자료가 P_k보다 크거나 같은 수치 P_k를 k-백분위수라 한다. 자료의 수가 n인 자료집단에 대해 $m = \frac{kn}{100}$이라 할 때, k-백분위수 P_k는 다음과 같다.

- m이 정수인 경우: $P_k = \frac{x_{(m)} + x_{(m+1)}}{2}$
- m이 정수가 아닌 경우: P_k는 m보다 큰 정수 중 가장 작은 정수에 해당하는 위치의 자료값

여기서 $x_{(m)}$은 크기 순으로 재배열한 자료에서 m번째 위치의 자료값이다. 사분위수를 작은 쪽으로부터 Q_1, Q_2, Q_3으로 나타내며, 이를 각각 제1사분위수, 제2사분위수, 제3사분위수라 한다. 제1사분위수 Q_1은 25-백분위수 P_{25}, 제2사분위수 Q_2는 50-백분위수 P_{50}, 제3사분위수 Q_3은 75-백분위수 P_{75}이다. 중앙값 M_e는 아래쪽으로 50%, 위쪽으로 50%로 구분하는 척도이므로 50-백분위수 P_{50}이면서 제2사분위수 Q_2이다.

예제 9

다음 자료에 대한 30-백분위수 P_{30}과 60-백분위수 P_{60}, 사분위수를 구하라.

83	90	60	25	50	94	60	62	97	43	67	84	79	62	78

풀이

우선 자료를 크기 순으로 재배열하면 다음과 같다.

25 43 50 60 60 62 62 67 78 79 83 84 90 94 97

30-백분위수 P_{30}과 60-백분위수 P_{60}의 위치를 구하면 각각 다음과 같다.

$$\frac{kn}{100} = 0.3 \times 15 = 4.5, \quad \frac{kn}{100} = 0.6 \times 15 = 9$$

30-백분위수는 $P_{30} = x_{(5)} = 60$이고, 60-백분위수는 $P_{60} = \frac{x_{(9)} + x_{(10)}}{2} = 78.5$이다. 사분위수는 각각 25, 50, 75-백분위수이므로 사분위수의 위치는 각각 다음과 같다.

$$0.25 \times 15 = 3.75, \quad 0.5 \times 15 = 7.5, \quad 0.75 \times 15 = 11.25$$

따라서 $Q_1 = x_{(4)} = 60$, $Q_2 = x_{(8)} = 67$, $Q_3 = x_{(12)} = 84$이다.

6.4 산포의 척도

일반적으로 중심위치인 평균이 동일하더라도 자료값들이 평균을 중심으로 밀집되거나 퍼지는 정도가 다르게 나타난다. 이 절에서는 자료집단이 평균을 중심으로 밀집되는 정도를 나타내는 척도에 대해 살펴본다.

다음 두 자료집단을 비교해 보자.

자료집단 A [1, 2, 3, 4, 5, 6, 7, 8, 9, 10]

자료집단 B [4, 5, 5, 5, 6, 6, 6, 6, 6, 6]

두 자료집단의 평균은 동일하게 5.5이고 점도표를 그리면 [그림 6.9]와 같다. 이때 자료집단 A는 폭넓게 퍼지는 분포를 이루지만 자료집단 B는 오른쪽으로 치우치고 집중하는 분포를 이룬다.

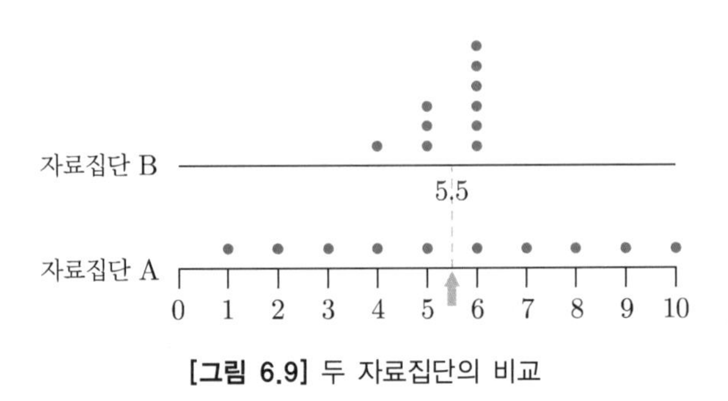

[그림 6.9] 두 자료집단의 비교

따라서 수집한 자료집단의 특성을 충분히 요약하고 분석하기 위해 자료의 밀집되는 정도를 나타내는 척도가 필요하다.

(1) 범위

범위[range]는 가장 간단한 형태의 산포도로, 자료를 크기 순으로 나열하여 $x_{(1)}$, $x_{(2)}$, …, $x_{(n)}$이라 할 때, 다음과 같이 최대 자료값 $x_{(n)}$과 최소 자료값 $x_{(1)}$의 차이다.

$$R = x_{(n)} - x_{(1)}$$

위 예에서 자료집단 A의 범위는 $R_A = 10 - 1 = 9$이고, 자료집단 B의 범위는 $R_B = 6 - 4 = 2$이다. 범위는 다음과 같은 특성을 갖는다.

❶ 계산하기 쉽다.
❷ 이상점의 유무에 크게 영향을 받는다.
❸ 개개의 자료값이 범위를 계산하는 데 반영되지 못한다.
❹ 자료의 수가 많은 경우 부적절하다.

(2) 사분위수범위

이상점에 영향을 받는 범위의 단점을 보완하기 위해 제1사분위수와 제3사분위수 사이의 범위를 사용하며, 다음과 같은 범위를 사분위수범위interquartile range(I.Q.R)라 한다.

$$\text{I.Q.R} = Q_3 - Q_1$$

자료집단의 분포 모양과 더불어 이상점에 대한 정보를 제공하는 상자그림box plot을 그릴 수 있다. 상자그림을 그리기 위해 다음 용어를 필요로 한다.

- 안울타리inner fence: 사분위수 Q_1과 Q_3에서 각각 $1.5\times$I.Q.R만큼 떨어져 있는 값

$$f_l = Q_1 - 1.5\times\text{I.Q.R}, \quad f_u = Q_3 + 1.5\times\text{I.Q.R}$$

- 바깥울타리outer fence: 사분위수 Q_1과 Q_3에서 각각 $3\times$I.Q.R만큼 떨어져 있는 값

$$f_L = Q_1 - 3\times\text{I.Q.R}, \quad f_U = Q_3 + 3\times\text{I.Q.R}$$

- 인접값adjacent value: 안울타리 안쪽에 있는 자료 중 안울타리에 가장 가까운 값
- 보통 이상점mild outlier: 안울타리와 바깥울타리 사이에 놓이는 자료값
- 극단 이상점extreme outlier: 바깥울타리 외부에 놓이는 자료값

자료집단에서 보통 이상점은 약 1% 정도, 극단 이상점은 약 0.01% 정도 관찰된다. 이제 다음 순서에 따라 상자그림을 그린다.

① 자료를 크기 순으로 나열하여 사분위수 Q_1, Q_2, Q_3을 구한다.
② 사분위수범위 $\text{I.Q.R} = Q_3 - Q_1$을 구한다.
③ Q_1에서 Q_3까지 직사각형 모양의 상자로 연결하여 Q_2 위치에 선을 긋는다.
④ 안울타리를 구하고 인접값에 기호 |로 표시한 후, Q_1과 Q_3에서 인접값까지 선분으로 연결한다.
⑤ 바깥울타리를 구하여 관측 가능한 보통 이상점의 위치에 ○, 극단 이상점의 위치에 ×로 표시한다. 그러면 [그림 6.10]과 같은 상자그림이 완성된다.

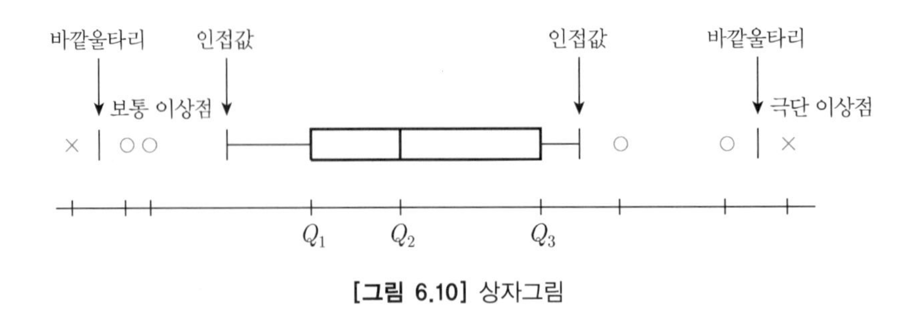

[그림 6.10] 상자그림

상자그림에서 양쪽 날개의 길이가 비슷하고 Q_2가 상자 가운데에 놓이면 자료집단의 분포는 대칭형이 된다. 그러나 Q_2와 Q_3의 길이와 오른쪽 날개가 짧으면 오른쪽으로 치우친 분포를 이룬다.

예제 10

다음 자료의 사분위수범위를 구하고, 상자그림을 그려라.

50.5	48.7	50.5	49.1	50.4	51.2	50.4	49.9	50.0	50.4
50.7	49.3	50.8	49.8	48.9	49.0	49.5	49.9	49.7	51.3
51.0	49.5	49.9	49.6	50.5	50.3	48.9	49.2	51.2	48.0
49.8	49.1	48.8	51.7	49.7	50.3	50.6	50.0	49.6	51.2
46.6	50.8	49.7	49.9	50.6	49.7	49.9	49.7	51.8	55.1

풀이

① 이 자료를 크기 순으로 재배열하여 사분위수를 구한다.

$$Q_1 = x_{(13)} = 49.5, \quad Q_2 = \frac{x_{(25)} + x_{(26)}}{2} = 49.9, \quad Q_3 = x_{(38)} = 50.6$$

그러므로 사분위수범위는 $\text{I.Q.R} = Q_3 - Q_1 = 50.6 - 49.5 = 1.1$이다.

② 안울타리와 인접값을 구하고, Q_1, Q_3과 인접값을 연결한다.

$$f_l = Q_1 - 1.5 \times \text{I.Q.R.} = 49.5 - 1.65 = 47.85$$

$$f_u = Q_3 + 1.5 \times \text{I.Q.R.} = 50.6 + 1.65 = 52.25$$

따라서 인접값은 각각 48.0과 51.8이다.

③ 이제 바깥울타리를 구한다.

$$f_L = Q_1 - 3 \times \text{I.Q.R.} = 49.5 - 3.3 = 46.2$$

$$f_U = Q_3 + 3 \times \text{I.Q.R.} = 50.6 + 3.3 = 53.9$$

④ 관찰값 55.1은 위쪽 바깥울타리보다 크므로 극단 이상점이고, 46.6은 인접값과 아래쪽 바깥울타리 사이에 있으므로 보통 이상점이다. 상자그림을 그리면 다음과 같다.

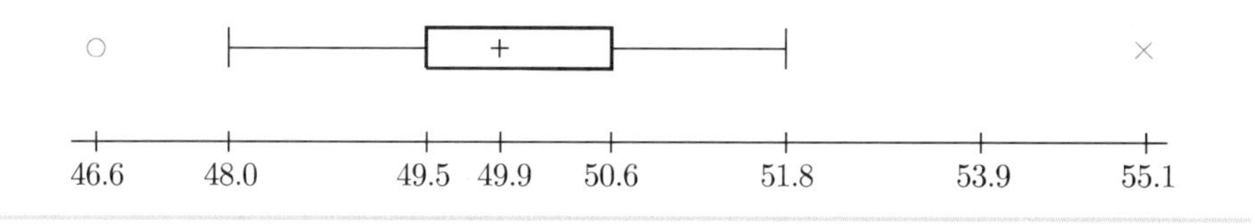

(4) 분산과 표준편차

분산variance은 가장 널리 사용하는 산포의 척도이며, 자료집단의 관찰값들이 평균을 중심으로 밀집되거나 퍼지는 정도를 나타낸다. 이때 모집단과 표본에 대한 분산을 각각 모분산population variance과 표본분산sample variance이라 하며, 다음과 같이 정의한다.

- 모분산: 모집단의 각 자료값 x_1, x_2, $\cdots$, x_N에 대해 $\sigma^2 = \frac{1}{N}\sum_{i=1}^{N}(x_i - \mu)^2$
- 표본분산: 표본의 각 자료값 x_1, x_2, $\cdots$, x_n에 대해 $s^2 = \frac{1}{n-1}\sum_{i=1}^{n}(x_i - \overline{x})^2$

모분산과 표본분산의 양의 제곱근을 각각 모표준편차population standard deviation와 표본표준편차sample standard deviation라 한다. 분산과 표준편차는 다음 특성을 갖는다.

❶ 모든 자료값의 정보를 반영한다.
❷ 수리적으로 다루기 쉽다.
❸ 이상점에 대한 영향을 많이 받는다.
❹ 자료값들이 평균을 중심으로 밀집되거나 흩어진 정도를 나타내며, 분산이 작을수록 평균을 중심으로 밀집한다.

예제 11

다음 두 표본에 대한 분산과 표준편차를 구하고 분포 모양을 비교하라.

$$\text{표본 A: } [1,\ 2,\ 3,\ 4,\ 5,\ 6,\ 7,\ 8,\ 9,\ 10]$$

$$\text{표본 B: } [1,\ 2,\ 3,\ 4,\ 5,\ 6,\ 7,\ 8,\ 9,\ 100]$$

풀이

[예제 5]에서 표본 A와 B의 평균 $\overline{x}=5.5$, $\overline{y}=14.5$를 구했다. 분산을 구하기 위해 다음과 같이 각 자료값과 평균의 차에 대한 제곱을 구한다.

x_i	1	2	3	4	5	6	7	8	9	10
$x_i-\overline{x}$	−4.5	−3.5	−2.5	−1.5	−0.5	0.5	1.5	2.5	3.5	4.5
$(x_i-\overline{x})^2$	20.25	12.25	6.25	2.25	0.25	0.25	2.25	6.25	12.25	20.25

$(x_i-\overline{x})^2$의 합이 82.5이므로 표본 A의 분산과 표준편차는 각각 다음과 같다.

$$\sigma_A^2=\frac{82.5}{9}\approx 9.1667,\ \sigma_A=\sqrt{9.1667}\approx 3.0277$$

y_i	1	2	3	4	5	6	7	8	9	100
$y_i-\overline{y}$	−13.5	−12.5	−11.5	−10.5	−9.5	−8.5	−7.5	−6.5	−5.5	85.5
$(y_i-\overline{y})^2$	182.25	156.25	132.25	110.25	90.25	72.25	56.25	42.25	30.25	7310.25

$(y_i-\overline{y})^2$의 합이 8182.5이므로 표본 B의 분산과 표준편차는 각각 다음과 같다.

$$\sigma_B^2=\frac{8182.5}{9}\approx 909.1667,\ \sigma_B=\sqrt{909.1667}\approx 30.1524$$

따라서 표본 A가 표본 B에 비해 평균에 더욱 집중하는 분포 모양을 나타낸다.

계급값이 각각 $x_1,\ x_2,\ \cdots,\ x_k$이고 계급의 도수가 각각 $f_1,\ f_2,\ \cdots,\ f_k$인 도수분포표로 주어진 자료에 대한 분산은 가중평균과 계급값의 편차 제곱을 이용하여 다음과 같이 구한다.

$$s^2 = \frac{1}{n-1}\sum_{i=1}^{k}(x_i - \overline{x})^2 f_i$$

예제 12

[예제 3]의 30~40대 근로자와 50~60대 근로자의 혈압에 대한 분산을 구하라.

풀이

[예제 7]에서 30~40대 근로자와 50~60대 근로자의 평균 혈압 $\overline{x} = 122.8$, $\overline{y} = 132$ 를 구했다. 분산을 구하기 위해 다음과 같이 각 자료값과 평균의 차에 대한 제곱을 구한다.

x_i	94.5	104.5	114.5	124.5	134.5	144.5	154.5	164.5
f_i	3	13	22	31	24	6	0	1
$x_i - \overline{x}$	−28.3	−18.3	−8.3	1.7	11.7	21.7	31.7	41.7
$(x_i - \overline{x})^2$	800.89	334.89	68.89	2.89	136.89	470.89	1004.89	1738.89
$(x_i - \overline{x})^2 f_i$	2402.67	4353.57	1515.58	89.59	3285.36	2825.34	0	1738.89

$(x_i - \overline{x})^2 f_i$의 합이 16211이므로 30~40대 근로자의 분산은 다음과 같다.

$$\sigma_A^2 = \frac{16211}{99} \approx 163.75$$

y_i	94.5	104.5	114.5	124.5	134.5	144.5	154.5	164.5
f_i	2	4	12	26	22	26	5	3
$y_i - \overline{y}$	−37.5	−27.5	−17.5	−7.5	2.5	12.5	22.5	32.5
$(y_i - \overline{y})^2$	1406.25	756.25	306.25	56.25	6.25	156.25	506.25	1056.25
$(y_i - \overline{y})^2 f_i$	2812.5	3025	3675	1462.5	137.5	4062.5	2531.25	3168.75

$(y_i - \overline{y})^2$ 의 합이 20875이므로 50~60대 근로자의 분산은 다음과 같다.

$$\sigma_B^2 = \frac{208755}{99} \approx 210.86$$

(5) 변동계수

분산이나 표준편차는 평균을 중심으로 자료가 밀집되거나 흩어진 정도를 나타내는 절대적인 수치이다. 그러나 측정 단위가 서로 다른 자료집단이거나 측정 단위가 동일하더라도 평균이 매우 큰 두 자료집단의 산포도를 절대적인 수치로 비교하는 것은 곤란하다. 이러한 경우 상대적인 수치로 표현되는 변동계수coefficient of variation를 사용하며, 모집단과 표본의 변동계수는 각각 다음과 같다.

- 모집단의 변동계수: $CV_p = \frac{\sigma}{\mu} \times 100(\%)$
- 표본의 변동계수: $CV_s = \frac{s}{\bar{x}} \times 100(\%)$

변동계수가 클수록 자료의 분포 상태는 상대적으로 폭이 넓게 나타난다.

예제 13

두 표본 A [1190, 1160, 1180, 1150, 1100]과 B [70, 50, 90, 60, 30]에 대한 표준편차와 변동계수를 구하여 비교하라.

풀이

두 표본의 평균을 구하면 각각 $\bar{x} = 1156$과 $\bar{y} = 60$이다. 이제 분산을 구하기 위해 다음 표를 완성한다.

표본 A			표본 B		
x_i	$x_i - \bar{x}$	$(x_i - \bar{x})^2$	y_i	$y_i - \bar{y}$	$(y_i - \bar{y})^2$
1190	34	1156	70	10	100
1160	4	16	50	−10	100
1180	24	576	90	30	900
1150	−6	36	60	0	0
1100	−56	3136	30	−30	900

표본 A의 분산과 표준편차는 다음과 같다.

$$s_A^2 = \frac{1}{4}\sum(x_i - 1156)^2 = \frac{4920}{4} = 1230,\ s_A = \sqrt{1230} \approx 35.07$$

표본 B의 분산과 표준편차는 다음과 같다.

$$s_B^2 = \frac{1}{4}\sum(x_i - 60)^2 = \frac{2000}{4} = 500,\ s_B = \sqrt{500} \approx 22.36$$

따라서 두 표본의 변동계수는 각각 다음과 같다.

표본 A의 변동계수: $CV_A = \frac{35.07}{1156} \times 100 \approx 3.03(\%)$

표본 B의 변동계수: $CV_B = \frac{22.36}{60} \times 100 \approx 37.27(\%)$

절대수치인 표준편차에 의한 변동은 표본 A가 크지만 상대수치인 변동계수를 이용하면 표본 B가 더 폭넓게 나타난다.

(6) z-점수

때때로 두 자료집단의 평균에 매우 큰 차이를 보이는 경우, 각 자료값을 상대적인 위치로 변환하여 비교할 때가 있다. 이 경우 2.3절에서 확률변수를 표준화한 것과 동일하게 다음과 같이 표준화하며, 이렇게 표준화된 각 자료값을 **표준점수**standardized score 또는 **z-점수**z-score라 한다. 서로 다른 자료집단의 평균을 0으로 대응시키고 자료값을 상대적인 위치로 변환하여 비교할 수 있다.

- 모집단의 표준점수: $z_i = \frac{x_i - \mu}{\sigma}$
- 표본의 표준점수: $z_i = \frac{x_i - \overline{x}}{s}$

표준점수의 절댓값이 큰 자료값일수록 평균에서 멀리 떨어지며, 표준점수가 양수이면 원자료가 평균보다 큰 자료값이고 음수이면 원자료가 평균보다 작은 자료값이다.

예제 14

[예제 13]의 두 표본에 대한 표준점수를 구하라.

풀이

두 표본 A와 B의 그룹의 평균은 각각 $\bar{x} = 1156$, $\bar{y} = 60$이고 표준편차는 각각 $s_A = 35.07$, $s_B = 22.36$이다. 따라서 $z_i = \dfrac{x_i - \bar{x}}{s_A}$와 $z_i = \dfrac{y_i - \bar{y}}{s_B}$를 구하면 다음과 같다.

표본 A	원자료	1190	1160	1180	1150	1100
	표준점수	0.969	0.114	0.684	−0.171	−1.597
표본 B	원자료	70	50	90	60	30
	표준점수	0.447	−0.447	1.342	0.000	−1.342

6장 연습문제

01 자료 [S: 1명, G: 7명, A: 12명, P: 5명, I: 5명]에 대해 다음 표 또는 그림을 그려라.

(1) 점도표 (2) 도수표 (3) 막대그래프
(4) 꺾은선 그래프 (5) 원그래프

02 자료 [매우 만족: 4명, 만족: 10명, 보통: 15명, 불만족: 8명, 매우 불만족: 3명]에 대해 다음 표 또는 그림을 그려라.

(1) 점도표 (2) 도수표 (3) 막대그래프
(4) 꺾은선 그래프 (5) 원그래프

03 다음은 고혈압 약을 복용하는 어느 환자의 혈압을 2주간 측정한 자료이다. 일자별 수축기 혈압과 이완기 혈압을 비교하는 다음 그림을 그려라.

(1) 막대그래프 (2) 꺾은선 그래프

일자	1	2	3	4	5	6	7
수축기 혈압	131	132	124	114	138	128	130
이완기 혈압	91	83	85	73	82	80	74
일자	8	9	10	11	12	13	14
수축기 혈압	120	115	111	115	121	125	130
이완기 혈압	73	63	60	81	74	75	70

04 주어진 자료에 대해 다음 표 또는 그림을 그려라.

(1) 계급의 수가 5인 도수분포표 (2) 히스토그램
(3) 도수분포다각형 (4) 줄기-잎 그림

22 47 64 62 37 64 52 62 43 81 61 59 42 34 56 47 37 55 61 51
34 67 59 52 57 61 52 58 53 48 65 49 52 46 58 53 49 35 44 36

05 주어진 자료에 대해 다음 표 또는 그림을 그려라.

(1) 점도표
(2) 계급의 수가 5인 도수분포표
(3) 히스토그램
(4) 도수분포다각형
(5) 줄기-잎 그림

22	19	27	22	27	11	22	48	24	19	15	18	36	33	32
21	37	16	33	16	24	41	39	17	28	22	21	33	17	18

06 주어진 자료에 대해 다음 표 또는 그림을 그려라.

(1) 점도표
(2) 계급의 수가 6인 도수분포표
(3) 도수히스토그램
(4) 도수다각형
(5) 줄기-잎 그림
(6) 이상점으로 의심되는 측정값

90	77	99	92	82	92	84	99	84	86	88	77	79	94	85	94	89	97	54
88	85	98	93	76	99	86	78	76	87	87	89	88	79	88	81	96	84	84
90	77	98	96	91	88	75	96	98	95	86	76							

07 주어진 자료에 대해 다음 표 또는 그림을 그려라.

(1) 점도표
(2) 계급의 수가 5인 도수분포표
(3) 도수히스토그램
(4) 누적상대도수다각형
(5) 줄기-잎 그림
(6) 이상점으로 의심되는 측정값

3.1	3.0	4.5	2.3	4.0	4.2	1.9	2.6	4.2	2.5	2.4	4.0	3.4	2.7	3.1	3.8	2.3	3.8
2.8	3.9	3.7	3.9	3.3	3.7	2.5	4.4	2.9	3.6	2.5	2.8	2.6	2.4	3.1	3.7	2.2	3.9
4.0	1.9	3.9	3.1	1.9	2.7	1.9	6.4	4.4	2.6	2.4	2.4	2.6	4.1				

08 두 표본을 비교하기 위한 다음 표 또는 그림을 그려라.

(1) 점도표
(2) 계급의 수가 5인 도수분포표
(3) 도수다각형
(4) 누적상대도수다각형
(5) 줄기-잎 그림
(6) 이상점으로 의심되는 측정값

표본 A	21 20 26 28 21 26 23 26 34 31 28 32 32 34 56 29 32 31 24 32 32 25 30 30 31 28 26 30 32 28 32 32 35 32 35 30 36 31 27 32
표본 B	36 32 33 32 34 35 21 24 26 27 32 36 32 38 24 20 41 27 34 26 30 35 24 33 27 20 33 25 18 37 23 34 27 24 33 29 39 31 37 31

09 다음 자료에 대한 평균, 중앙값, 최빈값을 구하라.

자료 A [3, 7, 4, 2, 3, 5, 2, 6]

자료 B [2, 1, 5, 3, 3, 4, 2, 5, 3, 16]

10 주어진 자료에 대해 다음을 구하라.

(1) 평균 (2) 10%-절사평균 (3) 중앙값

(4) 분산 (5) 표준편차 (6) 사분위수

11.4	15.6	14.8	17.8	19.1	18.4	33.5	16.4	10.1	12.9

11 주어진 자료에 대해 다음을 구하라.

(1) 평균 (2) 10%-절사평균 (3) 중앙값

(4) 분산 (5) 표준편차 (6) 사분위수

(7) 상자그림 (8) 이상점

17	14	18	13	15	18	9	9	8	16	5	13	18	12	7
9	22	14	17	11	9	15	16	11	10	11	8	23	9	13

12 주어진 자료에 대해 다음을 구하라.

(1) 평균 (2) 10%-절사평균 (3) 중앙값

(4) 분산 (5) 표준편차 (6) 사분위수

(7) 상자그림 (8) 이상점

10	15	20	19	25	14	15	22	18	12	22	27	12	20	23	19	12	28	25	11
25	12	27	20	14	24	27	14	26	29	16	26	18	70	21	21	17	22	24	18

13 다음 두 표본에 대한 표준점수와 변동계수를 구하여 비교하라.

표본 A [1321, 1167, 1201, 1012, 1124]

표본 B [63, 48, 89, 66, 34]

CHAPTER 07

표본분포

Sampling Distributions

목차		학습목표
7.1	모집단 분포와 표본분포	• 모집단 분포와 표본분포를 이해할 수 있다.
7.2	표본평균의 분포	• 모집단에 따른 표본평균의 확률분포를 이해하고 확률을 구할 수 있다.
7.3	두 표본평균 차의 분포	• 독립인 두 모집단에 따른 표본평균 차의 확률분포를 이해하고 확률을 구할 수 있다.
7.4	다른 통계량의 확률분포	• 표본분산, 합동표본분산, 표본분산의 비, 표본비율, 표본비율의 차에 대한 확률분포를 이해하고 확률을 구할 수 있다.

7.1 모집단 분포와 표본분포

통계실험의 모든 대상이 되는 모집단의 자료에 대한 확률분포를 모집단 분포population distribution라 한다. 그러나 대부분의 모집단 분포는 완전하게 알려진 것이 없을 뿐만 아니라 모든 자료값을 측정하는 것이 불가능한 경우가 많다. 따라서 표본에서 얻은 통계적인 양의 관찰값을 이용하여 알려지지 않은 모수에 대한 특성을 통계적으로 추론하며, 이때 표본에서 얻는 통계적인 양을 통계량statistics이라 한다. 크기 N인 모집단에서 복원추출에 의해 크기 n인 표본을 선정할 때, 선정된 개개의 자료값은 어떤 모집단 분포 $f(x)$를 따르는 N개 중 임의로 선정된 자료값이다. [그림 7.1]과 같이 표본으로 선정된 첫 번째 관찰값 x_1은 모집단 분포 $f(x)$를 따르는 확률변수 X_1의 관찰값으로 생각할 수 있다. 같은 방법으로 복원추출에 의해 독립적으로 선정한 n번째 관찰값 x_n은 모집단 분포 $f(x)$를 따르는 확률변수 X_n의 관찰값이다.

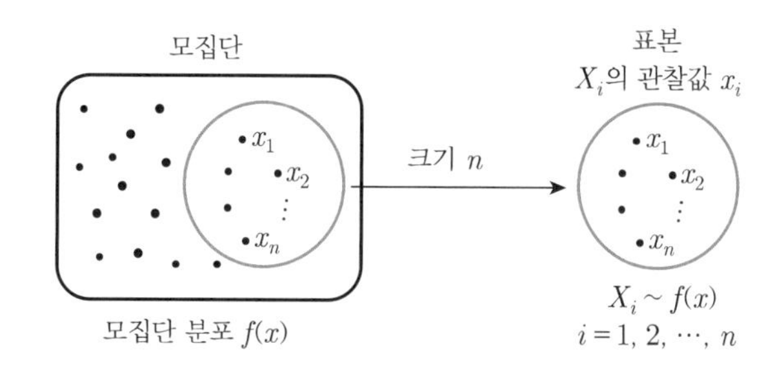

[그림 7.1] 모집단과 표본의 관찰값

동일한 모집단 분포 $f(x)$를 따르고 독립인 확률변수들 $\{X_1, X_2, \cdots, X_n\}$을 크기 n인 확률표본random sample이라 한다. 따라서 다음과 같은 통계량은 확률변수이며, 이러한 통계량의 확률분포를 표본분포sampling distribution라 한다.

- 표본평균: $\overline{X} = \dfrac{1}{n}\sum_{i=1}^{n} X_i$
- 표본분산: $S^2 = \dfrac{1}{n-1}\sum_{i=1}^{n}(X_i - \overline{X})^2$

- 표본표준편차: $S = \sqrt{\frac{1}{n-1}\sum_{i=1}^{n}(X_i - \overline{X})^2}$
- 표본비율: $\hat{p} = \frac{X}{n}$, 여기서 X는 표본에서 성공의 개수

7.2 표본평균의 분포

모집단 분포가 정규분포인 경우와 그렇지 않은 경우, 크기 n인 표본평균의 확률분포를 구분하여 살펴본다.

■ 모분산을 아는 정규모집단인 경우

모분산 σ^2을 아는 정규모집단 $N(\mu, \sigma^2)$에서 크기 n인 확률표본을 $\{X_1, X_2, \cdots, X_n\}$이라 하자. 이 확률변수들은 독립이고 정규분포 $N(\mu, \sigma^2)$을 따르므로 5.4절에서 살펴본 것처럼 표본평균 $\overline{X}$는 다음 정규분포를 따른다.

$$\overline{X} \sim N\left(\mu, \frac{\sigma^2}{n}\right)$$

표본의 크기 n이 커질수록 $\frac{\sigma^2}{n} \approx 0$이므로 표본평균 $\overline{X}$의 확률분포는 모평균에 더욱 집중하는 정규분포를 따른다([그림 7.2]).

$\overline{X}$의 표준화 확률변수는 다음과 같이 표준정규분포를 따른다.

$$Z = \frac{\overline{X} - \mu}{\sigma/\sqrt{n}} \sim N(0, 1)$$

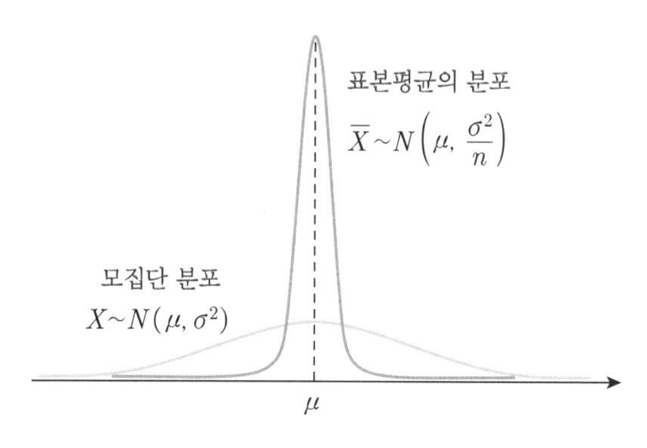

[그림 7.2] 정규모집단과 표본평균의 분포

■ 모분산을 모르는 정규모집단인 경우

모집단 분포가 정규분포를 따르지만 모분산 σ^2을 모른다면, 즉 모표준편차 σ를 모른다면 표본평균 $\overline{X}$의 표준화 확률변수 Z는 표준정규분포를 따른다고 할 수 없다. 이 경우에 표본분산 S^2은 다음 확률분포와 관련되는 것을 7.4절에서 살펴본다.

$$V = \frac{(n-1)S^2}{\sigma^2} \sim \chi^2(n-1)$$

5.5절에서 살펴본 t-분포의 정의로부터 다음과 같은 확률변수 T는 자유도 $n-1$인 t-분포를 따른다.

$$T = \frac{Z}{\sqrt{V/(n-1)}} = \frac{\dfrac{\overline{X}-\mu}{\sigma/\sqrt{n}}}{\sqrt{\dfrac{(n-1)S^2}{\sigma^2}/(n-1)}} = \frac{\overline{X}-\mu}{S/\sqrt{n}}$$

따라서 정규모집단의 모분산 σ^2을 모르는 경우, 크기 n인 확률표본에 대한 표본평균 $\overline{X}$의 표준화 확률변수에서 모표준편차 σ를 표본표준편차 S로 대체하면 확률변수 T는 자유도 $n-1$인 t-분포를 따른다.

$$T = \frac{\overline{X}-\mu}{S/\sqrt{n}} \sim t(n-1)$$

예제 1

평균이 8인 정규모집단에서 크기 16인 표본을 선정했을 때, 다음에 대해 $P(8.67 < \overline{X} < 9.3)$을 구하라.

(1) 모분산이 $\sigma^2 = 4$인 경우

(2) 표본분산이 $s^2 = 4$인 경우

풀이

(1) $\mu = 8$, $\sigma^2 = 4$, $n = 16$이므로 $Z = \dfrac{\overline{X} - 8}{2/\sqrt{16}} = \dfrac{\overline{X} - 8}{0.5} \sim N(0, 1)$이다.

따라서 다음 확률을 얻는다.

$$\begin{aligned} P(8.67 < \overline{X} < 9.3) &= P\left(\frac{8.67 - 8}{0.5} < Z < \frac{9.3 - 8}{0.5}\right) \\ &= P(1.34 < Z < 2.6) \\ &= P(Z < 2.6) - P(Z \le 1.34) \\ &= 0.9953 - 0.9099 = 0.0854 \end{aligned}$$

(2) 모분산을 모르고 $n = 16$이므로 $T = \dfrac{\overline{X} - 8}{2/\sqrt{16}} = \dfrac{\overline{X} - 8}{0.5} \sim t(15)$이다.

따라서 다음 확률을 얻는다.

$$\begin{aligned} P(8.67 < \overline{X} < 9.3) &= P\left(\frac{8.67 - 8}{0.5} < T < \frac{9.3 - 8}{0.5}\right) \\ &= P(1.34 < T < 2.6) \\ &= P(T < 2.6) - P(T \le 1.34) \\ &\approx (1 - 0.01) - (1 - 0.1) = 0.09 \end{aligned}$$

■ 정규모집단이 아닌 경우

5.4절에서 $X_1, X_2, \cdots, X_n$이 독립이고 평균 μ와 분산 σ^2을 갖는 항등분포를 이룬다면 중심극한정리에 의해 충분히 큰 n에 대해 표본평균 $\overline{X}$는 다음 정규분포에 근사하는 것을 살펴보았다.

$$\overline{X} \approx N\left(\mu, \frac{\sigma^2}{n}\right) \text{ 또는 } Z = \frac{\overline{X} - \mu}{\sigma/\sqrt{n}} \approx N(0, 1)$$

모분산 σ^2을 모르는 정규모집단의 경우, 모표준편차 σ를 표본표준편차 S로 대체하면 다음 분포를 얻는다.

$$T = \frac{\overline{X} - \mu}{S/\sqrt{n}} \approx t(n-1)$$

5.5절에서 살펴본 것처럼 표본의 크기 n이 충분히 크면 자유도 $n-1$도 커지므로 확률변수 T는 표준정규분포에 근사한다.

$$T = \frac{\overline{X} - \mu}{S/\sqrt{n}} \approx N(0,\ 1)$$

이러한 사실을 종합하면 정규분포가 아닌 모집단에서 충분히 큰 표본을 선정할 때, 다음이 성립한다.

- 모분산을 아는 경우: $Z = \frac{\overline{X} - \mu}{\sigma/\sqrt{n}} \approx N(0,\ 1)$
- 모분산을 모르는 경우: $T = \frac{\overline{X} - \mu}{S/\sqrt{n}} \approx N(0,\ 1)$

예제 2

평균이 8인 모집단에서 크기 64인 표본을 선정했을 때, 다음 경우 $P(7.5 < \overline{X} < 9)$를 구하라.

(1) 모분산이 $\sigma^2 = 9$인 경우

(2) 표본분산이 $s^2 = 8$인 경우

풀이

(1) $\mu = 8,\ \sigma^2 = 9,\ n = 64$이므로 $Z = \frac{\overline{X} - 8}{3/\sqrt{64}} = \frac{\overline{X} - 8}{0.375} \approx N(0,\ 1)$이고 다음 근사확률을 얻는다.

$$\begin{aligned} P(7.5 < \overline{X} < 9) &= P\left(\frac{7.5 - 8}{0.375} < Z < \frac{9 - 8}{0.375}\right) \\ &\approx P(-1.33 < Z < 2.67) \\ &= P(Z < 2.67) - P(Z \leq -1.33) \\ &= 0.9962 - (1 - 0.9082) = 0.9044 \end{aligned}$$

(2) 모분산을 모르고 $n=64$, $s \approx 2.8284$이므로

$Z=\dfrac{\overline{X}-8}{2.8284/\sqrt{64}}=\dfrac{\overline{X}-8}{0.35355} \approx N(0,\ 1)$이고 다음 근사확률을 얻는다.

$$\begin{aligned} P(7.5<\overline{X}<9) &= P\left(\frac{7.5-8}{0.35355}<Z<\frac{9-8}{0.35355}\right) \\ &\approx P(-1.41<Z<2.98) \\ &= P(Z<2.98)-P(Z\le -1.41) \\ &= 0.9986-(1-0.9207)=0.9193 \end{aligned}$$

7.3 두 표본평균 차의 분포

7.2절에서 단일모집단의 표본평균에 대한 확률분포를 살펴보았다. 이 절에서는 독립인 두 모집단에서 추출한 표본평균의 차에 대한 확률분포를 살펴본다.

■ 두 모분산을 아는 정규모집단인 경우

두 모분산 σ_1^2, σ_2^2을 알고 독립인 두 정규모집단 $N(\mu_1,\ \sigma_1^2)$과 $N(\mu_2,\ \sigma_2^2)$에서 각각 크기 n과 m인 표본을 임의로 선정한다고 하자. 그러면 두 표본평균 $\overline{X}$와 $\overline{Y}$는 각각 다음과 같은 정규분포를 따른다.

$$\overline{X} \sim N\left(\mu_1,\ \frac{\sigma_1^2}{n}\right), \quad \overline{Y} \sim N\left(\mu_2,\ \frac{\sigma_2^2}{m}\right)$$

$\overline{X}$와 $\overline{Y}$는 독립이므로 표본평균의 차 $\overline{X}-\overline{Y}$는 다음 정규분포를 따른다.

$$\overline{X}-\overline{Y} \sim N\left(\mu_1-\mu_2,\ \frac{\sigma_1^2}{n}+\frac{\sigma_2^2}{m}\right)$$

따라서 $\overline{X}-\overline{Y}$의 표준화 확률변수 Z는 다음과 같다.

$$Z = \frac{(\overline{X} - \overline{Y}) - (\mu_1 - \mu_2)}{\sqrt{\frac{\sigma_1^2}{n} + \frac{\sigma_2^2}{m}}} \sim N(0,\ 1)$$

■ 두 모분산이 동일하지만 값을 모르는 정규모집단인 경우

독립인 두 정규모집단의 모분산이 $\sigma_1^2 = \sigma_2^2 = \sigma^2$이면 $\overline{X} - \overline{Y}$의 표준화 확률변수 Z는 다음과 같다.

$$Z = \frac{(\overline{X} - \overline{Y}) - (\mu_1 - \mu_2)}{\sigma\sqrt{\frac{1}{n} + \frac{1}{m}}} \sim N(0,\ 1)$$

그러나 σ를 모르므로 단일 모집단의 경우와 동일하게 표준정규분포를 사용할 수 없다. 이 경우, 다음과 같이 정의되는 합동표본분산 pooled sample variance S_p^2과 관련된 확률분포를 필요로 한다.

$$S_p^2 = \frac{1}{n+m-2}\left[\sum_{i=1}^{n}(X_i - \overline{X})^2 + \sum_{j=1}^{m}(Y_j - \overline{Y})^2\right]$$

독립인 두 확률표본 $\{X_1,\ X_2,\ \cdots,\ X_n\}$, $\{Y_1,\ Y_2,\ \cdots,\ Y_m\}$의 표본분산을 각각 S_1^2, S_2^2이라 하면 다음과 같다.

$$S_1^2 = \frac{1}{n-1}\sum_{i=1}^{n}(X_i - \overline{X})^2,\quad S_2^2 = \frac{1}{n-1}\sum_{j=1}^{m}(Y_j - \overline{Y})^2$$

따라서 S_p^2은 다음과 같이 간단하게 표현할 수 있다.

$$S_p^2 = \frac{1}{n+m-2}\left[(n-1)S_1^2 + (m-1)S_2^2\right]$$

단일 모집단의 경우와 동일하게 S_p^2은 다음과 같이 자유도 $n+m-2$인 카이제곱분포를 따르는 것을 7.4절에서 살펴본다.

$$V = \frac{n+m-2}{\sigma^2} S_p^2 \sim \chi^2(n+m-2)$$

합동표본분산에 대한 양의 제곱근인 S_p를 합동표본표준편차pooled sample standard deviation라 하며, $\overline{X} - \overline{Y}$의 표준화 확률변수에서 σ를 S_p로 대체하면 자유도 $n+m-2$인 t-분포를 따른다.

$$T = \frac{(\overline{X} - \overline{Y}) - (\mu_1 - \mu_2)}{S_p \sqrt{\frac{1}{n} + \frac{1}{m}}} \sim t(n+m-2)$$

■ 두 모분산이 다르고 값을 모르는 정규모집단인 경우

두 모분산 σ_1^2, σ_2^2을 알고 독립인 두 정규모집단 $N(\mu_1, \sigma_1^2)$과 $N(\mu_2, \sigma_2^2)$에서 각각 크기 n과 m인 표본을 선정할 때, 표본평균의 차 $\overline{X} - \overline{Y}$의 표준화 확률변수 Z는 다음과 같다.

$$Z = \frac{(\overline{X} - \overline{Y}) - (\mu_1 - \mu_2)}{\sqrt{\frac{\sigma_1^2}{n} + \frac{\sigma_2^2}{m}}} \sim N(0, 1)$$

그러나 σ_1^2, σ_2^2이 서로 다르고 그 값을 모르므로 σ_1^2, σ_2^2을 S_1^2, S_2^2으로 대체하면 다음 t-분포를 따른다.

$$T = \frac{(\overline{X} - \overline{Y}) - (\mu_1 - \mu_2)}{\sqrt{\frac{S_1^2}{n} + \frac{S_2^2}{m}}} \sim t(\nu)$$

이때 자유도 ν는 다음과 같이 정의되는 식에서 소수점 이하의 값을 절사시킨 정수이다.

$$\nu = \frac{\left(\frac{s_1^2}{n} + \frac{s_2^2}{m}\right)^2}{\frac{1}{n-1}\left(\frac{s_1^2}{n}\right)^2 + \frac{1}{m-1}\left(\frac{s_2^2}{m}\right)^2}$$

예제 3

평균이 $\mu_1 = 15$, $\mu_2 = 8$인 두 정규모집단에서 각각 크기 16인 표본을 선정했을 때, 다음 경우 $P(7.926 < \overline{X} - \overline{Y} < 8.945)$를 구하라.

(1) 모분산이 $\sigma_1^2 = \sigma_2^2 = 4$인 경우

(2) 모분산을 모르지만 표본분산이 $s_1^2 = s_2^2 = 4$인 경우

(3) 서로 다른 모분산을 모르지만 표본분산이 $s_1^2 = 3.2$, $s_2^2 = 6.6$인 경우

풀이

(1) $\mu_1 = 15$, $\mu_2 = 8$, $\sigma_1^2 = \sigma_2^2 = 4$, $n = m = 16$이므로 $\mu_1 - \mu_2 = 7$이고 다음 분포를 얻는다.

$$Z = \frac{(\overline{X} - \overline{Y}) - 7}{\sqrt{\frac{4}{16} + \frac{4}{16}}} \approx \frac{(\overline{X} - \overline{Y}) - 7}{0.7071} \sim N(0, 1)$$

따라서 구하는 확률은 다음과 같다.

$$\begin{aligned} P(7.926 < \overline{X} - \overline{Y} < 8.945) &= P\left(\frac{7.926 - 7}{0.7071} < Z < \frac{8.945 - 7}{0.7071}\right) \\ &\approx P(1.31 < Z < 2.75) \\ &= P(Z < 2.75) - P(Z \le 1.31) \\ &= 0.9970 - 0.9049 = 0.0929 \end{aligned}$$

(2) 모분산을 모르지만 $s_1^2 = s_2^2 = 4$, $n = m = 16$이므로 합동표본분산은 다음과 같다.

$$s_p^2 = \frac{1}{16 + 16 - 2}\left(15 \times S_1^2 + 15 \times S_2^2\right) = 4, \quad s_p = 2$$

따라서 다음 분포를 얻는다.

$$T = \frac{(\overline{X} - \overline{Y}) - 7}{2\sqrt{\frac{1}{16} + \frac{1}{16}}} \approx \frac{(\overline{X} - \overline{Y}) - 7}{0.7071} \sim t(30)$$

구하는 확률은 다음과 같다.

$$\begin{aligned} P(7.926 < \overline{X} - \overline{Y} < 8.945) &= P\left(\frac{7.926 - 7}{0.7071} < T < \frac{8.945 - 7}{0.7071}\right) \\ &\approx P(1.31 < T < 2.75) \\ &= P(T < 2.75) - P(T \le 1.31) \\ &\approx (1 - 0.005) - (1 - 0.1) = 0.095 \end{aligned}$$

(3) 서로 다른 모분산을 모르지만 표본분산이 $s_1^2 = 3.2$, $s_2^2 = 6.6$이므로 자유도는 다음 수치에서 소수점 이하의 값을 절사시킨 $\nu = 26$이다.

$$\nu = \frac{\left(\frac{3.2}{16} + \frac{6.6}{16}\right)^2}{\frac{1}{15}\left(\frac{3.2}{16}\right)^2 + \frac{1}{15}\left(\frac{6.6}{16}\right)^2} \approx 26.777$$

그러므로 다음 확률분포를 얻는다.

$$T = \frac{(\overline{X} - \overline{Y}) - 7}{\sqrt{\frac{3.2}{16} + \frac{6.6}{16}}} = \frac{(\overline{X} - \overline{Y}) - 7}{0.7826} \sim t(26)$$

구하는 확률은 다음과 같다.

$$\begin{aligned} P(7.926 < \overline{X} - \overline{Y} < 8.945) &= P\left(\frac{7.926 - 7}{0.7826} < T < \frac{8.945 - 7}{0.7826}\right) \\ &\approx P(1.183 < T < 2.485) \\ &= P(T < 2.485) - P(T \le 1.183) \\ &\approx (1 - 0.001) - (1 - 0.15) = 0.149 \end{aligned}$$

■ 임의의 두 모집단인 경우

단일 모집단의 경우와 동일하게 표본의 크기 n과 m이 충분히 크면 중심극한정리에 의해 두 표본평균 $\overline{X}$와 $\overline{Y}$는 각각 다음 정규분포에 근사한다.

$$\overline{X} \approx N\left(\mu_1, \frac{\sigma_1^2}{n}\right), \quad \overline{Y} \approx N\left(\mu_2, \frac{\sigma_2^2}{m}\right)$$

따라서 다음 근사분포를 얻는다.

$$\overline{X} - \overline{Y} \approx N\left(\mu_1 - \mu_2, \frac{\sigma_1^2}{n} + \frac{\sigma_2^2}{m}\right) \text{ 또는 } Z = \frac{(\overline{X} - \overline{Y}) - (\mu_1 - \mu_2)}{\sqrt{\frac{\sigma_1^2}{n} + \frac{\sigma_2^2}{m}}} \approx N(0, 1)$$

두 모분산을 아는 경우와 모르는 경우, 임의의 모집단 분포에서 추출한 표본의 크기가 충분히 크면 단일표본의 경우와 동일하게 두 표본평균의 차에 대한 분포는 다음과 같다.

- 두 모분산을 아는 경우: $Z = \dfrac{(\overline{X} - \overline{Y}) - (\mu_1 - \mu_2)}{\sqrt{\dfrac{\sigma_1^2}{n} + \dfrac{\sigma_2^2}{m}}} \approx N(0, 1)$
- 두 모분산을 모르는 경우: $Z = \dfrac{(\overline{X} - \overline{Y}) - (\mu_1 - \mu_2)}{\sqrt{\dfrac{S_1^2}{n} + \dfrac{S_2^2}{m}}} \approx N(0, 1)$

예제 4

모평균과 모분산이 각각 $\mu_1 = 26$, $\mu_2 = 23$, $\sigma_1^2 = 16$, $\sigma_2^2 = 13$이고 독립인 두 모집단에서 크기가 각각 $n = 36$, $m = 40$인 표본을 선정했을 때, $P(1.28 < \overline{X} - \overline{Y} < 4.45)$를 구하라.

풀이

$\mu_1 = 26$, $\mu_2 = 23$, $\sigma_1^2 = 16$, $\sigma_2^2 = 13$, $n = 36$, $m = 40$이므로 $\overline{X} - \overline{Y}$의 표준화 확률변수는 다음 확률분포에 근사한다.

$$Z = \frac{(\overline{X} - \overline{Y}) - 3}{\sqrt{\dfrac{16}{36} + \dfrac{13}{40}}} \approx \frac{(\overline{X} - \overline{Y}) - 3}{0.8772} \approx N(0, 1)$$

구하는 확률은 다음과 같다.

$$\begin{aligned} P(1.28 < \overline{X} - \overline{Y} < 4.45) &= P\left(\frac{1.28 - 3}{0.8772} < Z < \frac{4.45 - 3}{0.8772}\right) \\ &\approx P(-1.96 < Z < 1.65) \\ &= P(Z < 1.65) - P(Z \le -1.96) \\ &= 0.9505 - (1 - 0.9750) = 0.9255 \end{aligned}$$

7.4 다른 통계량의 확률분포

이 절에서는 표본분산과 표본비율에 관련된 확률분포에 대해 살펴본다.

■ 표본분산의 확률분포

정규모집단 $N(\mu, \sigma^2)$으로부터 추출한 크기 n인 확률표본 $\{X_1, X_2, \cdots, X_n\}$을 선정할 때, 표본평균에 대해 $Z=\dfrac{\overline{X}-\mu}{\sigma/\sqrt{n}} \sim N(0, 1)$임을 알고 있다. 또한 5.5절에서 다음 두 가지 사실을 살펴보았다.

- $Z^2=\left(\dfrac{\overline{X}-\mu}{\sigma/\sqrt{n}}\right)^2 \sim \chi^2(1)$
- 독립인 표준정규 확률변수 Z_i, $i=1, 2, \cdots, n$에 대해 $V=Z_1^2+Z_2^2+\cdots+Z_n^2 \sim \chi^2(n)$ 이다.

한편 $Z_1^2+Z_2^2+\cdots+Z_n^2$은 다음과 같이 표현할 수 있다.

$$\begin{aligned}
\sum_{i=1}^{n} Z_i^2 &= \frac{1}{\sigma^2}\sum_{i=1}^{n}(X_i-\mu)^2 = \frac{1}{\sigma^2}\sum_{i=1}^{n}\left[(X_i-\overline{X})+(\overline{X}-\mu)\right]^2 \\
&= \frac{1}{\sigma^2}\sum_{i=1}^{n}\left(X_i-\overline{X}\right)^2+\frac{n}{\sigma^2}\left(\overline{X}-\mu\right)^2 \\
&= \frac{n-1}{\sigma^2}\frac{1}{n-1}\sum_{i=1}^{n}\left(X_i-\overline{X}\right)^2+\left(\frac{\overline{X}-\mu}{\sigma/\sqrt{n}}\right)^2 \\
&= \frac{n-1}{\sigma^2}S^2+\left(\frac{\overline{X}-\mu}{\sigma/\sqrt{n}}\right)^2
\end{aligned}$$

이때 $\dfrac{n-1}{\sigma^2}S^2$과 $Z^2=\left(\dfrac{\overline{X}-\mu}{\sigma/\sqrt{n}}\right)^2$은 독립인 것으로 알려져 있으며 $Z^2 \sim \chi^2(1)$, $\sum_{i=1}^{n} Z_i^2 \sim \chi^2(n)$이므로 카이제곱분포의 성질에 의해 표본분산과 관련된 다음 확률분포를 얻는다.

$$\frac{(n-1)S^2}{\sigma^2} \sim \chi^2(n-1)$$

예제 5

$\sigma^2 = 2.8$인 정규모집단에서 추출한 아래 표본에 대해 다음을 구하라.

[23.6　27.5　26.9　22.4　20.9　24.2　21.2　26.5　25.7]

(1) 표본분산 s_0^2

(2) 표본분산 S^2의 분포

(3) $v_0 = \dfrac{(n-1)s_0^2}{\sigma^2}$의 값

(4) 확률 $P(S^2 > s_0^2)$

풀이

(1) 표본평균과 표본분산을 구하면 각각 다음과 같다.

$$\overline{x} = \frac{1}{9}(23.6 + 27.5 + \cdots + 25.7) \approx 24.32$$

$$s_0^2 = \frac{1}{8}\sum_{i=1}^{9}(x_i - 24.32)^2 = \frac{49.0756}{8} = 6.1345$$

(2) $\sigma^2 = 2.8$이고 크기 9인 표본분산에 관련된 표본분포는 $V = \dfrac{8S^2}{2.8} \sim \chi^2(8)$이다.

(3) $n = 9$, $\sigma^2 = 2.8$, $s_0^2 = 6.1345$이므로 다음을 얻는다.

$$v_0 = \frac{(n-1)s_0^2}{\sigma^2} = \frac{8 \times 6.1345}{2.8} \approx 17.527$$

(4) $P(S^2 > s_0^2) = P(S^2 > 6.1345) = P\left(\dfrac{9S^2}{\sigma^2} > \dfrac{8 \times 6.1345}{2.8}\right)$

$\approx P(V > 17.527) \approx 0.025$

■ 합동표본분산의 확률분포

동일한 모분산 $\sigma_1^2 = \sigma_2^2 = \sigma^2$을 갖고 독립인 두 정규모집단 $N(\mu_1, \sigma^2)$과 $N(\mu_2, \sigma^2)$으로부터 각각 크기가 n과 m인 두 확률표본을 추출한다면 두 표본분산 S_1^2과 S_2^2과 관련된 확률분포는 다음과 같다.

$$\frac{n-1}{\sigma^2}S_1^2 \sim \chi^2(n-1), \qquad \frac{m-1}{\sigma^2}S_2^2 \sim \chi^2(m-1)$$

S_1^2과 S_2^2이 독립이므로 5.5절에서 살펴본 바와 같이 다음이 성립한다.

$$\frac{n-1}{\sigma^2}S_1^2+\frac{m-1}{\sigma^2}S_2^2 \sim \chi^2(n+m-1)$$

이때 합동표본분산 S_p^2에 대해 다음을 얻는다.

$$\begin{aligned}\frac{n+m-2}{\sigma^2}S_p^2 &= \frac{n+m-2}{\sigma^2}\times\frac{1}{n+m-2}\left[(n-1)S_1^2+(m-1)S_2^2\right]\\ &= \frac{1}{\sigma^2}\left[(n-1)S_1^2+(m-1)S_2^2\right]\end{aligned}$$

합동표본분산 S_p^2은 다음과 같이 자유도 $n+m-2$인 카이제곱분포와 관련이 있다.

$$V=\frac{n+m-2}{\sigma^2}S_p^2 \sim \chi^2(n+m-2)$$

■ 표본분산의 비에 대한 확률분포

독립인 두 정규모집단 $N(\mu_1, \sigma^2)$과 $N(\mu_2, \sigma^2)$으로부터 크기가 n과 m인 표본의 표본분산 S_1^2과 S_2^2은 다음과 같이 카이제곱분포와 관련이 있다.

$$U=\frac{n-1}{\sigma_1^2}S_1^2 \sim \chi^2(n-1), \qquad V=\frac{m-1}{\sigma_2^2}S_2^2 \sim \chi^2(m-1)$$

S_1^2과 S_2^2이 독립이므로 F-분포의 정의에 의해 다음을 얻는다.

$$F=\frac{\dfrac{(n-1)S_1^2/\sigma_1^2}{n-1}}{\dfrac{(m-1)S_2^2/\sigma_2^2}{m-1}}=\frac{S_1^2/\sigma_1^2}{S_2^2/\sigma_2^2} \sim F(n-1, m-1)$$

따라서 두 표본분산의 비 $\dfrac{S_1^2}{S_2^2}$에 대해 다음 표본분포를 얻는다.

$$F = \frac{S_1^2/\sigma_1^2}{S_2^2/\sigma_2^2} = \frac{\sigma_2^2 S_1^2}{\sigma_1^2 S_2^2} \sim F(n-1, m-1)$$

예제 6

독립인 두 정규모집단 $N(25, 3.618)$과 $N(35, 3.618)$에서 각각 크기 5와 7인 확률표본을 추출할 때, 다음을 구하라.

(1) 합동표본분산 S_p^2의 확률분포　　(2) 확률 $P(S_p^2 > 1)$

(3) $\dfrac{S_1^2}{S_2^2}$의 확률분포　　(4) $P\left(\dfrac{S_1^2}{S_2^2} > f_0\right) = 0.025$를 만족하는 f_0

풀이

(1) $n = 5$, $m = 7$, $\sigma^2 = 3.618$이므로 $V = \dfrac{10}{3.618} S_p^2 \sim \chi^2(10)$이다.

(2) $P(S_p^2 > 1) = P\left(\dfrac{10}{3.618} S_p^2 > \dfrac{10}{3.618}\right) \approx P(V > 2.764) = 0.01$

(3) $n = 5$, $m = 7$이므로 분자와 분모의 자유도는 각각 4와 6이고 $\sigma_1^2 = \sigma_2^2 = 3.618$이므로 $F = \dfrac{S_1^2/3.618}{S_2^2/3.618} = \dfrac{S_1^2}{S_2^2} \sim F(4, 6)$이다.

(4) $P\left(\dfrac{S_1^2}{S_2^2} > f_0\right) = P(F > f_{0.025}(4, 6)) = 0.025$이므로 $f_0 = f_{0.025}(4, 6) = 9.2$이다.

■ 표본비율의 확률분포

모집단을 형성하고 있는 모든 대상 중 어떤 특정한 성질을 갖고 있는 대상의 비율을 모비율 population proportion이라 하며, p로 나타낸다. 모집단으로부터 크기 n인 표본을 선정할 때, 표본으로 선정된 대상 중 특정한 성질을 갖는 대상의 비율을 표본비율sample proportion이라 하며, $\hat{p}$으로 나타낸다. 이때 모집단 분포가 모수 p인 베르누이 분포를 따를 때, 크기 n인 확률표본 $\{X_1, X_2, \cdots, X_n\}$에 대해 $np \ge 5$, $nq \ge 5$이면 $X = X_1 + X_2 + \cdots + X_n \sim B(n, p)$이다. 따라서 중심극한정리에 의해 X는 평균 np, 분산 npq인 정규분포에 근사하며, 표본비율 $\hat{p} = \dfrac{X}{n}$는 다음과 같은 평균과 분산을 갖는 정규분포를 따른다.

- 평균: $E(\hat{p}) = E\left(\frac{X}{n}\right) = p$
- 분산: $Var(\hat{p}) = Var\left(\frac{X}{n}\right) = \frac{1}{n^2}\, Var(X) = \frac{pq}{n}$

즉, 표본비율 $\hat{p} = \frac{X}{n}$ 의 표준화 확률변수는 다음 표준정규분포에 근사한다.

$$\frac{\hat{p} - p}{\sqrt{\frac{pq}{n}}} \approx N(0,\, 1)$$

예제 7

어느 공정라인의 불량률이 5% 라는 관리자의 주장을 확인하기 위해 생산 제품 100개를 임의로 선정했을 때, 다음을 구하라.

(1) 불량품이 6개 이상일 확률 (2) 불량률이 6% 이상일 확률

풀이

(1) $n = 100$, $p = 0.05$이므로 $\mu = np = 5$, $\sigma^2 = npq = 4.75$이다. 100개의 제품에 포함된 불량품의 수를 X라 하면 근사적으로 $X \approx N(5,\, 4.75)$이고 구하는 확률은 다음과 같다.

$$\begin{aligned} P(X \geq 6) &= P\left(Z \geq \frac{5.5 - 5}{\sqrt{4.75}}\right) \approx P(Z \geq 0.23) \\ &= 1 - P(Z < 0.23) = 1 - 0.5910 = 0.4090 \end{aligned}$$

(2) 100개의 제품에 대한 불량률을 $\hat{p}$이라 하면 다음을 얻는다.

$$\hat{p} \approx N\left(0.05,\, \frac{0.05 \times 0.95}{100}\right) \approx N(0.05,\, (0.0218)^2)$$

따라서 구하는 확률은 다음과 같다.

$$\begin{aligned} P(\hat{p} \geq 0.06) &= P\left(Z \geq \frac{0.06 - 0.05}{0.0218}\right) \approx P(Z \geq 0.46) \\ &= 1 - P(Z < 0.46) \approx 1 - 0.6772 = 0.3228 \end{aligned}$$

■ 표본비율 차의 확률분포

서로 독립이고 모비율이 각각 p_1, p_2인 두 모집단에서 각각 크기 n과 m인 확률표본을 선정할 때, n과 m이 충분히 크면 표본비율은 각각 근사적으로 다음 정규분포를 따른다.

$$\hat{p}_1 \approx N\left(p_1, \frac{p_1 q_1}{n}\right), \quad \hat{p}_2 \approx N\left(p_2, \frac{p_2 q_2}{m}\right)$$

두 표본이 독립이므로 두 표본비율의 차 $\hat{p}_1 - \hat{p}_2$은 다음 정규분포를 따른다.

$$\hat{p}_1 - \hat{p}_2 \approx N\left(p_1 - p_2, \frac{p_1 q_1}{n} + \frac{p_2 q_2}{m}\right)$$

즉, 두 표본비율의 차 $\hat{p}_1 - \hat{p}_2$의 표준화 확률변수는 다음 표준정규분포에 근사한다.

$$Z = \frac{(\hat{p}_1 - \hat{p}_2) - (p_1 - p_2)}{\sqrt{\frac{p_1 q_1}{n} + \frac{p_2 q_2}{m}}} \approx N(0, 1)$$

예제 8

모비율이 4%, 3%인 두 모집단에서 각각 크기 400과 450인 표본을 선정했을 때, 두 표본비율의 차이가 2.5% 이하일 확률을 구하라.

풀이

두 모비율을 p_1, p_2라 하면 $p_1 - p_2 = 0.01$이고 다음을 얻는다.

$$\sqrt{\frac{p_1 q_1}{n} + \frac{p_2 q_2}{m}} = \sqrt{\frac{0.04 \times 0.96}{400} + \frac{0.03 \times 0.97}{450}} \approx 0.0127$$

따라서 두 표본비율 $\hat{p}_1 - \hat{p}_2$은 표준정규분포에 근사한다.

$$Z = \frac{(\hat{p}_1 - \hat{p}_2) - 0.01}{0.0127} \approx N(0, 1)$$

그러므로 구하는 근사확률은 다음과 같다.

$$P(\hat{p}_1 - \hat{p}_2 \le 0.025) = P\left(Z \le \frac{0.025 - 0.01}{0.0127}\right) \approx P(Z \le 1.18) = 0.8810$$

7장 연습문제

01 모평균이 $\mu = 78$이고 모표준편차가 다음과 같은 정규모집단에서 크기 36인 확률표본을 선정할 때, $P(75 < \overline{X} < 81)$을 구하라.

(1) $\sigma = 9$ (2) $\sigma = 12$ (3) $\sigma = 15$

02 모집단 분포가 $N(40,\ 25)$인 정규모집단으로부터 크기 n이 다음과 같은 확률표본을 선정할 때, $P(38.3 < \overline{X} < 41.5)$를 구하라.

(1) $n = 16$ (2) $n = 64$ (3) $n = 100$

03 $\sigma^2 = 36$인 정규모집단에서 크기 25인 표본을 임의로 추출할 때, $P(|\overline{X} - \mu| \geq 3)$을 구하라.

04 모평균 $\mu = 40$, 모분산 $\sigma^2 = 16$인 정규모집단으로부터 크기 25인 표본을 임의로 추출할 때, $P(\overline{X} \geq x_0) = 0.025$를 만족하는 x_0을 구하라.

05 모분산을 모르고 모평균이 μ인 정규모집단으로부터 크기 16인 표본을 임의로 추출할 때, 표본표준편차 S에 대해 $P\left(\dfrac{|\overline{X} - \mu|}{S} < k\right) = 0.95$를 만족하는 상수 k를 구하라.

06 모집단 분포가 $N(80,\ 27)$인 정규모집단에서 크기 n인 표본을 임의로 추출하여 표본평균의 표본분산 0.36을 얻었을 때, 표본의 크기 n을 구하라.

07 어느 도시의 교차로를 통과할 때 자동차가 신호등에서 대기하는 시간은 평균 1.6, 분산 0.018인 정규분포를 이룬다고 한다. 이 도시에 있는 교차로 10곳을 표본으로 선정하여 조사하였을 때, 표본평균이 1.74와 1.87 사이일 확률을 구하라(단, 단위는 분이다).

08 어느 직종의 근로자에 대한 수축기 평균 혈압이 $\mu = 138$인 정규분포를 따른다고 한다.

임의로 선정한 16명의 표준편차가 8.75일 때, $P(135 < \overline{X} < 145)$를 구하라(단, 단위는 mmHg이다).

09 우리나라 성인 남자의 혈중 콜레스테롤 수치는 평균 $\mu = 198$인 정규분포를 따른다고 한다. 25명을 무작위로 선정하여 콜레스테롤을 측정한 결과 $\overline{x} = 197$, $s = 3.45$이었다(단, 단위는 mg/dl이다).

(1) 표본평균 $\overline{X}$와 관련한 표본분포를 구하라.

(2) 표본평균이 196.82와 199.18 사이일 근사확률을 구하라.

(3) 표본평균이 상위 2.5%인 경계수치를 구하라.

10 모평균 50, 모표준편차 4인 모집단에서 표본의 크기 64인 표본을 선정할 때, $P(49.1 < \overline{X} < 51.3)$의 근사확률을 구하라.

11 모평균이 $\mu_1 = 550$, $\mu_2 = 500$이고 모표준편차가 $\sigma_1 = 9$, $\sigma_2 = 16$인 두 정규모집단에서 각각 크기 50과 40인 표본을 임의로 추출했을 때, 두 표본평균의 차가 48과 52 사이일 확률을 구하여라.

12 독립인 두 정규모집단에서 크기 15와 13인 표본을 선정하여 각각 표본평균 $\overline{x} = 78$, $\overline{y} = 75$, 표본분산 $s_1^2 = 30.25$, $s_2^2 = 36$을 얻었을 때, 다음을 구하라.

(1) $\sigma_1^2 = \sigma_2^2 = 35$일 때, $P(S_p^2 < 12.4)$

(2) 표본합동분산 S_p^2

(3) $\mu_1 = \mu_2$일 때, $P(\overline{X} - \overline{Y} \le 3.7)$

13 모비율이 $p = 5\%$인 모집단에서 크기 n이 다음과 같은 표본을 추출했을 때, 표본비율 $\hat{p}$에 대해 $P(0.04 < \hat{p} < 0.065)$를 구하라.

(1) $n = 100$ (2) $n = 400$

14 유전학자들은 음성적으로 혈액질환 치료성분을 갖고 있는 우리나라 남성의 비율이 약 11%라고 주장한다. 이를 확인하기 위해 남성 200명을 선정했을 때, 다음을 구하라.

(1) 표본비율의 근사확률분포

(2) 표본비율이 7% 미만일 확률

(3) 표본비율의 95% 백분위수

15 두 종류의 약품 A와 B의 치료율이 동일하게 90%인지 알아보기 위해 임의로 표본을 선정하여 다음 결과를 얻었다.

	표본의 크기	치료율
약품 A	250	91%
약품 B	250	88%

(1) 약품 A와 B의 표본비율을 각각 $\hat{p}_1$, $\hat{p}_2$라 할 때, 표본비율의 차 $\hat{p}_1 - \hat{p}_2$에 대한 확률분포를 구하라.

(2) $\hat{p}_1 - \hat{p}_2$가 3% 이상일 확률을 구하라.

(3) $\hat{p}_1 - \hat{p}_2$가 p_0보다 클 확률이 0.05인 p_0을 구하라.

CHAPTER 08

추 정

Estimations

목차

학습목표

- 점추정과 구간추정을 이해하고 여러 추정량의 특성을 이해할 수 있다.
- 모집단의 특성에 따른 모평균과 모평균 차의 신뢰구간을 구할 수 있다.
- 모비율과 모비율 차의 신뢰구간을 구할 수 있다.
- 모분산과 모분산 비의 신뢰구간을 구할 수 있다.
- 모평균과 모비율을 추정하기 위한 표본의 크기를 구할 수 있다.

8.1 점추정과 구간추정

모집단의 특성을 나타내는 모수는 대부분 미지의 값으로, 표본을 이용하여 통계적으로 추론하게 된다. 특히 통계적 추론에서 가장 중요한 분야가 추정과 가설검정이며, 이 절에서는 추정의 개념에 대해 살펴본다.

표본에서 얻은 적당한 통계량의 관찰값을 이용하여 모수에 대한 통계적인 추론을 실시하며, 모수의 참값을 추론하기 위해 사용하는 통계량을 추정량estimator이라 한다. 추정량을 이용하여 모수를 추론하는 과정을 추정estimation이라 하며, 추정 방법으로 점추정과 구간추정이 있다. 모수 θ의 참값을 추론하기 위한 최적의 추정값을 구하는 과정을 점추정point estimation이라 하며, 이때 사용하는 추정량을 점추정량point estimator이라 한다. 추정값estimate은 표본에서 얻은 점추정량의 관찰값이고, 이 관찰값을 이용하여 모수를 추정하는 것이 점추정이다. 즉, 점추정량은 확률표본 $\{X_1, X_2, \cdots, X_n\}$에 대해 모수 θ를 추정하기 위한 최적의 통계량 $\hat{\Theta} = \Theta(X_1, X_2, \cdots, X_n)$이며, 모수 θ에 대한 추정값은 확률표본의 관찰값인 $x_1, x_2, \cdots, x_n$에 대한 추정량의 관찰값 $\hat{\theta} = \Theta(x_1, x_2, \cdots, x_n)$이다. 따라서 추정값 $\hat{\theta}$은 미지의 모수 θ의 참값은 아니지만 가장 좋은 점추정값은 모수의 가장 바람직한 가상의 값으로 생각할 수 있다. 그러나 표본의 선정과 추정량 $\hat{\Theta}$의 선정에 따라 모수의 추정값은 다양하게 나타난다. 그러므로 가장 바람직한 추정값을 얻기 위해 어떤 추정량을 선택해야 하는지 살펴볼 필요가 있다.

■ 불편추정량

모수 θ에 대한 점추정량 $\hat{\Theta} = \Theta(X_1, \cdots, X_n)$에 대해 $E(\hat{\Theta}) = \theta$일 때 추정량 $\hat{\Theta}$을 모수 θ의 불편추정량unbiased estimator이라 한다. 불편추정량이 아닌 추정량 $\hat{\Theta}$을 편의추정량biased estimator이라 하며 $\text{bias} = E(\hat{\Theta}) - \theta$를 편의bias라 한다. [그림 8.1(a)]와 같이 $\hat{\Theta}$의 분포가 모수 θ에 집중하면 추정량 $\hat{\Theta}$은 불편추정량이고, [그림 8.1(b)]와 같이 $\hat{\Theta}$의 분포가 모수 θ에 집중하지 않으면 불편추정량이다.

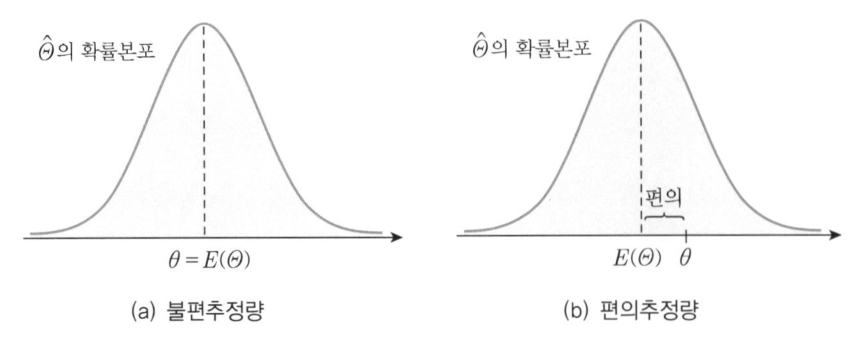

(a) 불편추정량 (b) 편의추정량

[그림 8.1] 불편추정량과 편의추정량

표본평균과 표본비율에 대해 $E(\overline{X}) = \mu$, $E(\hat{p}) = p$ 이고, 표본분산 S^2에 대해 다음이 성립한다.

$$E\left(\frac{(n-1)S^2}{\sigma^2}\right) = \frac{n-1}{\sigma^2}E(S^2) = n-1, \quad E(S^2) = \sigma^2$$

따라서 다음이 성립한다.

❶ 표본평균 $\overline{X} = \frac{1}{n}\sum_{i=1}^{n} X_i$는 모평균 μ에 대한 불편추정량이다.

❷ 표본분산 $S^2 = \frac{1}{n-1}\sum_{i=1}^{n}(X_i - \overline{x})^2$은 모분산 σ^2에 대한 불편추정량이다.

❸ 표본비율 $\hat{p} = \frac{X}{n}$는 모비율 p에 대한 불편추정량이다.

표본표준편차는 모표준편차에 대한 불편추정량이 아니지만 표본의 크기가 10 이상이면 편의를 무시할 수 있다. 표본분산을 ❷와 같이 정의한 이유는 $S^2 = \frac{1}{n}\sum_{i=1}^{n}(x_i - \overline{x})^2$이라 하면 S^2은 모분산 σ^2에 대한 편의추정량이 되기 때문이다.

예제 1

모평균이 μ인 모집단에서 크기 3인 확률표본 $\{X_1, X_2, X_3\}$을 선정할 때, 모평균에 대한 다음 점추정량 중에서 불편추정량을 구하라.

$$\hat{\mu}_1 = \frac{1}{3}(X_1 + X_2 + X_3), \quad \hat{\mu}_2 = \frac{1}{4}(X_1 + 2X_2 + X_3), \quad \hat{\mu}_3 = \frac{1}{5}(X_1 + 2X_2 + X_3)$$

풀이

각 추정량의 기댓값을 구하면 다음과 같다.

$$E(\hat{\mu}_1) = \frac{1}{3}E(X_1 + X_2 + X_3) = \mu,$$

$$E(\hat{\mu}_2) = \frac{1}{4}E(X_1 + 2X_2 + X_3) = \mu,$$

$$E(\hat{\mu}_3) = \frac{1}{5}E(X_1 + 2X_2 + X_3) = \frac{4}{5}\mu$$

따라서 $\hat{\mu}_1$과 $\hat{\mu}_2$은 불편추정량이고 $\hat{\mu}_3$은 편의추정량이다.

■ 유효추정량

[예제 1]에서 $\hat{\mu}_1$과 $\hat{\mu}_2$은 모평균 μ에 대한 불편추정량인 것처럼 일반적으로 모수 θ에 대한 불편추정량은 여러 개 존재할 수 있다. [그림 8.2]와 같이 불편추정량의 분산이 작을수록 분포 모양은 모수 θ에 더욱 집중하므로 분산이 작을수록 모수 θ를 추정하는 효과가 크다. 이와 같이 분산이 가장 작은 추정량, 즉 표준편차가 가장 작은 추정량 $\hat{\Theta}$을 유효추정량$^{\text{efficient estimator}}$이라 한다. 이때 유효추정량 $\hat{\Theta}$의 표준편차 $\sqrt{Var(\hat{\Theta})}$을 표준오차$^{\text{standard error}}$라 하며, $S.E(\hat{\Theta})$으로 나타낸다. 표준오차는 표본을 이용한 모수 θ의 추정값 $\hat{\theta}$이 모수의 참값 θ의 오차를 나타내는 척도이다. 특히 불편성과 유효성을 갖는 추정량, 즉 가장 작은 분산을 갖는 불편추정량을 최소분산불편추정량$^{\text{minimum variance unbiased estimator}}$이라 하며, 일반적으로 최소분산불편추정량을 이용하여 모수를 추정한다.

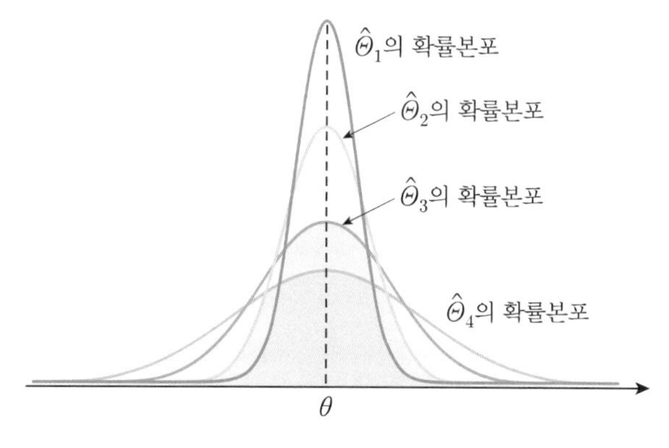

[그림 8.2] 여러 가지 불편추정량의 분포와 유효추정량

예제 2

[예제 1]에서 모평균 μ에 대한 최소분산불편추정량을 구하라.

풀이

불편추정량은 $\hat{\mu}_1$과 $\hat{\mu}_2$이고, $Var(X_i)=\sigma^2$, $i=1, 2, 3$이므로 다음을 얻는다.

$$Var(\hat{\mu}_1)=\frac{1}{9}Var(X_1+X_2+X_3)$$
$$=\frac{1}{9}[Var(X_1)+Var(X_2)+Var(X_3)]=\frac{1}{3}\sigma^2$$

$$Var(\hat{\mu}_2)=\frac{1}{16}Var(X_1+2X_2+X_3)$$
$$=\frac{1}{16}[Var(X_1)+4Var(X_2)+Var(X_3)]=\frac{3}{8}\sigma^2$$

따라서 $Var(\hat{\mu}_1)< Var(\hat{\mu}_2)$이고, 최소분산불편추정량은 $\hat{\mu}_1$이다.

■ 일치추정량

분산이 작을수록 확률분포는 평균에 집중하게 되는 것을 알고 있다. 이때 표본의 크기가 클수록 모수 θ에 대한 추정량 $\hat{\Theta}$의 분산이 0에 가까워지는 추정량을 일치추정량[consistent estimator]이라 한다. 예를 들어, $n\to\infty$이면 모평균, 모분산, 모비율의 분산은 다음과 같이 0에 가까워진다.

$$Var(\overline{X})=\frac{\sigma^2}{n}\to 0,\quad Var(S^2)=\frac{2\sigma^4}{n-1}\to 0,\quad Var(\hat{p})=\frac{pq}{n}\to 0$$

따라서 표본평균, 표본분산, 표본비율은 각각 모평균, 모분산, 모비율에 대한 일치추정량이다.

❶ 표본평균 $\overline{X}$는 모평균 μ에 대한 일치추정량이다.

❷ 표본분산 S^2은 모분산 σ^2에 대한 일치추정량이다.

❸ 표본비율 $\hat{p}$은 모비율 p에 대한 일치추정량이다.

■ 구간추정

점추정의 단점은 최상의 점추정량을 선택하더라도 모수의 참값을 정확하게 추정한다는 것은 힘들뿐만 아니라, 표본의 선정에 따라 모수의 참값을 왜곡하는 경우가 발생한다. 따라서 어느 정도의 신뢰성을 갖고 모수 θ의 참값이 두 추정량 $\hat{\Theta}_l$과 $\hat{\Theta}_r$ 사이에 놓일 것으로 믿어지는 구간으로 추정하는 방법을 많이 사용한다. 즉, $0 < \alpha < 1$에 대해 $100(1-\alpha)\%$의 신뢰성을 갖고 모수 θ의 참값이 포함될 것으로 믿어지는 추정량 $\hat{\Theta}_l$과 $\hat{\Theta}_r$에 의한 구간 $(\hat{\Theta}_l, \hat{\Theta}_r)$을 추정한다.

$$P(\hat{\Theta}_l < \theta < \hat{\Theta}_r) = 1 - \alpha$$

이와 같이 모수 θ의 참값이 포함될 것으로 믿어지는 구간을 추정하는 방법을 구간추정 interval estimation이라 한다. 이때 모수의 참값이 구간추정량에 포함될 것으로 믿어지는 확신의 정도인 $100(1-\alpha)\%$를 신뢰도degree of confidence라 하고, 표본으로부터 얻은 $\hat{\Theta}_l$과 $\hat{\Theta}_r$의 관찰값 $\hat{\theta}_l$과 $\hat{\theta}_r$에 대한 구간추정값 $(\hat{\theta}_l, \hat{\theta}_r)$을 신뢰구간confidence interval이라 한다. 신뢰구간은 모수 θ의 점추정값을 중심으로 오차한계limit of error e만큼 떨어진 구간으로 결정하며, 신뢰구간의 경계 $\hat{\theta}_l = \hat{\theta} - e$와 $\hat{\theta}_r = \hat{\theta} + e$를 각각 신뢰구간의 하한lower confidence limit, 신뢰구간의 상한upper confidence limit이라 한다. 전통적으로 $\alpha = 0.1,\ 0.05,\ 0.01$, 즉 90%, 95%, 99% 신뢰도를 사용하며, 신뢰도가 커질수록 신뢰구간은 커진다.

8.2 모평균의 구간추정

표본평균은 모평균의 일치추정량일 뿐만 아니라 최소분산추정량인 사실로부터 모평균을 점추정하기 위해 표본평균을 이용한다. 또한 모분산을 아는지 모르는지에 따라 표본평균의 분포가 달라지는 사실을 이용하여 신뢰구간을 구하는 방법을 살펴본다.

■ 모분산을 아는 정규모집단인 경우

모분산 σ^2을 아는 정규모집단 $N(\mu, \sigma^2)$에서 크기 n인 표본을 선정할 때, 표본평균

$\overline{X}$는 다음 정규분포를 따른다.

$$\overline{X} \sim N\left(\mu, \frac{\sigma^2}{n}\right)$$

따라서 모평균 μ를 추정하기 위한 추정량인 표본평균 $\overline{X}$의 표준오차는 $\mathrm{S.E}(\overline{X}) = \frac{\sigma}{\sqrt{n}}$이고 표본평균을 표준화한 통계량 Z는 표준정규분포를 따른다.

$$Z = \frac{\overline{X} - \mu}{\sigma/\sqrt{n}} \sim N(0, 1)$$

특히 양쪽 꼬리확률 $\frac{\alpha}{2}$에 대해 다음이 성립한다.

$$P\left(\left|\frac{\overline{X} - \mu}{\sigma/\sqrt{n}}\right| < z_{\alpha/2}\right) = P\left(|\overline{X} - \mu| < z_{\alpha/2}\frac{\sigma}{\sqrt{n}}\right) = 1 - \alpha$$

즉, 모평균 μ의 참값에 대해 다음 확률이 성립한다.

$$P\left(\overline{X} - z_{\alpha/2}\frac{\sigma}{\sqrt{n}} < \mu < \overline{X} + z_{\alpha/2}\frac{\sigma}{\sqrt{n}}\right) = 1 - \alpha$$

따라서 $100(1-\alpha)\%$ 신뢰도에서 표본평균의 관찰값 $\overline{x}$를 이용한 모평균 μ에 대한 신뢰구간은 다음과 같다.

$$\left(\overline{x} - z_{\alpha/2}\frac{\sigma}{\sqrt{n}},\ \ \overline{x} + z_{\alpha/2}\frac{\sigma}{\sqrt{n}}\right)$$

$100(1-\alpha)\%$ 신뢰도에서 모평균 μ를 추정할 때 오차한계는 $e = z_{\alpha/2}\frac{\sigma}{\sqrt{n}}$이고 신뢰구간은 [그림 8.3]과 같다.

특히 90%, 95%, 99% 신뢰도에 대한 백분위수 $z_{\alpha/2}$는 각각 다음과 같다.

$$z_{0.05} = 1.645, \quad z_{0.025} = 1.96, \quad z_{0.005} = 2.58$$

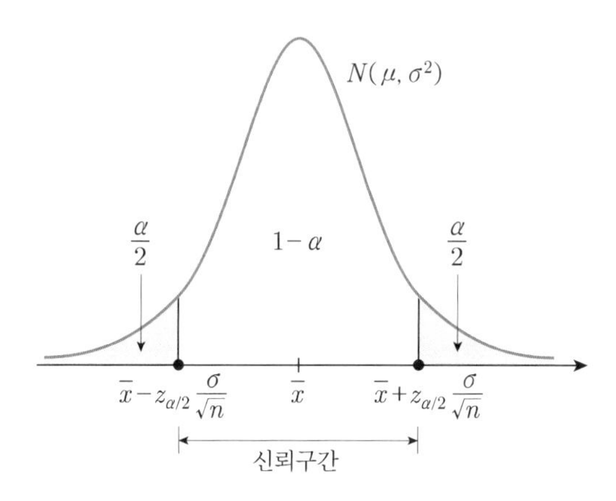

[그림 8.3] 모평균 μ의 신뢰구간(모분산을 아는 경우)

예제 3

모분산 $\sigma^2 = 9$ 인 정규모집단의 모평균 μ를 추정하기 위해 크기 16인 표본을 추출하여 표본평균 $\bar{x} = 52$를 얻었을 때, 모평균에 대한 다음 신뢰구간을 구하라.

(1) 90% 신뢰구간 (2) 95% 신뢰구간 (3) 99% 신뢰구간

풀이

모평균 μ에 대한 점추정값은 $\bar{x} = 52$이고 $n = 16$, $\sigma = 3$이므로 표준오차는 $\text{S.E}(\overline{X}) = \frac{3}{\sqrt{16}} = 0.75$이다.

(1) 90% 신뢰구간의 오차한계는 $e_{90\%} = 1.645 \times 0.75 \approx 1.234$이고 신뢰구간은 다음과 같다.

$$(52 - 1.234,\ 52 + 1.234) = (50.766,\ 53.234)$$

(2) 95% 신뢰구간의 오차한계는 $e_{95\%} = 1.96 \times 0.75 = 1.47$이고 신뢰구간은 다음과 같다.

$$(52 - 1.47,\ 52 + 1.47) = (50.53,\ 53.47)$$

(3) 99% 신뢰구간의 오차한계는 $e_{99\%} = 2.58 \times 0.75 = 1.935$이고 신뢰구간은 다음과 같다.

$$(52 - 1.935,\ 52 + 1.935) = (50.065,\ 53.935)$$

■ 모분산을 모르는 정규모집단인 경우

모분산 σ^2을 모르는 정규모집단 $N(\mu, \sigma^2)$에서 추출한 크기 n인 표본평균 $\overline{X}$는 다음 분포를 따르는 것을 7.2절에서 살펴보았다.

$$T = \frac{\overline{X} - \mu}{S/\sqrt{n}} \sim t(n-1)$$

t-분포는 $t=0$을 중심으로 좌우 대칭이므로 양쪽 꼬리확률 $\frac{\alpha}{2}$에 대해 다음을 만족한다.

$$P\left(\left|\frac{\overline{X}-\mu}{s/\sqrt{n}}\right| < t_{\alpha/2}(n-1)\right) = P\left(|\overline{X}-\mu| < t_{\alpha/2}(n-1)\frac{s}{\sqrt{n}}\right) = 1-\alpha$$

즉, 모평균 μ의 참값에 대해 다음 확률이 성립한다.

$$P\left(\overline{X} - t_{\alpha/2}(n-1)\frac{s}{\sqrt{n}} < \mu < \overline{X} + t_{\alpha/2}(n-1)\frac{s}{\sqrt{n}}\right) = 1-\alpha$$

따라서 $100(1-\alpha)\%$ 신뢰도에서 표본평균의 관찰값 $\overline{x}$를 이용한 모평균 μ에 대한 신뢰구간은 다음과 같다.

$$\left(\overline{x} - t_{\alpha/2}(n-1)\frac{s}{\sqrt{n}},\quad \overline{x} + t_{\alpha/2}(n-1)\frac{s}{\sqrt{n}}\right)$$

표본평균 $\overline{X}$의 표준오차는 $\text{S.E}(\overline{X}) = \frac{s}{\sqrt{n}}$이고, $100(1-\alpha)\%$ 신뢰도에서 모평균 μ를 추정하기 위한 오차한계는 $e = t_{\alpha/2}(n-1)\frac{s}{\sqrt{n}}$이며, 신뢰구간은 [그림 8.4]와 같다.

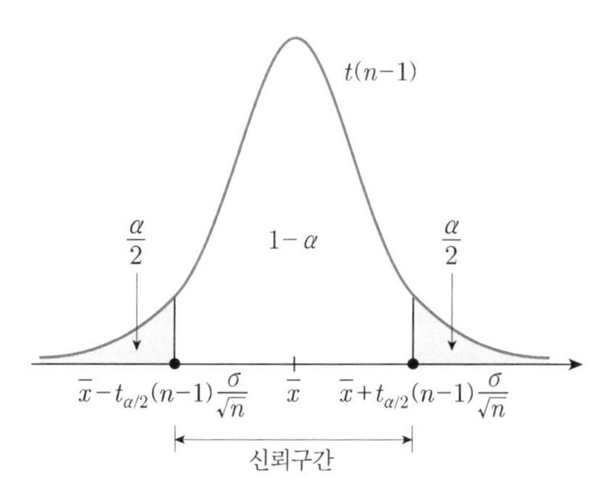

[그림 8.4] 모평균 μ의 신뢰구간(모분산을 모르는 경우)

예제 4

모분산을 모르는 정규모집단의 모평균을 추정하기 위해 크기 16인 표본을 추출하여 표본평균 52, 표본분산 9를 얻었을 때, 모평균에 대한 다음 신뢰구간을 구하라.

(1) 90% 신뢰구간　　(2) 95% 신뢰구간　　(3) 99% 신뢰구간

풀이

모평균 μ에 대한 점추정값은 $\bar{x}=52$이고 $n=16$, $s=3$이므로 표준오차는
$\text{S.E}(\overline{X})=\frac{3}{\sqrt{16}}=0.75$이다.

(1) $t_{0.05}(15)=1.753$이므로 90% 신뢰구간의 오차한계는
$e_{90\%}=1.753\times 0.75\approx 1.315$이고 신뢰구간은 다음과 같다.

$$(52-1.315,\ 52+1.315)=(50.685,\ 53.315)$$

(2) $t_{0.025}(15)=2.131$이므로 95% 신뢰구간의 오차한계는
$e_{95\%}=2.131\times 0.75\approx 1.598$이고 신뢰구간은 다음과 같다.

$$(52-1.598,\ 52+1.598)=(50.402,\ 53.598)$$

(3) $t_{0.005}(15)=2.947$이므로 99% 신뢰구간의 오차한계는
$e_{99\%}=2.947\times 0.75\approx 2.21$이고 신뢰구간은 다음과 같다.

$$(52-2.21,\ 52+2.21)=(49.79,\ 54.21)$$

■ 임의의 모집단인 경우

모분산 σ^2을 아는 임의의 모집단에서 표본의 크기 n이 충분히 큰 표본을 선정한다고 하자. 그러면 중심극한정리에 의해 표본평균은 다음 정규분포에 근사한다.

$$Z = \frac{\overline{X} - \mu}{\sigma / \sqrt{n}} \approx N(0, 1)$$

모분산을 모르는 경우에도 표본분산은 모분산의 일치추정량이므로 표본의 크기 n이 충분히 크면 $s^2 \approx \sigma^2$이다. 더욱이 자유도 $n-1$이 커질수록 t-분포는 표준정규분포에 근사한다. 그러므로 표본의 크기 n이 충분히 크면 다음 근사확률분포를 얻는다.

$$\frac{\overline{X} - \mu}{s / \sqrt{n}} \approx N(0, 1)$$

따라서 모분산이 알려진 경우와 그렇지 않은 경우, 임의의 모집단에 대한 모평균 μ의 $100(1-\alpha)\%$ 근사신뢰구간은 각각 다음과 같다.

- σ^2을 아는 경우, 모평균 μ에 대한 근사신뢰구간: $\left(\overline{x} - z_{\alpha/2}\frac{\sigma}{\sqrt{n}},\ \overline{x} + z_{\alpha/2}\frac{\sigma}{\sqrt{n}}\right)$
- s^2을 아는 경우, 모평균 μ에 대한 근사신뢰구간: $\left(\overline{x} - z_{\alpha/2}\frac{s}{\sqrt{n}},\ \overline{x} + z_{\alpha/2}\frac{s}{\sqrt{n}}\right)$

예제 5

임의의 모집단에서 크기 64인 표본을 추출하여 $\overline{x} = 35$를 얻었을 때, 다음 경우에 대해 모평균에 대한 90% 근사신뢰구간을 구하라.

(1) $\sigma^2 = 4$인 경우 (2) $s^2 = 4.6$인 경우

풀이

(1) $\overline{x} = 35,\ \sigma^2 = 4,\ n = 64$이므로 모평균 μ에 대한 점추정값은 $\overline{x} = 35$이고 90% 신뢰도에 대한 오차한계는 $e_{90\%} = 1.645 \times \frac{2}{\sqrt{64}} \approx 0.411$이므로 90% 근사신뢰구간은 다음과 같다.

$$(35 - 0.411,\ 35 + 0.411) = (34.589,\ 35.411)$$

(2) $s^2 = 4.6$이므로 90% 신뢰도에 대한 오차한계는

$e_{90\%} = 1.645 \times \frac{\sqrt{4.6}}{\sqrt{64}} \approx 0.441$이므로 90% 근사신뢰구간은 다음과 같다.

$$(35 - 0.441,\ 35 + 0.441) = (34.559,\ 35.441)$$

■ 모평균 차의 신뢰구간(두 모분산을 아는 경우)

두 모분산 σ_1^2, σ_2^2을 알고 독립인 두 정규모집단 $N(\mu_1, \sigma_1^2)$과 $N(\mu_2, \sigma_2^2)$에서 모평균의 차 $\mu_1 - \mu_2$를 추정하기 위해 각각 크기 n과 m인 표본을 임의로 선정한다. 두 표본평균을 $\overline{X}$와 $\overline{Y}$라 하면 각각 다음 정규분포를 따른다.

$$\overline{X} \sim N\left(\mu_1, \frac{\sigma_1^2}{n}\right), \quad \overline{Y} \sim N\left(\mu_2, \frac{\sigma_2^2}{m}\right)$$

$\overline{X}$와 $\overline{Y}$가 독립이므로 두 표본평균의 차 $\overline{X} - \overline{Y}$는 다음 분포를 따른다.

$$Z = \frac{(\overline{X} - \overline{Y}) - (\mu_1 - \mu_2)}{\sqrt{\frac{\sigma_1^2}{n} + \frac{\sigma_2^2}{m}}} \sim N(0, 1)$$

따라서 양쪽 꼬리확률이 각각 $\frac{\alpha}{2}$인 백분위수 $-z_{\alpha/2}$와 $z_{\alpha/2}$에 대해 다음이 성립한다.

$$P(-z_{\alpha/2} < Z < z_{\alpha/2}) = 1 - \alpha$$

$$P\left(-z_{\alpha/2} < \frac{(\overline{X} - \overline{Y}) - (\mu_1 - \mu_2)}{\sqrt{\frac{\sigma_1^2}{n} + \frac{\sigma_2^2}{m}}} < z_{\alpha/2}\right) = 1 - \alpha$$

$$P\left(-z_{\alpha/2}\sqrt{\frac{\sigma_1^2}{n} + \frac{\sigma_2^2}{m}} < (\overline{X} - \overline{Y}) - (\mu_1 - \mu_2) < z_{\alpha/2}\sqrt{\frac{\sigma_1^2}{n} + \frac{\sigma_2^2}{m}}\right) = 1 - \alpha$$

모평균의 차 $\mu_1 - \mu_2$에 대해 다음을 얻는다.

$$P\left((\overline{X} - \overline{Y}) - z_{\alpha/2}\sqrt{\frac{\sigma_1^2}{n} + \frac{\sigma_2^2}{m}} < \mu_1 - \mu_2 < (\overline{X} - \overline{Y}) + z_{\alpha/2}\sqrt{\frac{\sigma_1^2}{n} + \frac{\sigma_2^2}{m}}\right) = 1 - \alpha$$

즉, 표본평균의 관찰값 $\overline{x}$, $\overline{y}$ 를 이용한 모평균의 차 $\mu_1 - \mu_2$에 대한 $100(1-\alpha)\%$ 신뢰구간은 다음과 같다.

$$\left((\overline{x}-\overline{y}) - z_{\alpha/2}\sqrt{\frac{\sigma_1^2}{n}+\frac{\sigma_2^2}{m}},\ (\overline{x}-\overline{y}) + z_{\alpha/2}\sqrt{\frac{\sigma_1^2}{n}+\frac{\sigma_2^2}{m}} \right)$$

이때 $100(1-\alpha)\%$ 신뢰도에서 모평균의 차 $\mu_1 - \mu_2$를 추정하기 위한 표준오차와 오차한계는 각각 다음과 같다.

$$\text{S.E}(\overline{X}-\overline{Y}) = \sqrt{\frac{\sigma_1^2}{n}+\frac{\sigma_2^2}{m}},\quad e = z_{\alpha/2}\sqrt{\frac{\sigma_1^2}{n}+\frac{\sigma_2^2}{m}}$$

예제 6

두 모분산이 $\sigma_1^2 = 5$, $\sigma_2^2 = 9$인 정규모집단에서 각각 크기 25, 36인 표본을 조사하여 표본평균 $\overline{x} = 21$, $\overline{y} = 18$을 얻었다. 이 자료를 이용하여 모평균의 차에 대한 90% 신뢰구간을 구하라.

풀이

두 표본평균이 $\overline{x} = 21$, $\overline{y} = 18$이므로 $\mu_1 - \mu_2$의 점추정값은 $\overline{x}-\overline{y} = 3$이다.
$\sigma_1^2 = 5$, $\sigma_2^2 = 9$, $n = 25$, $m = 36$이므로 표준오차와 90% 오차한계는 각각 다음과 같다.

$$\text{S.E}(\overline{X}-\overline{Y}) = \sqrt{\frac{5}{25}+\frac{9}{36}} \approx 0.6708,\quad e_{90\%} = 1.645 \times 0.6708 \approx 1.1035$$

따라서 90% 신뢰구간은 $(3-1.1035,\ 3+1.1035) = (1.8965,\ 4.1035)$이다.

■ 모평균 차의 신뢰구간(모분산을 모르고 $\sigma_1^2 = \sigma_2^2 = \sigma^2$인 경우)

모분산이 $\sigma_1^2 = \sigma_2^2 = \sigma^2$이지만 값을 모르는 두 정규모집단에서 각각 크기가 n과 m인 표본을 추출하면 합동표본분산 S_p^2에 대해 다음이 성립하는 것을 7.3절에서 살펴보았다.

$$T = \frac{(\overline{X} - \overline{Y}) - (\mu_1 - \mu_2)}{S_p \sqrt{\frac{1}{n} + \frac{1}{m}}} \sim t(n+m-2)$$

따라서 양쪽 꼬리확률이 각각 $\frac{\alpha}{2}$인 백분위수 $-t_{\alpha/2}(n+m-2)$와 $t_{\alpha/2}(n+m-2)$에 대해 다음이 성립한다.

$$P(|T| < t_{\alpha/2}(n+m-2)) = 1-\alpha$$

$$P\left(\left|(\overline{X} - \overline{Y}) - (\mu_1 - \mu_2)\right| < t_{\alpha/2}(n+m-2) S_p \sqrt{\frac{1}{n} + \frac{1}{m}}\right) = 1-\alpha$$

표본평균의 관찰값 $\overline{x}$, $\overline{y}$를 이용한 모평균의 차 $\mu_1 - \mu_2$에 대한 $100(1-\alpha)\%$ 신뢰구간은 다음과 같다.

$$\left((\overline{X} - \overline{Y}) - t_{\alpha/2}(n+m-2) s_p \sqrt{\frac{1}{n} + \frac{1}{m}},\ (\overline{X} - \overline{Y}) + t_{\alpha/2}(n+m-2) s_p \sqrt{\frac{1}{n} + \frac{1}{m}}\right)$$

이때 $100(1-\alpha)\%$ 신뢰도에서 모평균의 차 $\mu_1 - \mu_2$를 추정하기 위한 표준오차와 오차한계는 각각 다음과 같다.

$$\text{S.E}(\overline{X} - \overline{Y}) = s_p \sqrt{\frac{1}{n} + \frac{1}{m}}, \quad e = t_{\alpha/2}(n+m-2) s_p \sqrt{\frac{1}{n} + \frac{1}{m}}$$

예제 7

모분산이 동일하고 독립인 두 정규모집단에서 동일한 크기 16인 표본을 조사하여 표본평균 $\overline{x} = 21$, $\overline{y} = 18$과 표본분산 $s_1^2 = 2$, $s_2^2 = 1.5$를 얻었다. 이 자료를 이용하여 모평균의 차에 대한 95% 신뢰구간을 구하라.

풀이

두 표본평균이 $\overline{x} = 21$, $\overline{y} = 18$이므로 $\mu_1 - \mu_2$의 점추정값은 $\overline{x} - \overline{y} = 3$이다.
$s_1^2 = 2$, $s_2^2 = 1.5$, $n = 16$, $m = 16$이므로 합동표본분산과 합동표본표준편차는 각각 다음과 같다.

$$s_p^2 = \frac{15 \times 2 + 15 \times 1.5}{16 + 16 - 2} = 1.75, \quad s_p = \sqrt{1.75} \approx 1.3229$$

$t_{0.025}(30) = 2.042$이므로 표준오차와 95% 오차한계는 각각 다음과 같다.

$$\text{S.E}(\overline{X} - \overline{Y}) \approx 1.3229 \times \sqrt{\frac{1}{16} + \frac{1}{16}} \approx 0.4677,$$

$$e_{95\%} = 2.042 \times 0.4677 \approx 0.9466$$

따라서 95% 신뢰구간은 $(3 - 0.9466,\ 3 + 0.9466) = (2.0534,\ 3.9466)$이다.

■ 모평균 차의 신뢰구간(모분산을 모르고 $\sigma_1^2 \neq \sigma_2^2$인 경우)

두 모분산이 서로 다르고 알려지지 않은 두 정규모집단에서 각각 크기 n과 m인 표본을 선정할 때, 표본평균의 차 $\overline{X} - \overline{Y}$는 다음 확률분포를 따르는 것을 살펴보았다.

$$T = \frac{(\overline{X} - \overline{Y}) - (\mu_1 - \mu_2)}{\sqrt{\frac{S_1^2}{n} + \frac{S_2^2}{m}}} \sim t(\nu)$$

이때 자유도 ν는 다음과 같이 정의되는 식에서 소수점 이하의 값을 절사시킨 정수이다.

$$\nu = \frac{\left(\frac{s_1^2}{n} + \frac{s_2^2}{m}\right)^2}{\frac{1}{n-1}\left(\frac{s_1^2}{n}\right)^2 + \frac{1}{m-1}\left(\frac{s_2^2}{m}\right)^2}$$

따라서 양쪽 꼬리확률이 각각 $\frac{\alpha}{2}$인 백분위수 $-t_{\alpha/2}(\nu)$와 $t_{\alpha/2}(\nu)$에 대해 다음이 성립한다.

$$P(|T| < t_{\alpha/2}(\nu)) = 1 - \alpha$$

$$P\left(\left|(\overline{X} - \overline{Y}) - (\mu_1 - \mu_2)\right| < t_{\alpha/2}(\nu)\sqrt{\frac{S_1^2}{n} + \frac{S_2^2}{m}}\right) = 1 - \alpha$$

$100(1-\alpha)\%$ 신뢰도에서 표본평균의 관찰값 $\overline{x}$, $\overline{y}$를 이용한 모평균의 차 $\mu_1 - \mu_2$에 대한 신뢰구간은 다음과 같다.

$$\left((\overline{x}-\overline{y})-t_{\alpha/2}(\nu)\sqrt{\frac{s_1^2}{n}+\frac{s_2^2}{m}},\ (\overline{x}-\overline{y})+t_{\alpha/2}(\nu)\sqrt{\frac{s_1^2}{n}+\frac{s_2^2}{m}}\right)$$

이때 $100(1-\alpha)\%$ 신뢰도에서 모평균의 차 $\mu_1-\mu_2$를 추정하기 위한 표준오차와 오차한계는 각각 다음과 같다.

$$\text{S.E}(\overline{X}-\overline{Y})=\sqrt{\frac{s_1^2}{n}+\frac{s_2^2}{m}},\quad e=t_{\alpha/2}(\nu)\sqrt{\frac{s_1^2}{n}+\frac{s_2^2}{m}}$$

예제 8

[예제 7]에서 모분산이 서로 다를 때, 모평균의 차에 대한 95% 신뢰구간을 구하라.

풀이

$\mu_1-\mu_2$의 점추정값은 $\overline{x}-\overline{y}=3$이고 $s_1^2=2$, $s_2^2=1.5$, $n=16$, $m=16$이므로 자유도는 다음과 같이 $\nu=29$이다.

$$\nu=\frac{(2/16+1.5/16)^2}{\frac{(2/16)^2}{15}+\frac{(1.5/16)^2}{15}}\approx 29.4$$

$t_{0.025}(29)=2.045$이므로 표준오차와 95% 오차한계는 각각 다음과 같다.

$$\text{S.E}(\overline{X}-\overline{Y})=\sqrt{\frac{2}{16}+\frac{1.5}{16}}\approx 0.4677,\quad e_{95\%}=2.045\times 0.4677\approx 0.9564$$

따라서 95% 신뢰구간은 $(3-0.9564,\ 3+0.9564)=(2.0436,\ 3.9564)$이다.

8.3 모비율의 구간추정

이 절에서는 단일모집단의 모비율에 대한 신뢰구간과 독립인 두 모집단의 모비율 차에 대한 신뢰구간을 구하는 방법에 대해 살펴본다.

■ 단일 모비율의 구간추정

모비율 p인 모집단에서 크기 n인 표본을 선정하여 표본비율을 $\hat{p}$이라 하자. 7.4절에서 살펴본 바와 같이 $\hat{p}$은 다음 정규분포에 근사한다.

$$\hat{p} \approx N\left(p, \frac{pq}{n}\right) \text{ 또는 } Z = \frac{\hat{p} - p}{\sqrt{\frac{pq}{n}}} \approx N(0, 1)$$

따라서 양쪽 꼬리확률 $\frac{\alpha}{2}$에 대해 다음 확률을 얻는다.

$$P\left(\left|\frac{\hat{p} - p}{\sqrt{pq/n}}\right| < z_{\alpha/2}\right) = P\left(|\hat{p} - p| < z_{\alpha/2}\sqrt{\frac{pq}{n}}\right) \approx 1 - \alpha$$

즉, 다음 식을 만족한다.

$$P\left(\hat{p} - z_{\alpha/2}\sqrt{\frac{pq}{n}} < p < \hat{p} + z_{\alpha/2}\sqrt{\frac{pq}{n}}\right) \approx 1 - \alpha$$

표본비율의 관찰값 $\hat{p}$을 이용한 모비율 p에 대한 $100(1-\alpha)\%$ 신뢰구간은 다음과 같다.

$$\left(\hat{p} - z_{\alpha/2}\sqrt{\frac{pq}{n}},\ \hat{p} + z_{\alpha/2}\sqrt{\frac{pq}{n}}\right)$$

여기서 p는 추정하는 미지의 모비율이므로 신뢰구간의 $\sqrt{\ }$ 안에 사용할 수 없다. 그러나 표본비율 $\hat{p}$은 모비율 p에 대한 일치추정량이므로 n이 충분히 크면 $p \approx \hat{p}$이다. 따라서 $\sqrt{\ }$의 pq를 $\hat{p}\hat{q}$으로 대체하면 모비율 p에 대한 $100(1-\alpha)\%$ 신뢰구간은 다음과 같다.

$$\left(\hat{p} - z_{\alpha/2}\sqrt{\frac{\hat{p}\hat{q}}{n}},\ \hat{p} + z_{\alpha/2}\sqrt{\frac{\hat{p}\hat{q}}{n}}\right)$$

이때 표준오차와 오차한계는 각각 다음과 같다.

$$\text{S.E}(\hat{p}) = \sqrt{\frac{\hat{p}\hat{q}}{n}}, \quad e = z_{\alpha/2}\sqrt{\frac{\hat{p}\hat{q}}{n}}$$

예제 9

일주일 동안 생산한 제품의 불량률을 알아보기 위해 제품 150개를 임의로 선정하여 조사하였더니 불량품이 6개 나왔다. 이 자료를 이용하여 일주일 동안 생산한 제품의 불량률에 대한 95% 신뢰구간을 구하라.

풀이

표본으로 선정된 150개의 제품 중 불량품이 6개이므로 표본비율은 $\hat{p} = \frac{6}{150} = 0.04$ 이고 $\hat{q} = 0.96$이다. 이때 표준오차와 95% 오차한계는 각각 다음과 같다.

$$\mathrm{S.E}(\hat{p}) = \sqrt{\frac{0.04 \times 0.96}{150}} = 0.016, \quad e_{95\%} = 1.96 \times 0.016 \approx 0.0314$$

95% 신뢰구간은 $(0.04 - 0.0314,\ 0.04 - 0.0314) = (0.0086,\ 0.0714)$이다.

■ 모비율 차의 구간추정

서로 독립이고 모비율이 각각 p_1, p_2인 두 모집단의 모비율 차를 추정하기 위해 각각 크기 n과 m인 표본을 추출하여 표본비율을 $\hat{p}_1$, $\hat{p}_2$이라 하자. 두 표본비율 $\hat{p}_1$, $\hat{p}_2$은 독립이고 다음 정규분포에 근사한다.

$$\hat{p}_1 \approx N\left(p_1, \frac{p_1 q_1}{n}\right), \quad \widehat{p_2} \approx N\left(p_2, \frac{p_2 q_2}{m}\right)$$

따라서 두 표본평균의 차에 대한 표준화 확률변수는 다음 근사정규분포를 따른다.

$$Z = \frac{(\hat{p}_1 - \hat{p}_2) - (p_1 - p_2)}{\sqrt{\frac{p_1 q_1}{n} + \frac{p_2 q_2}{m}}} \approx N(0, 1)$$

표본의 크기 n과 m이 충분히 크면 $\hat{p}_1 \approx p_1$, $\hat{p}_2 \approx p_2$이므로 다음이 성립한다.

$$Z = \frac{(\hat{p}_1 - \hat{p}_2) - (p_1 - p_2)}{\sqrt{\frac{\hat{p}_1 \hat{q}_1}{n} + \frac{\hat{p}_2 \hat{q}_2}{m}}} \approx N(0, 1)$$

그러므로 양쪽 꼬리확률 $\frac{\alpha}{2}$에 대해 다음 확률을 얻는다.

$$P\left(\left|\frac{(\hat{p}_1-\hat{p}_2)-(p_1-p_2)}{\sqrt{(\hat{p}_1\hat{q}_1)/n+(\hat{p}_2\hat{q}_2)/m}}\right|<z_{\alpha/2}\right)=1-\alpha$$

또는

$$P\left((\hat{p}_1-\hat{p}_2)-z_{\alpha/2}\sqrt{\frac{\hat{p}_1\hat{q}_1}{n}+\frac{\hat{p}_2\hat{q}_2}{m}}<p_1-p_2<(\hat{p}_1-\hat{p}_2)+z_{\alpha/2}\sqrt{\frac{\hat{p}_1\hat{q}_1}{n}+\frac{\hat{p}_2\hat{q}_2}{m}}\right)=1-\alpha$$

따라서 두 표본비율의 관찰값 $\hat{p}_1$, $\hat{p}_2$을 이용한 모비율의 차 p_1-p_2에 대한 $100(1-\alpha)\%$ 신뢰구간은 다음과 같다.

$$\left((\hat{p}_1-\hat{p}_2)-z_{\alpha/2}\sqrt{\frac{\hat{p}_1\hat{q}_1}{n}+\frac{\hat{p}_2\hat{q}_2}{m}},\ (\hat{p}_1-\hat{p}_2)+z_{\alpha/2}\sqrt{\frac{\hat{p}_1\hat{q}_1}{n}+\frac{\hat{p}_2\hat{q}_2}{m}}\right)$$

이때 표준오차와 오차한계는 각각 다음과 같다.

$$\text{S.E}(\hat{p}_1-\hat{p}_2)=\sqrt{\frac{\hat{p}_1\hat{q}_1}{n}+\frac{\hat{p}_2\hat{q}_2}{m}},\quad e=z_{\alpha/2}\sqrt{\frac{\hat{p}_1\hat{q}_1}{n}+\frac{\hat{p}_2\hat{q}_2}{m}}$$

예제 10

두 생산라인 A와 B의 불량률에 차이가 있는지 알아보기 위해 각각 크기 125, 150인 표본을 조사하였더니 불량품이 각각 7개, 6개이었다. 두 공정라인의 불량률의 차이에 대한 90% 신뢰구간을 구하라.

풀이

$n=120,\ m=150,\ \hat{p}_1=\frac{7}{125}=0.056,\ \hat{q}_1=0.944,\ \hat{p}_2=\frac{6}{150}=0.04,\ \hat{q}_2=0.96$ 이므로 불량률의 차이에 대한 점추정값은 $\hat{p}_1-\hat{p}_2=0.016$이고 90% 신뢰구간에 대한 오차한계는 다음과 같다.

$$e=1.645\times\sqrt{\frac{0.056\times0.944}{125}+\frac{0.04\times0.96}{150}}\approx0.0429$$

그러므로 모비율 차에 대한 90% 신뢰구간은 다음과 같다.

$$(0.016-0.0429,\ 0.016+0.0429)=(-0.0269,\ 0.0589)$$

8.4 모분산의 구간추정

이 절에서는 단일 정규모집단의 분산에 대한 신뢰구간과 서로 독립인 두 정규모집단의 모분산 비에 대한 신뢰구간을 구하는 방법을 살펴본다.

■ 모분산에 대한 구간추정

표본분산 S^2은 모분산 σ^2에 대한 불편추정량이며 일치추정량이므로 정규모집단의 모분산 σ^2을 추정하기 위해 표본분산 S^2을 이용한다. 특히 7.4절에서 살펴본 바와 같이 S^2은 자유도 $n-1$인 카이제곱분포를 따른다.

$$V=\frac{(n-1)S^2}{\sigma^2} \sim \chi^2(n-1)$$

그러므로 양쪽 꼬리확률이 $\frac{\alpha}{2}$인 백분위수 $\chi^2_{1-(\alpha/2)}(n-1)$과 $\chi^2_{\alpha/2}(n-1)$에 대해 다음 확률을 얻는다.

$$P\left(\chi^2_{1-(\alpha/2)}(n-1) < \frac{(n-1)S^2}{\sigma^2} < \chi^2_{\alpha/2}(n-1)\right)=1-\alpha$$

$$P\left(\frac{(n-1)S^2}{\chi^2_{\alpha/2}(n-1)} < \sigma^2 < \frac{(n-1)S^2}{\chi^2_{1-(\alpha/2)}(n-1)}\right)=1-\alpha$$

따라서 표본분산의 관찰값 s^2을 이용한 모분산 σ^2에 대한 $100(1-\alpha)\%$ 신뢰구간은 다음과 같다.

$$\left(\frac{(n-1)s^2}{\chi^2_{\alpha/2}(n-1)},\ \frac{(n-1)s^2}{\chi^2_{1-(\alpha/2)}(n-1)} \right)$$

[그림 8.5]는 모분산 σ^2에 대한 신뢰구간을 나타낸다.

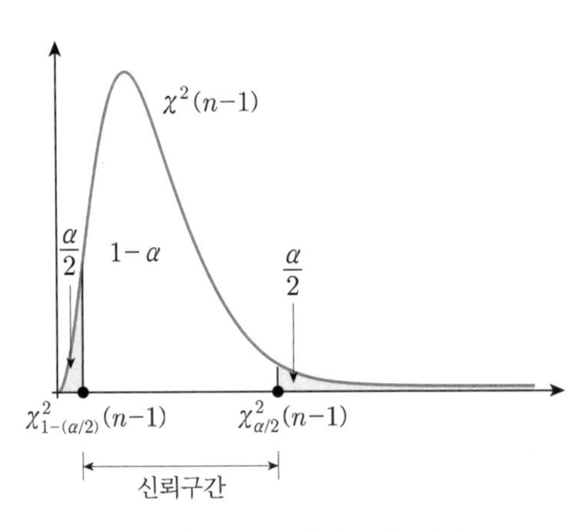

[그림 8.5] 모분산 σ^2에 대한 신뢰구간

표본의 크기가 10 이상이면 표본표준편차 S는 모표준편차 σ에 대한 편의를 무시할 수 있으므로 모표준편차 σ에 대한 $100(1-\alpha)\%$ 신뢰구간은 다음과 같다.

$$\left(s\sqrt{\frac{n-1}{\chi^2_{\alpha/2}(n-1)}},\ s\sqrt{\frac{n-1}{\chi^2_{1-(\alpha/2)}(n-1)}} \right)$$

예제 11

정규모집단의 모분산을 추정하기 위해 크기 16인 표본을 추출하여 표본분산 4를 얻었을 때, 모분산과 모표준편차에 대한 다음 신뢰구간을 구하라.

(1) 90% 신뢰구간　　　　(2) 95% 신뢰구간

풀이

(1) $n=16$, $s^2=4$이고 $\chi^2_{0.05}(15)=25$, $\chi^2_{0.95}(15)=7.26$이므로 모분산과 모표준편차에 대한 신뢰구간은 각각 다음과 같다.

- 모분산 σ^2에 대한 90% 신뢰구간: $\left(\frac{15\times 4}{25}, \frac{15\times 4}{7.26}\right) \approx (2.4,\ 8.264)$
- 모표준편차 σ에 대한 90% 신뢰구간: $\left(\sqrt{2.4},\ \sqrt{8.264}\right) \approx (1.549,\ 2.875)$

(2) $\chi^2_{0.025}(15) = 27.49$, $\chi^2_{0.975}(15) = 6.26$이므로 모분산과 모표준편차에 대한 신뢰구간은 각각 다음과 같다.

- 모분산 σ^2에 대한 95% 신뢰구간: $\left(\frac{15\times 4}{27.49}, \frac{15\times 4}{6.26}\right) \approx (2.183,\ 9.585)$
- 모표준편차 σ에 대한 95% 신뢰구간: $\left(\sqrt{2.183},\ \sqrt{9.585}\right) \approx (1.177,\ 3.096)$

■ 두 모분산 비에 대한 구간추정

두 모분산의 대소 관계 $\sigma_1^2 \le \sigma_2^2$, $\sigma_1^2 = \sigma_2^2$, $\sigma_1^2 \ge \sigma_2^2$을 알아보기 위해 분산의 비를 이용한다. 이를 위해 독립인 두 정규모집단 $N(\mu_1, \sigma_1^2)$, $N(\mu_2, \sigma_2^2)$에서 각각 크기 n과 m인 표본을 추출하면 두 표본분산의 비는 다음 F-분포를 따른다.

$$F = \frac{S_1^2/\sigma_1^2}{S_2^2/\sigma_2^2} \sim F(n-1,\ m-1)$$

이때 양쪽 꼬리확률이 $\frac{\alpha}{2}$인 백분위수 $f_{1-(\alpha/2)}(n-1,\ m-1)$, $f_{\alpha/2}(n-1,\ m-1)$에 대해 다음 확률을 얻는다.

$$P\left(f_{1-(\alpha/2)}(n-1,\ m-1) < \frac{S_1^2/\sigma_1^2}{S_2^2/\sigma_2^2} < f_{\alpha/2}(n-1,\ m-1)\right) = 1-\alpha$$

$$P\left(\frac{1}{f_{\alpha/2}(n-1,\ m-1)}\frac{S_1^2}{S_2^2} < \frac{\sigma_1^2}{\sigma_2^2} < \frac{1}{f_{1-(\alpha/2)}(n-1,\ m-1)}\frac{S_1^2}{S_2^2}\right) = 1-\alpha$$

따라서 표본분산의 관찰값 s_1^2, s_2^2을 이용한 모분산의 비 $\frac{\sigma_1^2}{\sigma_2^2}$에 대한 $100(1-\alpha)\%$ 신뢰구간은 다음과 같다.

$$\left(\frac{s_1^2}{s_2^2}\frac{1}{f_{\alpha/2}(n-1,\ m-1)},\ \frac{s_1^2}{s_2^2}\frac{1}{f_{1-(\alpha/2)}(n-1,\ m-1)}\right)$$

$f_{1-(\alpha/2)}(n-1,\ m-1) = \dfrac{1}{f_{\alpha/2}(m-1,\ n-1)}$ 이므로 신뢰구간을 다음과 같이 구할 수도 있다.

$$\left(\frac{s_1^2}{s_2^2}\,\frac{1}{f_{\alpha/2}(n-1,\ m-1)},\ \frac{s_1^2}{s_2^2}\,f_{\alpha/2}(m-1,\ n-1)\right)$$

예제 12

독립인 두 정규모집단에서 각각 크기 7과 8인 표본을 선정하여 표본표준편차 $s_1 = 2.5$와 $s_2 = 3.1$을 얻었다. 모분산의 비 $\dfrac{\sigma_1^2}{\sigma_2^2}$에 대한 95% 신뢰구간을 구하라.

풀이

표본의 크기가 각각 7과 8이므로 분자와 분모의 자유도는 6과 7이고 $f_{0.025}(6,\ 7) = 5.7$, $f_{0.025}(7,\ 6) = 5.12$이므로 $\dfrac{\sigma_1^2}{\sigma_2^2}$에 대한 95% 신뢰구간은 다음과 같다.

$$\left(\frac{2.5^2}{3.1^2}\times\frac{1}{5.7},\ \frac{2.5^2}{3.1^2}\times 5.12\right) \approx (0.114,\ 3.330)$$

8.5 표본의 크기

지금까지 주어진 표본의 크기를 이용하여 모수를 추정하는 방법을 살펴보았다. 그러나 모수를 추정하기 전에 먼저 표본의 크기를 결정해야 한다. 표본의 크기가 너무 작으면 왜곡된 모수를 추정할 수 있으며, 표본의 크기가 너무 크면 모집단의 특성을 잘 표현할 수 있으나 여러 제약을 받을 수 있다. 따라서 신뢰도와 오차한계에 맞춰 가장 효율적인 표본의 크기를 결정하는 방법을 살펴본다.

■ 정규모집단의 모평균 추정을 위한 표본의 크기

모분산 σ^2을 아는 정규모집단의 모평균 μ를 추정하기 위해 크기 n인 표본을 선정한다고 하자. μ를 추정하기 위한 신뢰도가 $100(1-\alpha)\%$라 하면 오차한계는 $e = z_{\alpha/2}\frac{\sigma}{\sqrt{n}}$이다. μ의 참값과 추정값 $\overline{x}$에 대한 최대허용오차를 d라 하면 $e \le d$이므로 다음을 얻는다.

$$z_{\alpha/2}\frac{\sigma}{\sqrt{n}} \le d, \quad n \ge \left(z_{\alpha/2}\frac{\sigma}{d}\right)^2$$

따라서 $100(1-\alpha)\%$ 신뢰도에서 모평균 μ를 추정할 때, μ의 참값과 추정값 $\overline{x}$에 대한 최대허용오차를 d 이하로 하면 표본의 크기 n은 다음 부등식을 만족하는 가장 작은 정수이다.

$$n \ge \left(z_{\alpha/2}\frac{\sigma}{d}\right)^2$$

모분산 σ^2을 모르는 경우, 예비조사로 얻은 표본분산 s^2을 모분산으로 이용하여 다음과 같이 구한다.

$$n \ge \left(z_{\alpha/2}\frac{s}{d}\right)^2$$

예제 13

다음 두 경우에 대해 최대허용오차가 0.02일 때 95% 신뢰도에서 정규모집단의 모평균을 추정하기 위한 표본의 크기를 구하라.

(1) $\sigma = 0.34$인 경우　　(2) 예비조사에서 $s = 0.37$인 경우

풀이

(1) $\sigma = 0.34$, $d = 0.02$이고 신뢰도가 95%이므로 $n \ge \left(1.96 \times \frac{0.34}{0.02}\right)^2 \approx 1110.2$이고, 표본의 크기는 $n = 1111$이다.

(2) $s = 0.37$, $d = 0.02$이고 신뢰도가 95%이므로 $n \ge \left(1.96 \times \frac{0.37}{0.02}\right)^2 \approx 1314.79$이고, 표본의 크기는 $n = 1315$이다.

■ 모비율의 추정을 위한 표본의 크기

모비율 p를 추정하기 위해 크기 n인 표본을 선정하면 표본비율 $\hat{p}$에 대해 $100(1-\alpha)\%$ 신뢰도에서 오차한계는 $e = z_{\alpha/2}\sqrt{\dfrac{\hat{p}\,\hat{q}}{n}}$ 이다. 이제 p의 참값과 추정값 $\hat{p}$에 대한 최대허용오차를 d라 하면 다음을 얻는다.

$$e = z_{\alpha/2}\sqrt{\frac{\hat{p}\,\hat{q}}{n}} \le d, \quad n \ge \left(\frac{z_{\alpha/2}}{d}\right)^2 \hat{p}\,\hat{q}$$

이때 점추정량 $\hat{p}$은 표본을 조사한 후에야 얻는 통계량의 관찰값이고, 표본의 크기를 결정하는 단계에서는 알 수 없다. 그러므로 최대허용오차 d 이하에서 다음 방법에 의해 근사적으로 표본의 크기를 결정한다.

❶ 과거 조사결과 p^*를 알고 있는 경우, $\hat{p} = p^*$를 사용한다.

❷ 과거 조사결과가 없다면 $0 \le \hat{p} \le 1$에 대해 $\hat{p}\,\hat{q} \le \dfrac{1}{4}$이므로 $n \ge \dfrac{z_{\alpha/2}^2}{4d^2}$이다.

예제 14

국회의원 선거에 출마하는 어떤 후보가 최대오차한계 $\pm 5\%$인 신뢰도 95%에서 지지율을 조사하고자 한다. 다음 조건에서 조사해야 할 유권자 수를 구하라.

(1) 지난 선거에서 지지율이 52.1%인 경우

(2) 이번 선거에 처음 출마한 경우

풀이

(1) $p^* = 0.521$, $d = 0.05$이고 신뢰도가 95%이므로

$n \ge \left(\dfrac{1.96}{0.05}\right)^2 \times 0.521 \times 0.479 \approx 383.48$이고 조사해야 할 유권자 수는 $n = 384$이다.

(2) $d = 0.05$이고 신뢰도가 95%이므로 $n \ge \dfrac{1}{4} \times \left(\dfrac{1.96}{0.05}\right)^2 \approx 384.16$이고 조사해야 할 유권자 수는 $n = 385$이다.

8장 연습문제

01 모분산이 σ^2인 정규모집단에서 선정한 크기 3인 표본을 이용하여 모평균을 추정하기 위해 다음과 같이 점추정량을 설정하였다.

$$\hat{\mu}_1 = \frac{1}{3}(X_1 + X_2 + X_3), \qquad \hat{\mu}_2 = \frac{1}{3}(X_1 + 2X_2 + X_3),$$

$$\hat{\mu}_3 = \frac{1}{4}(X_1 + 2X_2 + X_3), \qquad \hat{\mu}_4 = \frac{1}{5}(X_1 + 2X_2 + 2X_3)$$

(1) 불편추정량과 편의추정량을 구하라.

(2) 최소분산불편추정량을 구하라.

02 모분산이 σ^2인 정규모집단에서 선정한 크기 3인 표본을 이용하여 모평균을 추정하기 위해 다음과 같이 점추정량을 설정하였다.

$$\hat{\mu}_1 = \frac{1}{3}(X_1 + X_2 + X_3), \quad \hat{\mu}_2 = \frac{X_1}{4} + \frac{11X_2}{20} + \frac{X_3}{5}, \quad \hat{\mu}_3 = \frac{X_1}{2} + \frac{X_2}{3} + \frac{X_3}{4} + 1$$

(1) 불편추정량과 편의추정량을 구하라.

(2) 최소분산불편추정량을 구하라.

03 모집단으로부터 선정한 크기 2인 표본을 이용하여 모평균을 추정하고자 한다. $a+b=1$인 양수 a와 b에 대해 점추정량 $\hat{\mu} = \dfrac{aX_1 + bX_2}{a+b}$를 이용하여 모평균 μ를 추정하고자 한다.

(1) $\hat{\mu}$는 μ에 대한 불편추정량임을 보여라.

(2) $\hat{\mu}$의 분산이 최소인 상수 a와 b를 구하라.

04 $\hat{\Theta}_1$과 $\hat{\Theta}_2$은 모수 θ에 대한 서로 다른 불편추정량이고 $Var(\hat{\Theta}_1) = 2Var(\hat{\Theta}_2)$이다. 이때 $a\hat{\Theta}_1 + b\hat{\Theta}_2$이 모수 θ에 대한 최소분산불편추정량이 되기 위한 a와 b를 구하라 (단, $a+b=1$).

05 $X \sim B(5, p)$에 대한 점추정량 $\hat{p} = \dfrac{X}{6}$에 대하여 이 추정량의 편의와 분산을 구하라.

06 모표준편차가 다음과 같은 정규모집단의 모평균에 대한 95% 신뢰도를 갖는 구간을 추정하고자 한다. 표본의 크기가 36일 때, 오차한계를 구하라.

(1) $\sigma = 4$ (2) $\sigma = 5$ (3) $\sigma = 7$ (4) $\sigma = 8$

07 모분산이 9인 정규모집단의 모평균에 대한 90% 신뢰도를 갖는 구간을 추정하고자 한다. 표본의 크기가 다음과 같을 때, 오차한계를 구하라.

(1) $n = 25$ (2) $n = 64$ (3) $n = 100$ (4) $n = 225$

08 모분산을 모르는 정규모집단의 모평균에 대한 95% 신뢰도를 갖는 구간을 추정하고자 한다. 다음과 같은 표본의 크기에 대해 표본분산이 4일 때, 오차한계를 구하라.

(1) $n = 8$ (2) $n = 16$ (3) $n = 20$ (4) $n = 30$

09 다음과 같은 크기의 표본을 선정하여 모비율에 대한 90% 신뢰도를 갖는 구간을 추정하고자 한다. 표본비율이 $\hat{p} = 0.35$일 때, 오차한계를 구하라.

(1) $n = 64$ (2) $n = 100$ (3) $n = 144$ (4) $n = 256$

10 모분산이 2.5인 정규모집단에서 크기 40인 표본을 선정하여 표본평균 $\overline{x} = 67$을 얻었다. 이때 모평균에 대한 다음 신뢰구간을 구하라.

(1) 90% 신뢰구간 (2) 95% 신뢰구간 (3) 99% 신뢰구간

11 정규모집단에서 크기 25인 표본 4개를 선정한 결과, 표본평균은 모두 $\overline{x} = 30$이었고 표본표준편차는 각각 다음과 같다. 이 결과를 이용하여 모평균에 대한 95% 신뢰구간을 각각 구하라.

(1) $s = 1$ (2) $s = 1.5$ (3) $s = 2$ (4) $s = 2.5$

12 다음 자료는 모분산이 25인 정규모집단에서 임의로 선정한 표본이다. 이 표본을 이용하여 모평균 μ에 대한 95% 신뢰구간을 구하라.

35.8	26.8	32.5	37.5	36.2	28.4	36.2	30.8	30.7	32.4	27.6	25.4	23.3	35.2	32.4
28.4	23.8	30.4	26.7	34.0	28.9	34.2	34.5	33.1	38.1	34.4	32.8	48.5	33.7	27.3

13 다음은 어느 제조업체에서 생산한 의료용 바늘 20개를 임의로 선정하여 측정한 바늘의 길이를 나타낸 것이다. 이 회사에서 생산한 바늘은 표준편차가 1.5인 정규분포를 따른다고 할 때, 바늘의 평균 길이에 대한 99% 신뢰구간을 구하라(단, 단위는 mm이다).

37.7	39.2	38.2	39.3	38.7	39.9	38.5	38.2	35.2	40.2
41.9	38.7	40.5	41.3	38.3	37.1	40.2	40.8	39.6	36.5

14 다음 자료는 대기업에 근무하는 근로자 중 임의로 선정한 25명의 수축기 혈압 수치를 나타낸 것이다. 이 기업에 근무하는 직원들의 수축기 혈압에 대한 95% 신뢰구간을 구하라(단, 단위는 mmHg이다).

124	127	115	123	117	139	115	136	127	126	124	132	139
125	114	124	132	126	117	130	127	137	120	138	116	

(1) 수축기 혈압이 모분산 $\sigma^2 = 64$인 정규모집단인 경우
(2) 수축기 혈압이 모분산을 모르는 정규모집단인 경우

15 모분산이 $\sigma_1^2 = \sigma_2^2 = 9$이고 독립인 두 정규모집단에서 각각 크기 16과 25인 표본을 추출하여 표본평균 $\overline{x} = 97$과 $\overline{y} = 94$를 얻었다. 이 결과를 이용하여 두 모평균의 차 $\mu_1 - \mu_2$에 대한 90% 신뢰구간을 구하라.

16 두 공정라인에서 생산한 반도체 웨이퍼의 산화막 두께는 표준편차가 각각 0.3과 0.32인 정규분포를 따른다고 한다. 두 공정라인의 웨이퍼를 각각 25개와 36개를 임의로 선정하여 표본평균 $\overline{x} = 92.5$와 $\overline{y} = 90.1$을 얻었다. 두 공정라인의 웨이퍼 산화막 평균 두께의 차이에 대한 95% 신뢰구간을 구하라(단, 단위는 nm이다).

17 다음 자료는 유료 VOD 한 편당 광고 시간에 대한 표본이다. 이 표본을 이용하여 한 편당 평균 광고시간에 대한 95% 신뢰구간을 구하라(단, 단위는 초이고 광고 시간은 정규분포를 따른다).

12.8	13.1	13.5	13.2	13.2	14.2	12.6	12.4	13.4	13.1
12.7	13.5	12.5	13.2	12.3	12.6	13.1	12.2	14.0	12.4

18 어느 공업단지에서 배출되는 오염물질인 총탄화수소의 농도는 정규분포를 따르는 것으로 알려져 있다. 이 지역에 흐르는 하천 25곳을 조사하여 평균 952ppm과 표준편차 28.7ppm을 얻었다. 이 지역에서 배출되는 총탄화수소의 평균 농도에 대한 95% 신뢰구간을 구하라.

19 다음은 독립인 두 정규모집단 A와 B로부터 표본조사한 결과이다. 두 경우에 대해 모평균 차에 대한 90% 신뢰구간을 구하라.

A 표본	$n=12$, $\bar{x}=74$, $s_1=6$
B 표본	$m=10$, $\bar{y}=67$, $s_2=4$

(1) 두 모분산이 같은 경우 (2) 두 모분산이 다른 경우

20 모집단에서 크기 150인 표본을 선정하여 표본평균 $\bar{x}=67$과 표본분산 $s^2=1.6$을 얻었을 때, 모평균에 대한 90% 근사신뢰구간을 구하라.

21 정규모집단에서 크기 25인 표본을 선정하여 표준편차 1.5를 얻었을 때, 모분산에 대한 95% 신뢰구간을 구하라.

22 다음 표본을 이용하여 모분산에 대한 90% 신뢰구간을 구하라.

2.5	2.8	2.4	3.3	3.5	3.1	3.4	2.5	3.8	2.7

23 다음은 고혈압에 걸린 환자 12명을 두 그룹으로 분류하여 각기 다른 방법으로 치료한 결과이다. 두 방법에 의한 치료 결과가 정규분포를 따른다고 할 때, 두 모분산의 비에 대한 95% 신뢰구간을 구하라.

치료법 A	$n=6$, $\overline{x}=128$, $s_1^2=9$
치료법 B	$m=6$, $\overline{y}=124$, $s_2^2=16$

24 통일연구원에서 20대 이상 국민 1000명을 대상으로 통일에 대한 의식을 조사한 결과, 통일된 단일국가를 선호한 비율이 27%로 나타났다. 통일된 단일국가를 선호하는 전체 국민의 비율에 대한 95% 신뢰구간을 구하라.

25 새로 개발된 상품에 대한 신뢰성을 조사하기 위해 150명을 상대로 조사하여 135명이 상품을 신뢰한다고 응답했다. 이 상품에 대한 신뢰비율 p에 대한 90% 신뢰구간을 구하라.

26 동일한 증세에 사용하는 두 약품의 효능을 조사하기 위해 환자를 두 그룹으로 분류하여 한 달 안에 치료가 이루어지는지 임상실험을 실시했다. 156명으로 구성된 그룹 A에서 치료된 환자는 148명이고, 186명으로 구성된 그룹 B에서 치료된 환자는 168명이다. 두 약품의 치료율 차에 대한 95% 신뢰구간을 구하라.

27 여자와 남자가 빈혈 증세를 보이는 비율에 차이가 있는지 알아보기 위해 각각 200명씩 임의로 선정하여 조사하였다. 선정된 사람들 중 빈혈 증세를 보인 여자와 남자가 각각 47명과 26명이었을 때, 빈혈 증세를 보인 여자와 남자의 비율 차에 대한 95% 신뢰구간을 구하라.

28 최대허용오차 0.2에서 모평균을 추정하여 95% 신뢰구간을 얻고자 한다. 모집단 분포가 표준편차 1.5인 정규분포를 따를 때, 표본의 수를 구하라.

29 최대허용오차 3% 이내에서 모비율에 대한 90% 신뢰구간을 구하고자 한다. 다음 두 경우에 대한 표본의 크기를 구하라.

(1) 임의로 150개를 조사한 표본비율이 6%인 경우

(2) 사전 정보가 없는 경우

CHAPTER 09

가설검정

Tests of Hypotheses

목차	학습목표
9.1 통계적 가설검정	• 가설에 대해 통계적으로 검정하는 방법을 이해할 수 있다.
9.2 모평균의 가설검정	• 모집단의 특성에 따른 모평균과 모평균 차에 대한 귀무가설을 통계적으로 검정할 수 있다.
9.3 모비율의 가설검정	• 모비율과 모비율 차에 대한 귀무가설을 통계적으로 검정할 수 있다.
9.4 모분산의 가설검정	• 모분산과 모분산 비에 대한 귀무가설을 통계적으로 검정할 수 있다.

9.1 통계적 가설검정

이 절에서는 통계적 추론의 중요한 또 다른 분야인 가설검정의 의미와 절차에 대해 살펴본다.

자동차 배터리 회사에서 자사 배터리의 평균 수명이 20만km라고 주장한다고 하자. 이 회사의 주장이 참인지 거짓인지는 알려지지 않았으며, 판단은 소비자의 몫이다. 이와 같이 모집단의 특성을 나타내는 모수에 대한 주장을 가설hypothesis이라 하며, 이 주장에 반대인 다른 주장을 설정하여 어느 주장이 통계적으로 참인지를 결정한다. 표본을 선정한 후, 관찰된 통계량의 값을 이용하여 모수에 대한 주장의 진위 여부를 통계적으로 검정하는 과정을 가설검정hypothesis test이라 하며, 상반되는 두 가설을 설정한다.

- 귀무가설null hypothesis(H_0): 거짓임이 명확히 규명될 때까지 참인 것으로 인정되는 주장, 즉 타당성을 입증해야 할 가설
- 대립가설alternative hypothesis(H_1): 귀무가설의 반대인 가설, 즉 귀무가설이 거짓이라면 참이 되는 가설

일반적으로 모수 θ에 대한 귀무가설은 세 가지 경우가 있으며, 등호(=, ≥, ≤)는 귀무가설에만 사용한다.

$$H_0: \theta = \theta_0,\ \ H_0: \theta \ge \theta_0,\ \ H_0: \theta \le \theta_0$$

대립가설은 귀무가설에 상반되는 가설이므로 각각 다음과 같다.

$$H_1: \theta \ne \theta_0,\ \ H_1: \theta < \theta_0,\ \ H_1: \theta > \theta_0$$

예를 들어, 배터리 회사의 주장에 대한 진위 여부를 검정하기 위해 회사의 주장을 귀무가설, 반대되는 가설을 대립가설로 설정한다. 즉, 귀무가설과 대립가설은 다음과 같다.

$$H_0: \mu = 200{,}000,\ \ H_1: \mu \ne 200{,}000$$

귀무가설 H_0과 대립가설 H_1의 설정에 따라 다음과 같이 검정 방법을 구분한다.

- 양측검정two sided hypothesis: $H_0: \theta = \theta_0$과 $H_1: \theta \ne \theta_0$으로 구성된 검정 방법

- 상단측검정[one sided upper hypothesis]: $H_0: \theta \le \theta_0$과 $H_1: \theta > \theta_0$으로 구성된 검정 방법
- 하단측검정[one sided lower hypothesis]: $H_0: \theta \ge \theta_0$과 $H_1: \theta < \theta_0$으로 구성된 검정 방법

귀무가설 H_0의 진위 여부를 판정하기 위해 표본에서 얻은 통계량을 검정통계량[test statistic]이라 한다. 추정의 경우와 동일하게 모평균, 모분산, 모비율에 대한 귀무가설을 검정하기 위한 검정통계량은 각각 표본평균, 표본분산, 표본비율이다. 이때 표본으로부터 얻은 검정통계량의 관찰값을 이용하여 H_0이 거짓인 결론을 얻는다면 H_0을 기각한다[reject]라고 한다. 한편 신뢰구간이 모수 θ의 참값이 포함될 것으로 믿어지는 구간을 나타내듯이 귀무가설 H_0을 기각시키는 검정통계량의 영역을 기각역[critical region]이라 한다. 따라서 검정통계량의 관찰값이 기각역에 놓이면 귀무가설의 신빙성은 떨어지고, 반대로 기각역에 놓이지 않으면 귀무가설의 신빙성이 높아진다.

■ 검정의 오류와 검정절차

최적의 추정량을 이용하여 모수를 추정하더라도 표본의 선정에 따라 추정값이 왜곡될 수 있듯이 표본의 선정에 따라 검정 결과가 올바른 결정이거나 오류가 있게 된다([표 9.1]).

[표 9.1] H_0에 대한 가설검정 결과

검정 결과 \ 실제 상황	H_0이 참	H_0이 거짓
H_0을 기각하지 않는다.	올바른 결정	제2종 오류
H_0을 기각한다.	제1종 오류	올바른 결정

검정 결과에 의해 발생하는 오류를 검정오류[test error]라 하며, 검정오류에는 다음 두 가지 종류가 있다.

- 제1종 오류[type 1 error]: 귀무가설 H_0이 실제로 참이지만 검정 결과에 따라 H_0을 기각하여 발생하는 오류
- 제2종 오류[type 2 error]: 귀무가설 H_0이 실제로 거짓이지만 검정 결과에 따라 H_0을 기각하지 않아 발생하는 오류

다음과 같이 제1종 오류를 범할 확률을 유의수준significance level이라 하며, α로 나타낸다.

$$\alpha = P(\text{제1종 오류}) = P(H_0\text{을 기각} \mid H_0\text{이 참})$$

보편적으로 유의수준 α는 0.1, 0.05, 0.01을 많이 사용하며, 구간추정에서 신뢰도 90%, 95%, 99%의 반대가 되는 개념으로 이해할 수 있다. 한편 모수 θ에 대한 귀무가설 H_0의 진위 여부를 검정하기 위해 다음 절차를 따른다.

❶ 귀무가설 H_0과 대립가설 H_1을 설정한다.

❷ 유의수준 α와 이에 대한 기각역을 구한다.

❸ 적당한 검정통계량을 선택하고 표본으로부터 검정통계량의 관찰값을 구한다.

❹ 관찰값이 기각역에 들어 있으면 귀무가설 H_0을 기각하고, 그렇지 않으면 H_0을 기각하지 않는다.

■ 검정 유형별 기각역

양측검정은 $H_0: \theta = \theta_0$과 $H_1: \theta \neq \theta_0$으로 구성되므로 검정통계량의 관찰값 $\hat{\theta}$이 $\hat{\theta} \neq \theta_0$인 경우에 H_0을 기각하게 된다. 즉, 검정통계량의 관찰값이 $\hat{\theta} < \theta_0$ 또는 $\hat{\theta} > \theta_0$일 때 H_0을 기각한다. 따라서 유의수준 α에서 기각역은 양쪽 꼬리 부분으로 나타나며, [그림 9.1(a)]와 같이 검정통계량의 관찰값 $\hat{\theta}$이 기각역 $\hat{\theta} < a$ 또는 $\hat{\theta} > b$에 놓이면 귀무가설을 기각하고, [그림 9.1(b)]와 같이 검정통계량의 관찰값 $\hat{\theta}$이 기각역에 놓이지 않으면 귀무가

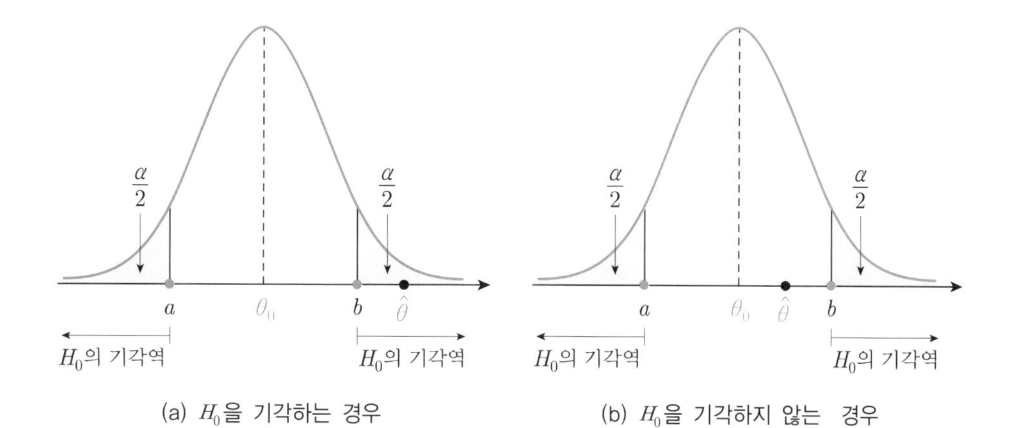

[그림 9.1] 양측검정 결과 H_0의 기각역

설을 기각할 수 없다.

상단측검정은 $H_0: \theta \le \theta_0$과 $H_1: \theta > \theta_0$으로 구성되므로 검정통계량의 관찰값이 $\hat{\theta} > \theta_0$일 때 H_0을 기각하게 된다. 따라서 유의수준 α에서 기각역은 오른쪽 꼬리 부분으로 나타나며 [그림 9.2(a)]와 같이 검정통계량의 관찰값 $\hat{\theta}$이 기각역 $\hat{\theta} > a$에 놓이면 귀무가설을 기각하고, [그림 9.2(b)]와 같이 검정통계량의 관찰값 $\hat{\theta}$이 기각역에 놓이지 않으면 귀무가설을 기각할 수 없다.

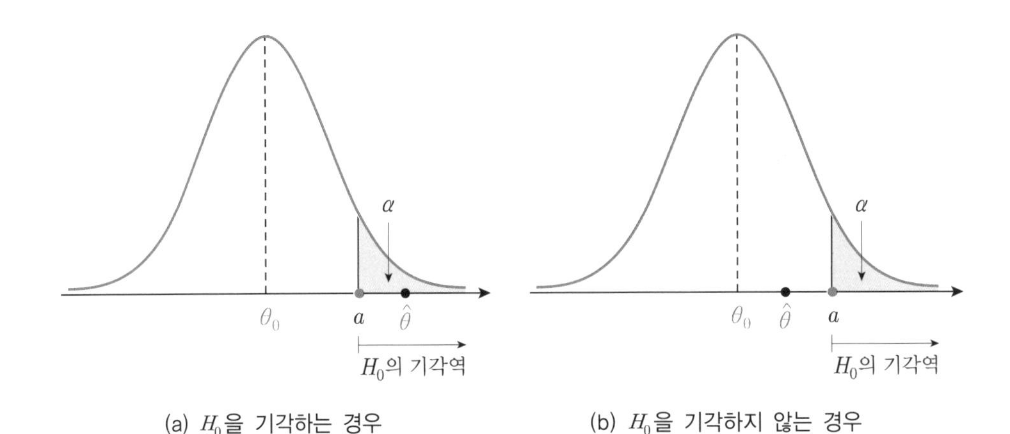

(a) H_0을 기각하는 경우 (b) H_0을 기각하지 않는 경우

[그림 9.2] 상단측검정 결과 H_0의 기각역

하단측검정은 $H_0: \theta \ge \theta_0$과 $H_1: \theta < \theta_0$으로 구성되므로 검정통계량의 관찰값이 $\hat{\theta} < \theta_0$일 때 H_0을 기각하게 된다. 따라서 유의수준 α에서 기각역은 왼쪽 꼬리 부분으로 나타나며

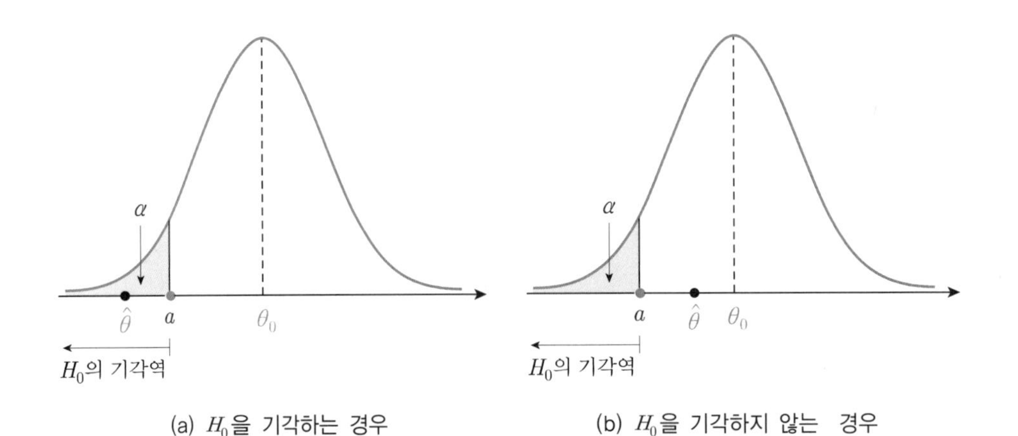

(a) H_0을 기각하는 경우 (b) H_0을 기각하지 않는 경우

[그림 9.3] 하단측검정 결과 H_0의 기각역

[그림 9.3(a)]와 같이 검정통계량의 관찰값 $\hat{\theta}$이 기각역 $\hat{\theta} < a$에 놓이면 귀무가설을 기각하고, [그림 9.3(b)]와 같이 검정통계량의 관찰값 $\hat{\theta}$이 기각역에 놓이지 않으면 귀무가설을 기각할 수 없다.

■ p-값

유의수준 α를 미리 정해 놓고 검정하는 경우, 귀무가설 H_0을 검정하므로 유의수준을 어떻게 설정하는지에 따라 검정통계량의 관찰값이 동일하더라도 귀무가설을 기각할 수도 있고 기각하지 않을 수도 있다. 예를 들어, 귀무가설 $H_0: \mu \le \mu_0$을 검정하기 위한 검정통계량의 관찰값이 $z_0 = 2$라 하자. 상단측검정에서 유의수준이 $\alpha = 2.5\%$이면 기각역은 $Z > z_{0.025} = 1.96$이고 $\alpha = 0.5\%$이면 기각역은 $Z > z_{0.005} = 2.58$이다. 유의수준 $\alpha = 2.5\%$에서 관찰값 $z_0 = 2$는 기각역에 놓이지만 $\alpha = 0.5\%$이면 기각역에 놓이지 않는다.

이러한 모호함을 극복하기 위해 변동 가능한 유의수준인 p-값을 사용한다. p-값[p-value]은 귀무가설 H_0이 참이라고 가정할 때, 관찰값에 의해 H_0을 기각시킬 가장 작은 유의수준을 나타낸다. 즉, 검정통계량의 관찰값 $z_0 = 2$에 대해 p-값은 $P(Z > 2) = 0.0228$이다. [그림 9.4]와 같이 관찰값 $z_0 = 2$는 유의수준 $\alpha = 2.5\%$에 대해 기각역에 놓이지만 유의수준 $\alpha = 0.5\%$에 대해 기각역에 놓이지 않는다. 이때 $0.005 <$ p-값 $= 0.0228 < 0.025$이다. 즉, 유의수준 α에 대해 p-값 $\le \alpha$이면 귀무가설 H_0을 기각하지만, p-값 $> \alpha$이면 귀무가설 H_0을 기각할 수 없다.

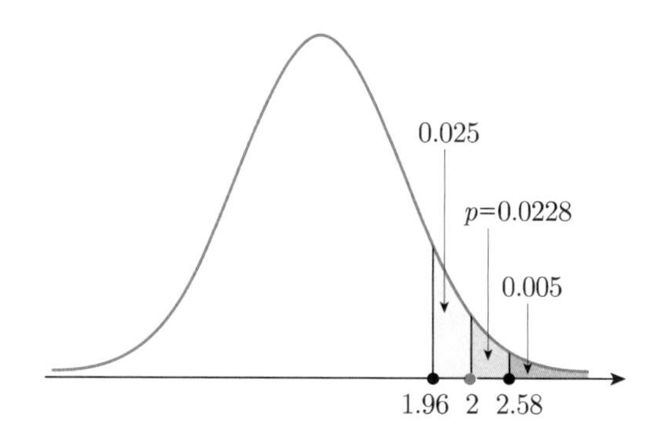

[그림 9.4] p-값과 유의수준

p-값과 유의수준 α에 따른 귀무가설 H_0의 기각 여부는 [표 9.2]와 같다.

[표 9.2] p-값과 유의수준에 따른 H_0의 기각 여부

p-값	유의수준(α)		
	0.1	0.05	0.01
p-값> 0.1	H_0을 기각 안 함	H_0을 기각 안 함	H_0을 기각 안 함
$0.05 < p$-값≤ 0.1	H_0을 기각함	H_0을 기각 안 함	H_0을 기각 안 함
$0.01 < p$-값≤ 0.05	H_0을 기각함	H_0을 기각함	H_0을 기각 안 함
p-값≤ 0.01	H_0을 기각함	H_0을 기각함	H_0을 기각함

검정통계량 $\hat{\Theta}$의 관찰값이 $\hat{\theta}$일 때, 검정유형별 p-값은 다음과 같다.

- 양측검정의 p-값: p-값$= P(|\hat{\Theta}| > |\hat{\theta}|) = 2P(\hat{\Theta} > |\hat{\theta}|)$
- 상단측검정의 p-값: p-값$= P(\hat{\Theta} > \hat{\theta})$
- 하단측검정의 p-값: p-값$= P(\hat{\Theta} < \hat{\theta})$

p-값을 이용하여 귀무가설을 검정할 수 있으며, 검정 방법은 다음과 같다.

❶ 귀무가설 H_0과 대립가설 H_1을 설정한다.
❷ 유의수준 α를 정한다.
❸ 적당한 검정통계량을 선택하고 검정통계량의 관찰값을 이용하여 p-값을 구한다.
❹ p-값$\leq \alpha$이면 귀무가설 H_0을 기각하고, p-값$> \alpha$이면 귀무가설 H_0을 기각하지 않는다.

9.2 모평균의 가설검정

정규모집단의 모평균을 추정하기 위해 표본평균 $\overline{X}$를 이용한 것처럼 모평균 μ에 대한

귀무가설 H_0을 검정하기 위해 표본평균 $\overline{X}$를 이용한다. 특히 모분산을 아는 경우와 모르는 경우에 대한 검정 방법에 대해 살펴본다.

■ 모분산을 아는 정규모집단인 경우

모분산 σ^2을 아는 정규모집단의 모평균에 대한 귀무가설을 검정하기 위해 검정통계량 $\overline{X}$를 이용하여 검정하며, 이 검정 방법을 *Z*-검정[z-test]이라 한다. 귀무가설 $H_0 : \mu = \mu_0$에 대한 양측검정을 실시한다면 H_0이 거짓이라는 사실이 판명나기 전까지 $\mu = \mu_0$이라는 주장 H_0이 정당한 것으로 가정하므로 $\overline{X}$에 대해 다음 확률분포가 성립한다.

$$Z = \frac{\overline{X} - \mu_0}{\sigma / \sqrt{n}} \sim N(0, 1)$$

유의수준 α에 대한 양측검정의 기각역은 $\overline{X} < a$ 또는 $\overline{X} > b$이고, 양쪽 꼬리확률이 각각 $\frac{\alpha}{2}$이므로 다음이 성립한다.

$$\begin{aligned}
\alpha &= P(H_0 : \text{기각} \mid H_0 : \text{참}) \\
&= P\left(\overline{X} \neq \mu_0 \mid \overline{X} \sim N(\mu_0, \sigma^2/n)\right) \\
&= P\left(\overline{X} < a \mid \overline{X} \sim N(\mu_0, \sigma^2/n)\right) + P\left(\overline{X} > b \mid \overline{X} \sim N(\mu_0, \sigma^2/n)\right) \\
&= P\left(Z < \frac{a - \mu_0}{\sigma / \sqrt{n}}\right) + P\left(Z > \frac{b - \mu_0}{\sigma / \sqrt{n}}\right) \\
&= P(Z < -z_{\alpha/2}) + P(Z > z_{\alpha/2})
\end{aligned}$$

따라서 기각역의 두 경계값은 다음과 같다.

$$\frac{a - \mu_0}{\sigma / \sqrt{n}} = -z_{\alpha/2}, \quad \frac{b - \mu_0}{\sigma / \sqrt{n}} = z_{\alpha/2}$$

즉, 표준화 확률변수 Z를 이용한 양측검정의 기각역은 다음과 같다.

$$Z < -z_{\alpha/2}, \quad Z > z_{\alpha/2}$$

그러므로 귀무가설 $H_0 : \mu = \mu_0$에 대한 양측검정에서 다음 검정통계량의 관찰값 z_0이 기각역에 놓이면 귀무가설 H_0을 기각하고, 기각역에 놓이지 않으면 H_0을 기각할 수 없다.

$$Z = \frac{\overline{X} - \mu_0}{\sigma / \sqrt{n}}$$

검정통계량의 관찰값이 z_0일 때, 양측검정에 대한 p-값은 다음과 같다.

$$p\text{-값} = P(|Z| > |z_0|) = 2P(Z > |z_0|)$$

p-값 $\le \alpha$이면 H_0을 기각하고, p-값 $> \alpha$이면 H_0을 기각하지 않는다.

예제 1

모분산이 4인 정규모집단에 대해 귀무가설 $H_0: \mu = 20$이라는 주장을 확인하기 위해 크기 49인 표본을 임의로 추출하여 조사한 결과 $\overline{x} = 20.5$를 얻었다. 모평균에 대한 귀무가설을 다음 방법에 의해 유의수준 $\alpha = 0.05$에서 검정하라.

(1) 기각역을 이용 (2) p-값을 이용

풀이

(1) 다음 순서에 따라 양측검정을 수행한다.

① 귀무가설과 대립가설은 $H_0: \mu = 20$, $H_1: \mu \ne 20$이다.

② 유의수준 $\alpha = 0.05$에 대한 양측검정이므로 기각역은 $Z < -1.96$ 또는 $Z > 1.96$ 이다.

③ $\sigma = 2$, $\overline{x} = 20.5$이므로 모평균에 대한 검정통계량과 관찰값은 각각 다음과 같다.

$$Z = \frac{\overline{X} - 20}{2/\sqrt{49}}, \quad z_0 = \frac{20.5 - 20}{2/\sqrt{49}} = 1.75$$

④ $z_0 = 1.75$가 기각역에 놓이지 않으므로 귀무가설을 기각할 수 없다. 즉, 유의수준 $\alpha = 0.05$에서 귀무가설 $H_0: \mu = 20$은 타당성이 있다.

(2) $z_0 = 1.75$이므로 p-값은 다음과 같다.

$$p\text{-값} = 2P(Z > 1.75) = 2(1 - 0.9599) = 0.0802$$

따라서 p-값 $= 0.0802 > \alpha = 0.05$이므로 귀무가설 $H_0: \mu = 20$을 기각할 수 없다.

유의수준 α에 대한 상단측검정의 기각역은 오른쪽 꼬리확률이 α인 경계보다 큰 영역 $\overline{X} > a$이다. 그리고 표준정규분포에서 오른쪽 꼬리확률이 α인 경계는 z_α이므로 양측검정의 기각역을 구하는 방법과 동일하게 다음을 얻는다.

$$\frac{a-\mu_0}{\sigma/\sqrt{n}} = z_\alpha$$

즉, 유의수준 α에 대해 귀무가설이 $H_0: \mu \le \mu_0$인 상단측검정의 기각역은 $Z > z_\alpha$이다. 상단측검정에 대한 p-값은 검정통계량의 관찰값 z_0에 대해 p-값$= P(Z > z_0)$이다.

같은 방법으로 유의수준 α에 대해 하단측검정의 기각역은 왼쪽 꼬리확률이 α인 경계보다 작은 영역 $\overline{X} < a$이다. 표준정규분포에서 왼쪽 꼬리확률이 α인 경계는 $-z_\alpha$이므로 다음을 얻는다.

$$\frac{a-\mu_0}{\sigma/\sqrt{n}} = z_\alpha$$

유의수준 α에 대해 귀무가설이 $H_0: \mu \ge \mu_0$인 하단측검정의 기각역은 $Z < -z_\alpha$이고 이 경우 p-값은 검정통계량의 관찰값 z_0에 대해 p-값$= P(Z < z_0)$이다. [표 9.3]은 모분산을 아는 정규모집단에서 모평균에 대한 귀무가설을 검정하는 방법을 정리한 것이다.

[표 9.3] 유의수준이 α일 때 정규모집단의 모평균에 대한 가설검정(σ^2을 아는 경우)

가설과 기각역 / 검정 방법	귀무가설 H_0	대립가설 H_1	H_0의 기각역	p-값
양측검정	$\mu = \mu_0$	$\mu \ne \mu_0$	$\lvert Z\rvert > \lvert z_{\alpha/2}\rvert$	$2P(Z > \lvert z_0\rvert)$
상단측검정	$\mu \le \mu_0$	$\mu > \mu_0$	$Z > z_\alpha$	$P(Z > z_0)$
하단측검정	$\mu \ge \mu_0$	$\mu < \mu_0$	$Z < -z_\alpha$	$P(Z < z_0)$

예제 2

모분산 9인 정규모집단에 대해 모평균이 20보다 크다는 주장을 검정하기 위해 크기 25인 표본을 임의로 선정하여 조사한 결과 $\overline{x} = 21$을 얻었다. 모평균에 대한 주장을 다음 방법에 의해 유의수준 $\alpha = 0.05$에서 검정하라.

(1) 기각역을 이용 (2) p-값을 이용

풀이

(1) $\mu > 20$에 대한 주장이므로 이 주장을 대립가설로 설정한다.

① 귀무가설과 대립가설은 $H_0: \mu \le 20$, $H_1: \mu > 20$이다.

② 유의수준 $\alpha = 0.05$에 대한 상단측검정이므로 기각역은 $Z > z_{0.05} = 1.645$이다.

③ $\sigma = 3$, $n = 25$, $\overline{x} = 21$이므로 검정통계량과 관찰값은 각각 다음과 같다.

$$Z = \frac{\overline{X} - 20}{3/\sqrt{25}}, \quad z_0 = \frac{21 - 20}{3/\sqrt{25}} \approx 1.67$$

④ $z_0 \approx 1.67$이 기각역에 놓이므로 귀무가설 $H_0: \mu \le 20$을 기각한다. 즉, 모평균이 20보다 크다는 주장은 타당성이 있다.

(2) $z_0 \approx 1.67$이므로 p-값$= P(Z > 1.67) = 1 - 0.9525 = 0.0475$이고 p-값 $< \alpha = 0.05$이므로 귀무가설 $H_0: \mu \le 20$을 기각한다.

■ 모분산을 모르는 정규모집단인 경우

모분산 σ^2을 모르는 경우, σ를 s로 대체한 표본평균 $\overline{X}$의 표준화 확률변수 T는 자유도 $n-1$인 t-분포를 따르는 것을 알고 있다.

$$T = \frac{\overline{X} - \mu}{s/\sqrt{n}} \sim t(n-1)$$

따라서 귀무가설 $H_0: \mu = \mu_0$이 참이라는 조건 아래 다음 통계량을 이용하며, 이 통계량에 의한 검정을 t-검정[t-test]이라 한다.

$$T = \frac{\overline{X} - \mu_0}{s/\sqrt{n}}$$

t-검정에 의한 모평균의 가설검정은 t-분포를 사용하는 것을 제외하면 Z-검정과 동일하다. t-분포에서 양쪽 꼬리확률이 각각 $\frac{\alpha}{2}$가 되는 두 백분위수는 $\pm t_{\alpha/2}(n-1)$이므로 양측검정의 기각역은 다음과 같다.

$$T < -t_{\alpha/2}(n-1),\quad T > t_{\alpha/2}(n-1)$$

그러므로 검정통계량의 관찰값 $t_0 = \dfrac{\bar{x} - \mu_0}{s/\sqrt{n}}$이 기각역에 놓이면 귀무가설 $H_0: \mu = \mu_0$을 기각한다. 검정통계량의 관찰값이 t_0일 때, 양측검정에 대한 p-값은 다음과 같이 정의된다.

$$p\text{-값} = 2P(T > |t_0|)$$

p-값 $\le \alpha$이면 H_0을 기각하고 p-값 $> \alpha$이면 H_0을 기각하지 않는다.

단측검정의 경우에도 자유도 $n-1$인 t-분포를 사용하며, 오른쪽 꼬리확률과 왼쪽 꼬리확률이 α인 백분위수 $t_\alpha(n-1)$, $-t_\alpha(n-1)$에 의해 기각역이 결정된다. 유의수준 α에서 귀무가설 $H_0: \mu \le \mu_0$을 검정하기 위한 상단측검정의 기각역은 $T > t_\alpha(n-1)$이고, p-값은 다음과 같다.

$$p\text{-값} = P(T > t_0)$$

귀무가설 $H_0: \mu \ge \mu_0$을 검정하기 위한 하단측검정의 기각역은 $T < -t_\alpha(n-1)$이고, p-값은 다음과 같다.

$$p\text{-값} = P(T < t_0)$$

[표 9.4]는 모분산을 모르는 정규모집단의 모평균에 대한 가설검정을 정리한 것이다.

[표 9.4] 유의수준이 α일 때 정규모집단의 모평균에 대한 가설검정(σ^2을 모르는 경우)

가설과 기각역 / 검정 방법	귀무가설 H_0	대립가설 H_1	H_0의 기각역	p-값
양측검정	$\mu = \mu_0$	$\mu \ne \mu_0$	$\lvert T\rvert > \lvert t_{\alpha/2}(n-1)\rvert$	$2P(T > \lvert t_0\rvert)$
상단측검정	$\mu \le \mu_0$	$\mu > \mu_0$	$T > t_\alpha(n-1)$	$P(T > t_0)$
하단측검정	$\mu \ge \mu_0$	$\mu < \mu_0$	$T < -t_\alpha(n-1)$	$P(T < t_0)$

예제 3

모분산을 모르는 정규모집단에 대해 $\mu=15$라는 주장을 검정하기 위해 크기 10인 표본을 선정하여 다음을 얻었다.

14.6	14.5	16.4	17.7	15.6	15.1	15.4	15.7	14.9	17.1

모평균에 대한 귀무가설을 다음 방법에 의해 유의수준 $\alpha=0.05$에서 검정하라.

(1) 기각역을 이용　　(2) p-값을 이용

풀이

(1) 표본의 표본평균과 표본분산, 표본표준편차를 구하면 각각 다음과 같다.

$$\bar{x}=\frac{1}{10}\sum_{i=1}^{10}x_i=15.7,\ s^2=\frac{1}{9}\sum_{i=1}^{10}(x_i-15.7)^2\approx 1.1333,$$

$$s=\sqrt{1.1333}\approx 1.065$$

① 귀무가설과 대립가설은 $H_0: \mu=15$, $H_1: \mu\neq 15$이다.

② $n=10$이므로 유의수준 $\alpha=0.05$에 대한 양측검정의 기각역은 다음과 같다.

$$T<-t_{0.025}(9)=-2.262,\ T>t_{0.025}(9)=2.262$$

③ $s=1.065$, $n=10$, $\bar{x}=15.7$이므로 검정통계량과 관찰값은 각각 다음과 같다.

$$T=\frac{\overline{X}-15}{1.065/\sqrt{10}},\ t_0=\frac{15.7-15}{1.065/\sqrt{10}}\approx 2.0793$$

④ $t_0\approx 2.0793$이 기각역에 놓이지 않으므로 귀무가설을 기각할 수 없다.
즉, $\mu=15$라는 주장은 타당성이 있다.

(2) 검정통계량의 관찰값에 대해 $|t_0|=2.0793$이므로 p-값$=2P(T>2.0793)$이다. 이때 $t_{0.05}(9)=1.833$, $t_{0.025}(9)=2.262$, 즉 $P(T>1.833)=0.05$, $P(T>2.262)=0.025$이다. 따라서 $0.025<P(T>2.0793)<0.05$이고 $0.05<p$-값<0.1, 즉 p-값$>\alpha=0.05$이므로 귀무가설을 기각할 수 없다.

예제 4

모평균이 $\mu \geq 70$이라는 주장에 대한 타당성을 조사하기 위해 크기 25인 표본을 조사한 결과 $\overline{x}=68.9$, $s=3$을 얻었다. 모평균에 대한 주장을 유의수준 $\alpha=0.05$에서 검정하라.

풀이

① 귀무가설과 대립가설은 $H_0: \mu \geq 70$, $H_1: \mu < 70$이다.

② $n=25$, $t_{0.05}(24)=1.711$이므로 하단측검정의 기각역은 $T<-1.711$이다.

③ $\overline{x}=68.9$, $s=3$이므로 검정통계량과 관찰값은 각각 다음과 같다.

$$T=\frac{\overline{X}-70}{3/\sqrt{25}}, \quad t_0=\frac{68.9-70}{3/\sqrt{25}} \approx -1.833$$

④ $t_0=-1.833$이 기각역에 놓이므로 귀무가설을 기각한다. 즉, 귀무가설 $H_0: \mu \geq 70$은 유의수준 $\alpha=0.05$에서 타당성이 없다.

■ 임의의 모집단인 경우

모분산을 알거나 모르는 임의의 모집단 분포인 경우에도 모평균에 대한 가설을 근사적으로 검정할 수 있다. 모분산 σ^2을 알고 표본의 크기 n이 충분히 크면 중심극한정리에 의해 표본평균 $\overline{X}$는 정규분포에 근사한다. 따라서 다음 검정통계량을 이용하여 Z-검정을 수행할 수 있다.

$$Z=\frac{\overline{X}-\mu_0}{\sigma/\sqrt{n}}$$

표본분산은 모분산에 대한 일치추정량이므로 표본의 크기가 충분히 크면 $s^2 \approx \sigma^2$이다. 따라서 Z-통계량에서 모표준편차 σ를 표본표준편차 s로 대체한 검정통계량을 이용하여 Z-검정을 수행할 수 있다.

$$Z=\frac{\overline{X}-\mu_0}{s/\sqrt{n}}$$

예제 5

공정라인에서 생산하는 직경이 300mm인 웨이퍼의 평균 두께가 $0.1\mu\text{m}$라고 한다. 이 주장이 타당한지 조사하기 위해 생산된 웨이퍼 64개를 임의로 선정하여 $\overline{x}=0.102$, $s=0.009$를 얻었다. 유의수준 5%에서 웨이퍼의 평균 두께가 $0.1\mu\text{m}$라는 주장을 검정하라.

풀이

① 귀무가설과 대립가설은 $H_0: \mu=0.1$, $H_1: \mu\neq 0.1$이다.

② 유의수준 $\alpha=0.05$에 대한 양측검정의 기각역은 $Z<-1.96$, $Z>1.96$이다.

③ 귀무가설에 대한 검정통계량의 분포와 관찰값은 각각 다음과 같다.

$$Z=\frac{\overline{X}-0.1}{s/\sqrt{64}}\approx N(0,\,1),\quad z_0=\frac{0.102-0.1}{0.009/\sqrt{64}}\approx 1.778$$

④ $z_0\approx 1.778$이 기각역에 놓이지 않으므로 귀무가설을 기각하지 않는다. 즉, 웨이퍼의 평균 두께가 $0.1\mu\text{m}$라는 주장은 타당성이 있다.

■ 모분산을 아는 경우 모평균 차에 대한 검정

두 정규모집단 $N(\mu_1,\,\sigma_1^2)$, $N(\mu_2,\,\sigma_2^2)$이 독립이고 두 모분산 σ_1^2과 σ_2^2을 아는 경우 μ_1과 μ_2의 차에 대한 가설을 검정하는 방법에 대해 살펴본다. 각각 크기 n과 m인 표본을 선정하면 표본평균의 차 $\overline{X}-\overline{Y}$에 대해 다음 확률분포가 성립한다.

$$Z=\frac{(\overline{X}-\overline{Y})-(\mu_1-\mu_2)}{\sqrt{\dfrac{\sigma_1^2}{n}+\dfrac{\sigma_2^2}{m}}}\sim N(0,\,1)$$

$\mu_1-\mu_2$에 대해 다음 귀무가설을 생각할 수 있다.

$$H_0: \mu_1-\mu_2=\mu_0,\ \ H_0: \mu_1-\mu_2\leq\mu_0,\ \ H_0: \mu_1-\mu_2\geq\mu_0$$

귀무가설을 기각하기 전까지 귀무가설을 참인 것으로 인정하므로 다음 Z-검정통계량을 사용한다.

$$Z = \frac{(\overline{X} - \overline{Y}) - \mu_0}{\sqrt{\frac{\sigma_1^2}{n} + \frac{\sigma_2^2}{m}}}$$

두 표본평균의 관찰값 $\overline{x}$와 $\overline{y}$에 대해 검정통계량의 관찰값은 다음과 같다.

$$z_0 = \frac{(\overline{x} - \overline{y}) - \mu_0}{\sqrt{(\sigma_1^2/n) + (\sigma_2^2/m)}}$$

모분산을 아는 경우 모평균의 차에 대한 검정 방법은 Z-검정이므로 [표 9.5]와 같이 요약된다.

[표 9.5] 모평균 차에 대한 검정 유형에 따른 기각역과 p-값(두 모분산을 아는 경우)

가설과 기각역 / 검정 방법	귀무가설 H_0	대립가설 H_1	H_0의 기각역	p-값
양측검정	$\mu_1 - \mu_2 = \mu_0$	$\mu_1 - \mu_2 \neq \mu_0$	$\lvert Z \rvert > \lvert z_{\alpha/2} \rvert$	$2P(Z > \lvert z_0 \rvert)$
상단측검정	$\mu_1 - \mu_2 \leq \mu_0$	$\mu_1 - \mu_2 > \mu_0$	$Z > z_\alpha$	$P(Z > z_0)$
하단측검정	$\mu_1 - \mu_2 \geq \mu_0$	$\mu_1 - \mu_2 < \mu_0$	$Z < -z_\alpha$	$P(Z < z_0)$

예제 6

독립인 두 정규모집단의 평균이 동일한지 알아보기 위해 각각 크기 25와 36인 표본을 추출하여 표본평균 $\overline{x} = 2.25$, $\overline{y} = 2.4$를 얻었다. 두 모분산이 다음과 같을 때, 유의수준 5%에서 모평균이 동일하다는 주장을 검정하라.

(1) $\sigma_1^2 = 0.09$, $\sigma_2^2 = 0.1$인 경우 (2) $\sigma_1^2 = 0.04$, $\sigma_2^2 = 0.09$인 경우

풀이

(1) ① 귀무가설과 대립가설은 $H_0: \mu_1 - \mu_2 = 0$, $H_1: \mu_1 - \mu_2 \neq 0$이다.

② 유의수준 $\alpha = 0.05$에 대한 양측검정 기각역은 $Z < -1.96$, $Z > 1.96$이다.

③ $\mu_0 = 0$, $\sigma_1^2 = 0.09$, $\sigma_2^2 = 0.1$, $n = 25$, $m = 36$, $\overline{x} = 2.25$, $\overline{y} = 2.4$이므로 검정통계량과 검정통계량의 관찰값은 각각 다음과 같다.

$$Z=\frac{\overline{X}-\overline{Y}}{\sqrt{(0.09/25)+(0.1/36)}},\ z_0=\frac{2.25-2.4}{\sqrt{(0.09/25)+(0.1/36)}}\approx-1.88$$

④ $z_0\approx-1.88$이 기각역에 놓이지 않으므로 귀무가설을 기각할 수 없다.
즉, 두 모평균이 동일하다는 주장은 타당성이 있다.

(2) $\sigma_1^2=0.04$, $\sigma_2^2=0.09$이므로 검정통계량과 검정통계량의 관찰값은 각각 다음과 같다.

$$Z=\frac{\overline{X}-\overline{Y}}{\sqrt{(0.04/25)+(0.09/36)}},\ z_0=\frac{2.25-2.4}{\sqrt{(0.04/25)+(0.09/36)}}\approx-2.34$$

$z_0\approx-2.34$가 기각역에 놓이므로 귀무가설을 기각한다. 즉, 두 모평균이 동일하다는 주장은 타당성이 없다.

예제 7

$\sigma_1^2=0.1$, $\sigma_2^2=0.2$이고 독립인 두 정규모집단의 모평균에 대해 $\mu_1>\mu_2+0.5$라고 한다. 이를 알아보기 위해 각각 크기 25와 36인 표본을 추출하여 표본평균 $\overline{x}=1.98$, $\overline{y}=1.32$를 얻었다. 유의수준 5%에서 모평균에 대한 주장을 검정하라.

풀이

① 모평균에 대한 주장이 $\mu_1>\mu_2+0.5$, 즉 $\mu_1-\mu_2>0.5$이므로 이 주장을 대립가설로 설정한다. 따라서 귀무가설과 대립가설은 $H_0: \mu_1-\mu_2\le 0.5$, $H_1: \mu_1-\mu_2>0.5$이다.

② 유의수준 $\alpha=0.05$에 대한 상단측검정 기각역은 $Z>1.645$이다.

③ $\mu_0=0.5$, $\sigma_1^2=0.1$, $\sigma_2^2=0.2$, $n=25$, $m=36$, $\overline{x}=1.98$, $\overline{y}=1.32$이므로 검정통계량과 검정통계량의 관찰값은 각각 다음과 같다.

$$Z=\frac{\overline{X}-\overline{Y}-0.5}{\sqrt{(0.1/25)+(0.2/36)}},\ z_0=\frac{(1.98-1.32)-0.5}{\sqrt{(0.1/25)+(0.2/36)}}\approx1.637$$

④ $z_0\approx1.637$이 기각역에 놓이지 않으므로 귀무가설을 기각할 수 없다.
즉, $\mu_1>\mu_2+0.5$라는 주장은 타당성이 없다.

■ 모분산을 모르는 경우 모평균 차에 대한 검정

두 정규모집단 $N(\mu_1, \sigma_1^2)$, $N(\mu_2, \sigma_2^2)$이 독립이고 $\sigma_1^2 = \sigma_2^2 = \sigma^2$이지만 σ^2을 모르는 경우에 μ_1과 μ_2의 차에 대한 가설을 검정하는 방법에 대해 살펴본다. 각각 크기 n과 m인 표본을 선정하면 합동표본분산 S_p^2 및 표본평균의 차 $\overline{X} - \overline{Y}$에 대해 다음 확률분포가 성립한다.

$$T = \frac{(\overline{X} - \overline{Y}) - (\mu_1 - \mu_2)}{S_p \sqrt{\dfrac{1}{n} + \dfrac{1}{m}}} \sim t(n+m-2)$$

귀무가설 $H_0: \mu_1 - \mu_2 = \mu_0$, $H_0: \mu_1 - \mu_2 \le \mu_0$, $H_0: \mu_1 - \mu_2 \ge \mu_0$을 검정할 때, 귀무가설을 기각하기 전까지 귀무가설을 참인 것으로 인정하므로 다음 T-검정통계량을 사용한다.

$$T = \frac{(\overline{X} - \overline{Y}) - \mu_0}{s_p \sqrt{\dfrac{1}{n} + \dfrac{1}{m}}}$$

두 표본평균의 관찰값 $\overline{x}$와 $\overline{y}$에 대해 검정통계량의 관찰값은 다음과 같다.

$$t_0 = \frac{(\overline{x} - \overline{y}) - \mu_0}{s_p \sqrt{\dfrac{1}{n} + \dfrac{1}{m}}}$$

모평균의 차에 대한 검정 방법은 t-검정이므로 [표 9.6]과 같이 요약된다.

[표 9.6] 모평균 차에 대한 검정 유형에 따른 기각역과 p-값(모분산을 모르고 $\sigma_1^2 = \sigma_2^2$인 경우)

가설과 기각역 / 검정 방법	귀무가설 H_0	대립가설 H_1	H_0의 기각역	p-값
양측검정	$\mu_1 - \mu_2 = \mu_0$	$\mu_1 - \mu_2 \ne \mu_0$	$\lvert T \rvert > \lvert t_{\alpha/2}(n+m-2) \rvert$	$2P(T > \lvert t_0 \rvert)$
상단측검정	$\mu_1 - \mu_2 \le \mu_0$	$\mu_1 - \mu_2 > \mu_0$	$T > t_\alpha(n+m-2)$	$P(T > t_0)$
하단측검정	$\mu_1 - \mu_2 \ge \mu_0$	$\mu_1 - \mu_2 < \mu_0$	$T < -t_\alpha(n+m-2)$	$P(T < t_0)$

예제 8

모분산이 동일한 두 정규모집단에 대해 $\mu_1 - \mu_2 = 3$이라는 주장을 검정하기 위해 표본 조사를 실시하여 다음을 얻었다. 이 자료를 이용하여 유의수준 5%에서 귀무가설을 검정하라.

표본	표본 크기	표본평균	표본분산
표본 A	$n=12$	$\bar{x}=42.0$	$s_1^2=2.25$
표본 B	$m=14$	$\bar{y}=37.7$	$s_2^2=3.24$

풀이

$n=12$, $m=14$, $s_1^2=2.25$, $s_2^2=3.24$이므로 합동표본분산과 합동표본표준편차는 각각 다음과 같다.

$$s_p^2 = \frac{1}{12+14-2}(11\times 2.25 + 13\times 3.24) \approx 2.7863, \quad s_p = \sqrt{2.7863} \approx 1.669$$

① $t_{0.025}(24) = 2.064$이므로 양측검정의 기각역은 $T < -2.064$, $T > 2.064$이다.

② $s_p \approx 1.669$, $\mu_0 = 3$, $\bar{x}=42.0$, $\bar{y}=37.7$이므로 검정통계량과 관찰값은 각각 다음과 같다.

$$T = \frac{(\overline{X}-\overline{Y})-3}{1.669\sqrt{\frac{1}{12}+\frac{1}{14}}}, \quad t_0 = \frac{(42-37.7)-3}{1.669\sqrt{\frac{1}{12}+\frac{1}{14}}} \approx 1.98$$

③ $t_0 \approx 1.98$이 기각역에 놓이지 않으므로 $H_0: \mu_1 - \mu_2 = 3$을 기각할 수 없다.

독립인 두 정규모집단의 모분산을 모르고 $\sigma_1^2 \neq \sigma_2^2$인 경우, 각각 크기 n과 m인 두 표본에 대한 표본평균의 차 $\overline{X}-\overline{Y}$에 대한 T-검정통계량은 자유도 ν인 t-분포를 따른다.

$$T = \frac{(\overline{X}-\overline{Y})-(\mu_1-\mu_2)}{\sqrt{\frac{s_1^2}{n}+\frac{s_2^2}{m}}} \approx t(\nu)$$

여기서 자유도 ν는 다음 식에서 소수점 이하의 값을 버린 정수이다.

$$\nu=\frac{\left(\frac{s_1^2}{n}+\frac{s_2^2}{m}\right)^2}{\frac{1}{n-1}\left(\frac{s_1^2}{n}\right)^2+\frac{1}{m-1}\left(\frac{s_2^2}{m}\right)^2}$$

그러므로 모평균 차에 대한 귀무가설 $\mu_1-\mu_2=\mu_0$, $\mu_1-\mu_2 \le \mu_0$, $\mu_1-\mu_2 \ge \mu_0$을 검정을 위한 검정통계량은 다음과 같다.

$$T=\frac{(\overline{X}-\overline{Y})-\mu_0}{\sqrt{\frac{s_1^2}{n}+\frac{s_2^2}{m}}}$$

모평균의 차에 대한 검정 방법은 t-검정이므로 [표 9.7]과 같이 요약된다.

[표 9.7] 모평균 차에 대한 검정 유형에 따른 기각역과 p-값(모분산을 모르고 값이 다른 경우)

가설과 기각역 / 검정 방법	귀무가설 H_0	대립가설 H_1	H_0의 기각역	p-값
양측검정	$\mu_1-\mu_2=\mu_0$	$\mu_1-\mu_2\neq\mu_0$	$\lvert T\rvert > \lvert t_{\alpha/2}(\nu)\rvert$	$2P(T>\lvert t_0\rvert)$
상단측검정	$\mu_1-\mu_2\le\mu_0$	$\mu_1-\mu_2>\mu_0$	$T>t_\alpha(\nu)$	$P(T>t_0)$
하단측검정	$\mu_1-\mu_2\ge\mu_0$	$\mu_1-\mu_2<\mu_0$	$T<-t_\alpha(\nu)$	$P(T<t_0)$

예제 9

[예제 8]에서 두 모분산이 서로 다른 경우에 $\mu_1-\mu_2=3$을 유의수준 5%에서 검정하라.

풀이

$n=12$, $m=14$, $s_1^2=2.25$, $s_2^2=3.24$이므로 자유도는 다음과 같이 $\nu=23$이다.

$$\nu=\frac{(2.25/12+3.24/14)^2}{\frac{(2.25/12)^2}{11}+\frac{(3.24/14)^2}{13}}\approx 23.989$$

① $t_{0.025}(23)=2.069$이므로 양측검정의 기각역은 $T<-2.069$, $T>2.069$이다.

② $\mu_0 = 3$, $s_1^2 = 2.25$, $s_2^2 = 3.24$, $\overline{x} = 42.0$, $\overline{y} = 37.7$이므로 검정통계량과 관찰값은 각각 다음과 같다.

$$T = \frac{(\overline{X} - \overline{Y}) - 3}{\sqrt{\frac{2.25}{12} + \frac{3.24}{14}}}, \quad t_0 = \frac{(42 - 37.7) - 3}{\sqrt{\frac{2.25}{12} + \frac{3.24}{14}}} \approx 2.009$$

③ 관찰값 $t_0 \approx 2.009$는 기각역에 놓이지 않으므로 $H_0: \mu_1 - \mu_2 = 3$을 기각할 수 없다.

9.3 모비율의 가설검정

정규모집단의 모비율을 추정하기 위해 표본비율을 이용한 것처럼 모비율 p에 대한 귀무가설 H_0의 검정을 위해 표본비율 $\hat{p}$을 이용한다. 이 절에서는 단일 모집단의 모비율과 독립인 두 모집단의 모비율 차에 대한 검정 방법을 살펴본다.

■ 모비율의 가설검정

모비율 p인 모집단에서 충분히 큰 표본을 추출하면 표본비율 $\hat{p}$의 표준화 확률변수는 다음 확률분포에 근사한다.

$$Z = \frac{\hat{p} - p}{\sqrt{\frac{pq}{n}}} \approx N(0, 1)$$

모비율에 대한 귀무가설 $H_0: p = p_0$, $H_0: p \le p_0$, $H_0: p \ge p_0$을 검정하기 위해 Z-검정을 이용하며, 귀무가설을 기각하기 전까지 귀무가설을 참인 것으로 인정하므로 다음 Z-검정통계량을 사용한다.

$$Z = \frac{\hat{p} - p_0}{\sqrt{\frac{p_0 q_0}{n}}}$$

모비율에 대한 검정 방법이 Z-검정이므로 [표 9.8]과 같이 요약되며, 검정통계량의 관찰값 z_0 이 기각역에 놓이거나 p-값이 유의수준 α보다 작거나 같으면 귀무가설을 기각한다.

[표 9.8] 모비율에 대한 검정 유형에 따른 기각역과 p-값

검정 방법 \ 가설과 기각역	귀무가설 H_0	대립가설 H_1	H_0의 기각역	p-값
양측검정	$p = p_0$	$p \neq p_0$	$\lvert Z \rvert > \lvert z_{\alpha/2} \rvert$	$2P(Z > \lvert z_0 \rvert)$
상단측검정	$p \leq p_0$	$p > p_0$	$Z > z_\alpha$	$P(Z > z_0)$
하단측검정	$p \geq p_0$	$p < p_0$	$Z < -z_\alpha$	$P(Z < z_0)$

예제 10

대학 본부는 시험에서 부정행위 비율이 7%로 다른 대학에 비해 매우 높은 편이라고 주장한다. 대학 본부의 주장을 검정하기 위해 200명을 조사한 결과 21명이 부정행위를 한 것으로 밝혀졌다. p-값을 구하여 부정행위 비율이 7%라는 주장을 유의수준 5%에서 검정하라.

풀이

① 귀무가설과 대립가설은 $H_0: p = 0.07$, $H_1: p \neq 0.07$이다.

② $n = 200$, $x = 21$이므로 $\hat{p} = \frac{21}{200} = 0.105$이고 검정통계량과 관찰값은 다음과 같다.

$$Z = \frac{\hat{p} - 0.07}{\sqrt{\frac{0.07 \times 0.93}{200}}}, \quad z_0 = \frac{0.105 - 0.07}{\sqrt{\frac{0.07 \times 0.93}{200}}} \approx 1.94$$

③ p-값 $= 2P(Z > 1.94) = 2 \times 0.0262 = 0.0524 > 0.05$이므로 H_0을 기각할 수 없다. 즉, 대학 본부의 주장은 타당성이 있다.

■ 두 모비율 차의 검정($p_1 - p_2 = 0$인 경우)

두 모비율이 각각 p_1, p_2이고 독립인 두 모집단에서 각각 크기 n과 m인 표본을 선정할 때, n과 m이 충분히 크면 표본비율 차 $\hat{p}_1 - \hat{p}_2$에 대해 다음 근사확률분포가 성립한다.

$$Z = \frac{(\hat{p}_1 - \hat{p}_2) - (p_1 - p_2)}{\sqrt{\frac{p_1 q_1}{n} + \frac{p_2 q_2}{m}}} \approx N(0, 1)$$

모비율 차에 대한 귀무가설 $H_0: p_1 - p_2 = 0$, $H_0: p_1 - p_2 \le 0$, $H_0: p_1 - p_2 \ge 0$을 검정하기 위해 Z-검정을 이용한다. $p_1 - p_2 = 0$, 즉 $p_1 = p_2$에 대한 검정이므로 공통인 모비율 $p_1 = p_2 = p$를 이용하면 검정통계량은 다음과 같이 표현된다.

$$Z = \frac{\hat{p}_1 - \hat{p}_2}{\sqrt{pq\left(\frac{1}{n} + \frac{1}{m}\right)}} \approx N(0, 1)$$

이때 모비율 p는 알려지지 않은 모수이므로 다음과 같이 정의되는 합동표본비율pooled sample proportion $\hat{p}$을 이용한다.

$$\hat{p} = \frac{x + y}{n + m}$$

그러면 다음과 같이 정의되는 검정통계량을 이용하여 Z-검정을 실시한다.

$$Z = \frac{\hat{p}_1 - \hat{p}_2}{\sqrt{\hat{p}\hat{q}\left(\frac{1}{n} + \frac{1}{m}\right)}}$$

두 표본비율의 차 $p_1 - p_2 = 0$에 대한 가설검정은 [표 9.9]와 같이 요약되며, 검정통계량의 관찰값 z_0이 기각역에 놓이거나 p-값이 유의수준 α보다 작거나 같으면 귀무가설을 기각한다.

[표 9.9] 모비율 차에 대한 검정 유형에 따른 기각역과 p-값($p_1-p_2=0$인 경우)

가설과 기각역 / 검정 방법	귀무가설 H_0	대립가설 H_1	H_0의 기각역	p-값
양측검정	$p_1-p_2=0$	$p_1-p_2\neq 0$	$\lvert Z\rvert > \lvert z_{\alpha/2}\rvert$	$2P(Z>\lvert z_0\rvert)$
상단측검정	$p_1-p_2\leq 0$	$p_1-p_2>0$	$Z>z_\alpha$	$P(Z>z_0)$
하단측검정	$p_1-p_2\geq 0$	$p_1-p_2<0$	$Z<-z_\alpha$	$P(Z<z_0)$

예제 11

남녀 직장인의 스트레스 지수가 동일한지 알아보기 위해 남녀 각각 100명을 선정하여 조사하였더니 남성 95명과 여성 87명이 고위험 스트레스 지수를 보였다. 이 결과를 근거로 남성과 여성 직장인의 스트레스가 동일한지 유의수준 5%에서 검정하라.

풀이

① 귀무가설과 대립가설은 각각 $H_0: p_1-p_2=0$, $H_1: p_1-p_2\neq 0$이다.

② 유의수준 5%에서 양측검정이므로 기각역은 $Z<-1.96$, $Z>1.96$이다.

③ $n=m=100$, $x=95$, $y=87$이므로 $\hat{p}_1=\dfrac{95}{100}=0.95$, $\hat{p}_2=\dfrac{87}{100}=0.87$, $\hat{p}=\dfrac{95+87}{100+100}\approx 0.91$이고 검정통계량과 관찰값은 각각 다음과 같다.

$$Z=\frac{\hat{p}_1-\hat{p}_2}{\sqrt{(0.91)(0.09)\left(\frac{1}{100}+\frac{1}{100}\right)}},$$

$$z_0=\frac{0.95-0.87}{\sqrt{(0.91)(0.09)\left(\frac{1}{100}+\frac{1}{100}\right)}}\approx 1.98$$

④ $z_0=1.98$이 기각역에 놓이므로 귀무가설을 기각한다. 즉, 남녀 직장인의 스트레스 지수가 동일하다는 주장은 타당성이 없다.

■ 두 모비율 차의 검정($p_1 - p_2 = p_0$인 경우)

$p_0 \neq 0$에 대해 귀무가설 $H_0 : p_1 - p_2 = p_0$이면 귀무가설을 기각하기 전까지 귀무가설을 참인 것으로 인정하므로 다음 Z-검정통계량을 사용한다.

$$Z = \frac{(\hat{p}_1 - \hat{p}_2) - p_0}{\sqrt{\frac{p_1 q_1}{n} + \frac{p_2 q_2}{m}}}$$

두 모비율을 안다면 이 검정통계량을 이용할 수 있지만 두 모비율의 차만 안다면 이 검정통계량을 이용할 수 없다. 이때 표본비율은 모비율의 일치추정량이므로 두 표본의 크기 n과 m이 충분히 크면 $p_1 \approx \hat{p}_1$, $p_2 \approx \hat{p}_2$이므로 다음 검정통계량을 이용한다.

$$Z = \frac{(\hat{p}_1 - \hat{p}_2) - p_0}{\sqrt{\frac{\hat{p}_1 \hat{q}_1}{n} + \frac{\hat{p}_2 \hat{q}_2}{m}}}$$

모비율 차 $p_1 - p_2 = p_0$에 대한 가설검정은 [표 9.10]과 같이 요약되며, 검정통계량의 관찰값 z_0이 기각역에 놓이거나 p-값이 유의수준 α보다 작거나 같으면 귀무가설을 기각한다.

[표 9.10] 모비율 차에 대한 검정 유형에 따른 기각역과 p-값($p_1 - p_2 = p_0$인 경우)

가설과 기각역 / 검정 방법	귀무가설 H_0	대립가설 H_1	H_0의 기각역	p-값
양측검정	$p_1 - p_2 = p_0$	$p_1 - p_2 \neq p_0$	$\lvert Z \rvert > \lvert z_{\alpha/2} \rvert$	$2P(Z > \lvert z_0 \rvert)$
상단측검정	$p_1 - p_2 \leq p_0$	$p_1 - p_2 > p_0$	$Z > z_\alpha$	$P(Z > z_0)$
하단측검정	$p_1 - p_2 \geq p_0$	$p_1 - p_2 < p_0$	$Z < -z_\alpha$	$P(Z < z_0)$

예제 12

[예제 11]에서 남성과 여성의 스트레스 지수에 15%의 차이가 있는지 유의수준 5%에서 검정하라.

풀이

① 귀무가설과 대립가설은 각각 $H_0: p_1 - p_2 = 0.15$, $H_1: p_1 - p_2 \neq 0.15$이다.

② 유의수준 5%에서 양측검정이므로 기각역은 $Z < -1.96$, $Z > 1.96$이다.

③ $n = m = 100$, $\hat{p}_1 = 0.95$, $\hat{p}_2 = 0.87$이므로 검정통계량과 관찰값은 각각 다음과 같다.

$$Z = \frac{(\hat{p}_1 - \hat{p}_2) - 0.15}{\sqrt{\frac{\hat{p}_1 \hat{q}_1}{100} + \frac{\hat{p}_2 \hat{q}_2}{100}}}, \quad z_0 = \frac{(0.95 - 0.87) - 0.15}{\sqrt{\frac{(0.95)(0.05)}{100} + \frac{(0.87)(0.13)}{100}}} \approx -1.747$$

④ $z_0 \approx -1.747$이 기각역에 놓이지 않으므로 귀무가설을 기각할 수 없다. 즉, 남성과 여성의 스트레스 지수에 15%의 차이가 있다는 주장은 타당하다.

9.4 모분산의 가설검정

정규모집단의 모분산 또는 두 모분산의 비에 대한 구간추정을 위해 카이제곱 통계량 또는 F-통계량을 사용하였다. 이 절에서는 이러한 통계량을 이용하여 모분산 또는 두 모분산의 비에 대한 가설을 검정하는 방법에 대해 살펴본다.

■ 모분산에 대한 검정

모분산 σ^2인 정규모집단으로부터 크기 n인 표본분산 S^2에 대해 다음 확률분포가 성립한다.

$$V = \frac{(n-1)S^2}{\sigma^2} \sim \chi^2(n-1)$$

귀무가설 $H_0: \sigma^2 = \sigma_0^2$, $H_0: \sigma^2 \le \sigma_0^2$, $H_0: \sigma^2 \ge \sigma_0^2$을 검정할 때, 귀무가설을 기각하기 전까지 귀무가설을 참인 것으로 인정하므로 다음 χ^2-검정통계량을 사용한다.

$$V = \frac{(n-1)S^2}{\sigma_0^2}$$

자유도 $n-1$인 χ^2-분포에서 양쪽 꼬리확률이 $\frac{\alpha}{2}$인 백분위수가 각각 $\chi^2_{1-(\alpha/2)}(n-1)$, $\chi^2_{\alpha/2}(n-1)$이므로 귀무가설 $H_0: \sigma^2 = \sigma_0^2$을 검정하기 위한 기각역은 다음과 같다.

$$V < \chi^2_{1-(\alpha/2)}(n-1), \quad V > \chi^2_{\alpha/2}(n-1)$$

오른쪽 꼬리확률과 왼쪽 꼬리확률이 α인 백분위수가 각각 $\chi^2_{\alpha}(n-1)$, $\chi^2_{1-\alpha}(n-1)$이므로 상단측검정의 기각역은 $V > \chi^2_{\alpha}(n-1)$이고, 하단측검정의 기각역은 $V < \chi^2_{1-\alpha}(n-1)$이다.

모분산에 대한 가설검정은 [표 9.11]과 같이 요약되며, 검정통계량의 관찰값 v_0이 기각역에 놓이면 귀무가설을 기각한다.

[표 9.11] 모분산에 대한 검정 유형에 따른 기각역 및 p-값

가설과 기각역 / 검정 방법	귀무가설 H_0	대립가설 H_1	H_0의 기각역
양측검정	$\sigma^2 = \sigma_0^2$	$\sigma^2 \ne \sigma_0^2$	$V < \chi^2_{1-(\alpha/2)}(n-1)$, $V > \chi^2_{\alpha/2}(n-1)$
상단측검정	$\sigma^2 \le \sigma_0^2$	$\sigma^2 > \sigma_0^2$	$V > \chi^2_{\alpha}(n-1)$
하단측검정	$\sigma^2 \ge \sigma_0^2$	$\sigma^2 < \sigma_0^2$	$V < \chi^2_{1-\alpha}(n-1)$

예제 13

정규모집단의 표준편차가 $\sigma \geq 2.5$ 라는 주장을 검정하기 위해 크기 15인 표본을 조사하였다. 표본표준편차가 1.7일 때, 모표준편차에 대한 주장을 유의수준 5%에서 검정하라.

풀이

① $H_0: \sigma \geq 2.5$ 에 대한 검정이므로 귀무가설과 대립가설은 각각 $H_0: \sigma^2 \geq 6.25$, $H_1: \sigma^2 < 6.25$ 이다.

② $n = 15$, $\alpha = 0.05$ 이므로 하단측검정의 기각역은 $V < \chi^2_{0.95}(14) = 6.57$ 이다.

③ $s^2 = 1.7^2$ 이므로 검정통계량 $V = \dfrac{14S^2}{6.25}$ 의 관찰값은 $v_0 = \dfrac{14 \times 1.7^2}{6.25} \approx 6.474$ 이다.

④ $v_0 = 6.474$ 가 기각역에 놓이므로 귀무가설을 기각한다. 즉, $\sigma \geq 2.5$ 라는 주장은 타당성이 없다.

■ 두 모분산 비에 대한 검정

두 모분산이 σ_1^2, σ_2^2 이고 독립인 두 정규분포에서 각각 크기 n 과 m 인 표본을 추출할 때, 표본분산 S_1^2 과 S_2^2 에 대해 다음 F-분포를 얻었다.

$$F = \frac{S_1^2/\sigma_1^2}{S_2^2/\sigma_2^2} = \frac{S_1^2}{S_2^2}\frac{\sigma_2^2}{\sigma_1^2} \sim F(n-1,\, m-1)$$

귀무가설 $H_0: \sigma_1^2 = \sigma_2^2$, $H_0: \sigma_1^2 \leq \sigma_2^2$, $H_0: \sigma_1^2 \geq \sigma_2^2$ 에 대한 검정은 다음과 같이 표현할 수 있다.

$$H_0: \frac{\sigma_1^2}{\sigma_2^2} = 1, \quad H_0: \frac{\sigma_1^2}{\sigma_2^2} \leq 1, \quad H_0: \frac{\sigma_1^2}{\sigma_2^2} \geq 1$$

귀무가설 H_0 을 기각하기 전까지 귀무가설을 참인 것으로 인정하므로 $\dfrac{\sigma_1^2}{\sigma_2^2} = 1$ 이며, 검정통계량은 다음과 같다.

$$F = \frac{S_1^2}{S_2^2}$$

분자와 분모의 자유도가 $n-1$과 $m-1$인 F-분포에서 양쪽 꼬리확률이 $\frac{\alpha}{2}$인 백분위수가 각각 $f_{1-(\alpha/2)}(n-1, m-1)$, $f_{\alpha/2}(n-1, m-1)$이므로 귀무가설 $H_0: \frac{\sigma_1^2}{\sigma_2^2}=1$을 검정하기 위한 기각역은 다음과 같다.

$$F < f_{1-(\alpha/2)}(n-1, m-1), \quad F > f_{\alpha/2}(n-1, m-1)$$

오른쪽 꼬리확률과 왼쪽 꼬리확률이 α인 백분위수가 각각 $f_{\alpha}(n-1, m-1)$, $f_{1-\alpha}(n-1, m-1)$이므로 상단측검정의 기각역은 $F > f_{\alpha}(n-1, m-1)$이고, 하단측검정의 기각역은 $F < f_{1-\alpha}(n-1, m-1)$이다.

모분산 비에 대한 가설검정은 [표 9.12]와 같이 요약되며, 검정통계량의 관찰값 f_0이 기각역에 놓이면 귀무가설을 기각한다.

[표 9.12] 모분산 비에 대한 검정 유형과 기각역 및 p-값

가설과 기각역 / 검정 방법	귀무가설 H_0	대립가설 H_1	H_0의 기각역
양측검정	$\sigma_1^2=\sigma_2^2$	$\sigma_1^2 \neq \sigma_2^2$	$F < f_{1-(\alpha/2)}(n-1, m-1)$, $F > f_{\alpha/2}(n-1, m-1)$
상단측검정	$\sigma_1^2 \le \sigma_2^2$	$\sigma_1^2 > \sigma_2^2$	$F > f_{\alpha}(n-1, m-1)$
하단측검정	$\sigma_1^2 \ge \sigma_2^2$	$\sigma_1^2 < \sigma_2^2$	$F < f_{1-\alpha}(n-1, m-1)$

예제 14

독립인 두 정규모집단에서 각각 크기 10과 8인 표본을 조사하여 $s_1=3.2$와 $s_2=3.7$을 얻었다. 두 모분산에 대한 다음 귀무가설을 유의수준 5%에서 검정하라.

(1) $H_0: \sigma_1^2=\sigma_2^2$ (2) $H_0: \sigma_1^2 \ge \sigma_2^2$

풀이

(1) ① 귀무가설과 대립가설은 $H_0: \frac{\sigma_1^2}{\sigma_2^2}=1$, $H_1: \frac{\sigma_1^2}{\sigma_2^2} \neq 1$이다.

② 유의수준 5%에서 양측검정이므로 기각역은 다음과 같다.

$$F < f_{0.975}(9,\ 7) = \frac{1}{f_{0.025}(7,\ 9)} = \frac{1}{4.2} \approx 0.238,\quad F > f_{0.025}(9,\ 7) = 4.82$$

③ $n = 10$, $m = 8$이므로 검정통계량과 관찰값은 다음과 같다.

$$F = \frac{S_1^2}{S_2^2} \sim F(9,\ 7),\quad f_0 = \frac{3.2^2}{3.7^2} \approx 0.748$$

④ $f_0 \approx 0.748$이 기각역에 놓이지 않으므로 귀무가설을 기각하지 않는다. 즉, 두 모분산이 동일하다는 주장은 타당성이 있다.

(2) ① 귀무가설과 대립가설은 $H_0:\ \dfrac{\sigma_1^2}{\sigma_2^2} \ge 1$, $H_1:\ \dfrac{\sigma_1^2}{\sigma_2^2} < 1$이다.

② 유의수준 5%에서 하단측검정이므로 기각역은 다음과 같다.

$$F < f_{0.95}(9,\ 7) = \frac{1}{f_{0.05}(7,\ 9)} = \frac{1}{3.29} \approx 0.304$$

③ $f_0 \approx 0.748$이 기각역에 놓이지 않으므로 귀무가설을 기각하지 않는다. 즉, $\sigma_1^2 \ge \sigma_2^2$이라는 주장은 타당성이 있다.

9장 연습문제

01 $\sigma = 5$인 정규모집단에서 크기 36인 표본을 선정하여 다음 표본평균 $\bar{x}$를 얻었다. 귀무가설 $H_0: \mu = 20$에 대해 유의수준 α와 대립가설 H_1이 다음과 같을 때, 귀무가설을 검정하라.

(1) $\bar{x} = 21.6$, $\alpha = 0.05$, $H_1: \mu \neq 20$

(2) $\bar{x} = 22.0$, $\alpha = 0.01$, $H_1: \mu > 20$

(3) $\bar{x} = 17.8$, $\alpha = 0.01$, $H_1: \mu < 20$

02 모분산을 모르는 정규모집단에서 크기 16인 표본을 선정하여 표본표준편차 $s = 3$과 다음 표본평균 $\bar{x}$를 얻었다. 귀무가설 $H_0: \mu = 12.5$에 대해 유의수준 α와 대립가설 H_1이 같을 때, 귀무가설을 검정하라.

(1) $\bar{x} = 11.2$, $\alpha = 0.05$, $H_1: \mu \neq 12.5$

(2) $\bar{x} = 13.8$, $\alpha = 0.05$, $H_1: \mu > 12.5$

(3) $\bar{x} = 10.5$, $\alpha = 0.01$, $H_1: \mu < 12.5$

03 모비율 p인 모집단에서 크기 100인 표본을 선정하여 다음 표본비율 $\hat{p}$을 얻었다. 귀무가설 $H_0: p = 0.15$에 대해 유의수준 α와 대립가설 H_1이 다음과 같을 때, 귀무가설을 검정하라.

(1) $\hat{p} = 0.23$, $\alpha = 0.01$, $H_1: p \neq 0.15$

(2) $\hat{p} = 0.22$, $\alpha = 0.05$, $H_1: p > 0.15$

(3) $\hat{p} = 0.07$, $\alpha = 0.01$, $H_1: p < 0.15$

04 정규모집단에서 크기 20인 표본을 선정하여 다음 표본분산 s^2을 얻었다. 귀무가설 $H_0: \sigma^2 = 4$에 대해 유의수준 α와 대립가설 H_1이 다음과 같을 때, 귀무가설을 검정하라.

(1) $s^2 = 8.5$, $\alpha = 0.01$, $H_1: \sigma^2 \neq 4$

(2) $s^2 = 6.4$, $\alpha = 0.01$, $H_1: \sigma^2 > 4$

(3) $s^2 = 2.0$, $\alpha = 0.05$, $H_1: \sigma^2 < 4$

05 두 모분산이 $\sigma_1^2 = 13$, $\sigma_2^2 = 16$이고 독립인 두 정규모집단에서 동일한 크기 36인 표본을 추출하여 표본평균 $\bar{x} = 12.5$, $\bar{y} = 10.8$을 얻었다. p-값을 이용하여 유의수준 $\alpha = 0.1$과 $\alpha = 0.05$에서 각각 귀무가설 $H_0: \mu_1 = \mu_2$를 검정하라.

06 두 모분산이 동일하지만 그 값을 모르고 독립인 두 정규모집단에서 각각 크기 6과 8인 표본을 추출하였다. 표본평균과 표본분산이 각각 $\bar{x} = 57.8$, $\bar{y} = 53.7$, $s_1^2 = 8$, $s_2^2 = 5$일 때, 주어진 유의수준에서 귀무가설 $H_0: \mu_1 - \mu_2 = 0$을 검정하라.

(1) $\alpha = 0.05$　　　(2) $\alpha = 0.01$

07 [연습문제 6]에서 두 모분산이 서로 다른 경우, 귀무가설을 검정하라.

08 공정라인에서 생산한 책상 판의 두께가 100mm인지 확인하기 위해 크기 25인 표본을 조사하여 표본평균 $\bar{x} = 98.6$mm를 얻었다. 이 공정라인에서 생산된 책상 판의 두께는 표준편차가 4mm인 정규분포를 따른다고 할 때, 생산한 책상 판의 평균 두께가 100mm인지 유의수준 5%에서 검정하라.

09 국가 산업단지공단은 지역 내 오염물질인 총탄화수소의 대기배출 농도가 평균 700ppm이라고 주장한다. 환경단체는 이 주장의 진위를 알아보기 위해 단지 내의 36곳을 임의로 조사하여 평균 705ppm을 얻었다. 산업단지의 대기배출 농도가 표준편차 25ppm인 정규분포를 따른다고 할 때, 이 자료를 근거로 국가 산업단지공단의 주장을 유의수준 5%에서 조사하라.

10 어느 회사에서 생산하는 메트릭 볼트의 평균 절단 강도가 640MPa을 초과한다고 한다. 볼트 20개를 조사한 결과 평균 절단강도가 641.7MPa일 때, 유의수준 5%에서 이 회사의 주장을 검정하라. 단, 이 회사에서 생산하는 볼트의 절단강도는 표준편차가 5.6MPa인 정규분포를 따른다.

11 지름이 300mm인 웨이퍼의 평균 두께가 750μm 이하인지 알아보기 위해 웨이퍼

25개를 선정하여 조사한 결과 평균 $751.8\mu\text{m}$를 얻었다. 웨이퍼의 두께가 표준편차 $4.2\mu\text{m}$인 정규분포를 따를 때, 평균 두께가 $750\mu\text{m}$ 이하인지 p-값을 이용하여 유의수준 5%와 1%에서 각각 검정하라.

12 제조업체에서 생산하는 자동차용 열 차단 필름의 평균 두께가 350nm 이상이라고 한다. 이 주장의 진위 여부를 판정하기 위해 25개의 필름을 임의로 수거하여 조사한 결과 평균 348.7nm를 얻었다. 이 회사에서 생산한 필름의 두께가 3.4nm인 정규분포를 따른다고 할 때, 회사의 주장을 유의수준 2.5%에서 검정하라.

13 서울시에서 평균 미세먼지(PM-10) 농도가 $27\mu\text{g/m}^3$라고 발표하였다. 다음은 이를 확인하기 위해 각 구별로 한 곳을 임의로 선정하여 측정한 결과이다. 서울시의 발표가 타당한지 유의수준 5%에서 검정하라(단, 미세먼지 농도는 정규분포를 따른다고 가정한다).

29	23	29	18	24	35	30	22	30	25	29	35	29
25	26	34	35	31	25	25	34	32	34	34	32	

14 제약 회사에서 생산한 특정 질병에 대한 백신의 평균 반응 시간이 5분 이하라고 주장한다. 이 주장을 확인하기 위해 환자 15명을 대상으로 측정한 결과 평균 반응 시간 5.3분, 표준편차 0.7분을 얻었다. 이 백신의 반응 시간이 정규분포를 따른다고 할 때, 이 회사의 주장을 유의수준 5%에서 검정하라.

15 금속 실린더를 납품 받는 회사가 납품회사에 실린더의 직경이 50mm 미만이라고 항의를 했다. 이 회사의 주장을 확인하기 위해 임의로 선정한 15개의 직경을 조사하여 평균 49.8mm, 표준편차 0.3mm를 얻었다. 이 회사의 주장이 타당한지 유의수준 5%에서 검정하라.

16 두 그룹 A와 B의 모평균이 동일한지 알아보기 위해 크기가 동일하게 25인 표본을 조사하여 $\bar{x}=21$, $\bar{y}=18$을 얻었다. 이를 근거로 유의수준 5%에서 모평균이 동일한지 검정하라(단, 두 그룹 A와 B는 각각 $\sigma_1=5.5$와 $\sigma_2=4.8$인 정규분포를 따른다고 알려져 있다).

17 두 모분산이 각각 $\sigma_1 = 14$, σ_2인 정규모집단의 모평균 μ_1, μ_2에 대한 귀무가설 H_0: $\mu_1 \le \mu_2$를 유의수준 1%에서 검정하고자 한다. 크기가 동일하게 20인 표본을 조사하여 $\overline{x} = 121.5$, $\overline{y} = 112.7$을 얻었다. σ_2가 다음과 같을 때, p-값을 구하여 귀무가설을 검정하라.

(1) $\sigma_2 = 7$

(2) $\sigma_2 = 10$

18 두 모분산이 각각 $\sigma_1 = 2.1$, $\sigma_2 = 2.4$인 정규모집단의 모평균 μ_1, μ_2에 대한 귀무가설 H_0: $\mu_1 - \mu_2 \ge 7$을 유의수준 5%에서 검정하고자 한다. 크기가 동일하게 25인 표본을 조사하여 표본평균 $\overline{x} = 78.5$, $\overline{y} = 72.6$을 얻었을 때, p-값을 구하여 귀무가설을 검정하라.

19 독립인 두 정규모집단의 평균이 동일한지 알아보기 위해 표본조사를 하여 다음 결과를 얻었다.

표본	표본크기	표본평균	표본표준편차
표본 1	14	45.3	4.1
표본 2	16	42.2	4.6

다음 경우에 두 모평균이 동일한지 유의수준 5%에서 검정하라.

(1) 두 모분산이 동일한 정규분포를 따르는 경우

(2) 두 모분산이 서로 다르고 정규분포를 따르는 경우

20 독립인 두 정규모집단의 모평균 μ_1과 μ_2에 대해 귀무가설 H_0: $\mu_1 - \mu_2 \ge 2$를 검정하기 위해 표본조사를 하여 다음 결과를 얻었다.

표본	표본크기	표본평균	표본표준편차
표본 1	14	42.3	4.7
표본 2	14	43.2	3.8

다음 경우에 유의수준 5%에서 귀무가설을 검정하라.

(1) 두 모분산이 동일한 정규분포를 따르는 경우

(2) 두 모분산이 서로 다르고 정규분포를 따르는 경우

21 특정한 국가 정책에 대한 여론의 반응을 알아보기 위해 여론조사를 실시하여 다음 결과를 얻었다. 이 결과를 이용하여 국민의 절반이 이 정책을 지지한다고 할 수 있는지 유의수준 5%에서 검정하라.

(1) 100명을 상대로 조사하여 56명이 찬성

(2) 1000명을 상대로 조사하여 560명이 찬성

22 배터리 회사가 자사에서 생산한 전기자동차용 배터리의 불량률이 1% 미만이라고 주장한다. 이를 알아보기 위해 배터리 1000개를 조사하여 다음 결과를 얻었을 때, 이 회사의 주장을 유의수준 5%에서 검정하라.

(1) 불량품이 5개인 경우

(2) 불량품이 4개인 경우

23 자동차 보험회사는 미혼 운전자와 기혼 운전자의 자동차 사고 비율이 같은지 알아보기 위해 두 그룹의 보험가입자를 각각 600명씩 선정하여 조사하였다. 미혼 가입자 69명과 기혼 가입자 52명이 지난해 사고를 냈을 때, 사고 비율이 동일한지 유의수준 5%에서 검정하라.

24 어린이와 노인의 COVID 19에 대한 감염률이 동일한지 알아보기 위해 각각 360명과 325명을 선정하여 조사하였다. 이들 중 어린이의 101명과 노인의 69명이 COVID 19에 감염되었을 때, 감염률이 동일한지 유의수준 5%에서 검정하라.

25 연구진은 새로 개발한 방법에 의한 제품의 생산에서 불량률이 줄어들 것으로 예상한다. 이를 알아보기 위해 새로 개발한 방법에 의한 제품을 300개 중 5개와 기존 방법에 의한 제품 400개 중 16개가 불량이었다. 새로운 방법에 의한 제품에서 불량률이 줄었는지 유의수준 5%에서 검정하라.

26 정규모집단의 모분산이 1.25인지 확인하기 위해 크기 15인 표본을 조사하여 표본분산 2.1을 얻었다. 모분산이 1.25인지 유의수준 5%에서 검정하라.

27 정규모집단의 모분산이 0.5를 초과한다는 주장을 확인하기 위해 크기 11인 표본을 조사하여 표본분산 $s^2 = 0.95$를 얻었다. 모분산이 0.5를 초과한다는 주장을 유의수준 5%에서 검정하라.

28 독립인 두 정규모집단의 모분산이 동일한지 확인하기 위해 각각 크기 13과 8인 표본을 조사하여 표준편차가 각각 2.4와 3.1이었다. 두 모분산이 동일한지 유의수준 5%에서 검정하라.

APPENDIX

확률분포표

1 이항누적분포표

$$B(x\,;\,n,\,p)=\sum_{k=0}^{x}\binom{n}{k}p^k(1-p)^{n-k}$$

n	x	p: 0.05	0.10	0.15	0.20	0.25	0.30	0.35	0.40	0.45	0.50	0.55	0.60	0.65	0.70	0.75	0.80	0.85	0.90	0.95
1	0	0.9500	0.9000	0.8500	0.8000	0.7500	0.7000	0.6500	0.6000	0.5500	0.5000	0.4500	0.4000	0.3500	0.3000	0.2500	0.2000	0.1500	0.1000	0.0500
2	0	0.9025	0.8100	0.7225	0.6400	0.5625	0.4900	0.4225	0.3600	0.3025	0.2500	0.2025	0.1600	0.1225	0.0900	0.0625	0.0400	0.0225	0.0100	0.0025
	1	0.9975	0.9900	0.9775	0.9600	0.9375	0.9100	0.8775	0.8400	0.7975	0.7500	0.6975	0.6400	0.5775	0.5100	0.4375	0.3600	0.2775	0.1900	0.0975
3	0	0.8574	0.7290	0.6141	0.5120	0.4219	0.3430	0.2746	0.2160	0.1664	0.1250	0.0911	0.0640	0.0429	0.0270	0.0156	0.0080	0.0034	0.0010	0.0001
	1	0.9928	0.9720	0.9393	0.8960	0.8438	0.7840	0.7182	0.6480	0.5748	0.5000	0.4252	0.3520	0.2818	0.2160	0.1406	0.1040	0.0608	0.0280	0.0072
	2	0.9999	0.9990	0.9967	0.9920	0.9844	0.9730	0.9571	0.9360	0.9089	0.8750	0.8336	0.7840	0.7254	0.6570	0.5625	0.4880	0.3859	0.2710	0.1426

n	x	0.05	0.10	0.15	0.20	0.25	0.30	0.35	0.40	0.45	0.50	0.55	0.60	0.65	0.70	0.75	0.80	0.85	0.90	0.95
		p																		
4	0	0.8145	0.6561	0.5220	0.4096	0.3164	0.2401	0.1785	0.1296	0.0915	0.0625	0.0410	0.0256	0.0150	0.0081	0.0039	0.0016	0.0005	0.0001	0.0000
	1	0.9860	0.9477	0.8905	0.8192	0.7383	0.6517	0.5630	0.4752	0.3910	0.3125	0.2415	0.1792	0.1265	0.0837	0.0508	0.0272	0.0120	0.0037	0.0005
	2	0.9995	0.9963	0.9880	0.9728	0.9492	0.9163	0.8735	0.8208	0.7585	0.6875	0.6090	0.5248	0.4370	0.3483	0.2617	0.1808	0.1095	0.0523	0.0140
	3	1.0000	0.9999	0.9995	0.9984	0.9961	0.9919	0.9850	0.9744	0.9590	0.9375	0.9085	0.8704	0.8215	0.7599	0.6836	0.5904	0.4780	0.3439	0.1855
5	0	0.7738	0.5905	0.4437	0.3277	0.2373	0.1681	0.1160	0.0778	0.0503	0.0312	0.0185	0.0102	0.0053	0.0024	0.0010	0.0003	0.0001	0.0000	0.0000
	1	0.9774	0.9185	0.8352	0.7373	0.6328	0.5282	0.4284	0.3370	0.2562	0.1875	0.1312	0.0870	0.0540	0.0308	0.0156	0.0067	0.0022	0.0005	0.0000
	2	0.9988	0.9914	0.9734	0.9421	0.8965	0.8369	0.7648	0.6826	0.5931	0.5000	0.4069	0.3174	0.2352	0.1631	0.1035	0.0579	0.0266	0.0086	0.0012
	3	1.0000	0.9995	0.9978	0.9933	0.9844	0.9692	0.9460	0.9130	0.8688	0.8125	0.7438	0.6630	0.5716	0.4718	0.3672	0.2627	0.1648	0.0815	0.0226
	4	1.0000	1.0000	0.9999	0.9997	0.9990	0.9976	0.9947	0.9898	0.9815	0.9688	0.9497	0.9222	0.8840	0.8319	0.7627	0.6723	0.5563	0.4095	0.2262
6	0	0.7351	0.5314	0.3771	0.2621	0.1780	0.1176	0.0754	0.0467	0.0277	0.0156	0.0083	0.0041	0.0018	0.0007	0.0002	0.0001	0.0000	0.0000	0.0000
	1	0.9672	0.8857	0.7765	0.6554	0.5339	0.4202	0.3191	0.2333	0.1636	0.1094	0.0692	0.0410	0.0223	0.0109	0.0046	0.0016	0.0004	0.0001	0.0000
	2	0.9978	0.9842	0.9527	0.9011	0.8306	0.7443	0.6471	0.5443	0.4415	0.3438	0.2553	0.1792	0.1174	0.0705	0.0376	0.0170	0.0059	0.0013	0.0001
	3	0.9999	0.9987	0.9941	0.9830	0.9624	0.9295	0.8826	0.8208	0.7447	0.6562	0.5585	0.4557	0.3529	0.2557	0.1694	0.0989	0.0473	0.0158	0.0022
	4	1.0000	0.9999	0.9996	0.9984	0.9954	0.9891	0.9777	0.9590	0.9308	0.8906	0.8364	0.7667	0.6809	0.5798	0.4661	0.3446	0.2235	0.1143	0.0328
	5	1.0000	1.0000	1.0000	0.9999	0.9998	0.9993	0.9982	0.9959	0.9917	0.9844	0.9723	0.9533	0.9246	0.8824	0.8220	0.7379	0.6229	0.4686	0.2649
7	0	0.6983	0.4783	0.3206	0.2097	0.1335	0.0824	0.0490	0.0280	0.0152	0.0078	0.0037	0.0016	0.0006	0.0002	0.0001	0.0000	0.0000	0.0000	0.0000
	1	0.9556	0.8503	0.7166	0.5767	0.4449	0.3294	0.2338	0.1586	0.1024	0.0625	0.0357	0.0188	0.0090	0.0038	0.0013	0.0004	0.0001	0.0000	0.0000
	2	0.9962	0.9743	0.9262	0.8520	0.7564	0.6471	0.5323	0.4199	0.3164	0.2266	0.1529	0.0963	0.0556	0.0288	0.0129	0.0047	0.0012	0.0002	0.0000
	3	0.9998	0.9973	0.9879	0.9667	0.9294	0.8740	0.8002	0.7102	0.6083	0.5000	0.3917	0.2898	0.1998	0.1260	0.0706	0.0333	0.0121	0.0027	0.0002
	4	1.0000	0.9998	0.9988	0.9953	0.9871	0.9712	0.9444	0.9037	0.8471	0.7734	0.6836	0.5801	0.4677	0.3529	0.2436	0.1480	0.0738	0.0257	0.0038
	5	1.0000	1.0000	0.9999	0.9996	0.9987	0.9962	0.9910	0.9812	0.9643	0.9375	0.8976	0.8414	0.7662	0.6706	0.5551	0.4233	0.2834	0.1497	0.0444
	6	1.0000	1.0000	1.0000	1.0000	0.9999	0.9998	0.9994	0.9984	0.9963	0.9922	0.9848	0.9720	0.9510	0.9176	0.8665	0.7903	0.6794	0.5217	0.3017

n	x	0.05	0.10	0.15	0.20	0.25	0.30	0.35	0.40	0.45	0.50	0.55	0.60	0.65	0.70	0.75	0.80	0.85	0.90	0.95
		p																		
8	0	0.6634	0.4305	0.2725	0.1678	0.1001	0.0576	0.0319	0.0168	0.0084	0.0039	0.0017	0.0007	0.0002	0.0001	0.0000	0.0000	0.0000	0.0000	0.0000
	1	0.9428	0.8131	0.6572	0.5033	0.3671	0.2553	0.1691	0.1064	0.0632	0.0352	0.0181	0.0085	0.0036	0.0013	0.0004	0.0001	0.0000	0.0000	0.0000
	2	0.9942	0.9619	0.8948	0.7969	0.6785	0.5518	0.4278	0.3154	0.2201	0.1445	0.0885	0.0498	0.0253	0.0113	0.0042	0.0012	0.0002	0.0000	0.0000
	3	0.9996	0.9950	0.9786	0.9437	0.8862	0.8059	0.7064	0.5941	0.4770	0.3633	0.2604	0.1737	0.1061	0.0580	0.0273	0.0104	0.0029	0.0004	0.0000
	4	1.0000	0.9996	0.9971	0.9896	0.9727	0.9420	0.8939	0.8263	0.7396	0.6367	0.5230	0.4059	0.2936	0.1941	0.1138	0.0563	0.0214	0.0050	0.0004
	5	1.0000	1.0000	0.9998	0.9988	0.9958	0.9887	0.9747	0.9502	0.9115	0.8555	0.7799	0.6846	0.5722	0.4482	0.3215	0.2031	0.1052	0.0381	0.0058
	6	1.0000	1.0000	1.0000	0.9999	0.9996	0.9987	0.9964	0.9915	0.9819	0.9648	0.9368	0.8936	0.8309	0.7447	0.6329	0.4967	0.3428	0.1869	0.0572
	7	1.0000	1.0000	1.0000	1.0000	1.0000	0.9999	0.9998	0.9993	0.9983	0.9961	0.9916	0.9832	0.9681	0.9424	0.8999	0.8322	0.7275	0.5695	0.3366
9	0	0.6302	0.3874	0.2316	0.1342	0.0751	0.0404	0.0207	0.0101	0.0046	0.0020	0.0008	0.0003	0.0001	0.0000	0.0000	0.0000	0.0000	0.0000	0.0000
	1	0.9288	0.7748	0.5995	0.4362	0.3003	0.1960	0.1211	0.0705	0.0385	0.0195	0.0091	0.0038	0.0014	0.0004	0.0001	0.0000	0.0000	0.0000	0.0000
	2	0.9916	0.9470	0.8591	0.7382	0.6007	0.4628	0.3373	0.2318	0.1495	0.0898	0.0498	0.0250	0.0112	0.0043	0.0013	0.0003	0.0000	0.0000	0.0000
	3	0.9994	0.9917	0.9661	0.9144	0.8343	0.7297	0.6089	0.4826	0.3614	0.2539	0.1658	0.0994	0.0536	0.0253	0.0100	0.0031	0.0006	0.0001	0.0000
	4	1.0000	0.9991	0.9944	0.9804	0.9511	0.9012	0.8283	0.7334	0.6214	0.5000	0.3786	0.2666	0.1717	0.0988	0.0489	0.0196	0.0056	0.0009	0.0000
	5	1.0000	0.9999	0.9994	0.9969	0.9900	0.9747	0.9464	0.9006	0.8342	0.7461	0.6386	0.5174	0.3911	0.2703	0.1657	0.0856	0.0339	0.0083	0.0006
	6	1.0000	1.0000	1.0000	0.9997	0.9987	0.9957	0.9888	0.9750	0.9502	0.9102	0.8505	0.7682	0.6627	0.5372	0.3993	0.2618	0.1409	0.0530	0.0084
	7	1.0000	1.0000	1.0000	1.0000	0.9999	0.9996	0.9986	0.9962	0.9909	0.9805	0.9615	0.9295	0.8789	0.8040	0.6997	0.5638	0.4005	0.2252	0.0712
	8	1.0000	1.0000	1.0000	1.0000	1.0000	1.0000	0.9999	0.9997	0.9992	0.9980	0.9954	0.9899	0.9793	0.9596	0.9249	0.8658	0.7684	0.6126	0.3698
	0	0.5987	0.3487	0.1969	0.1074	0.0563	0.0282	0.0135	0.0060	0.0025	0.0010	0.0003	0.0001	0.0000	0.0000	0.0000	0.0000	0.0000	0.0000	0.0000
	1	0.9139	0.7361	0.5443	0.3758	0.2440	0.1493	0.0860	0.0464	0.0233	0.0107	0.0045	0.0017	0.0005	0.0001	0.0000	0.0000	0.0000	0.0000	0.0000
10	2	0.9885	0.9298	0.8202	0.6778	0.5256	0.3828	0.2616	0.1673	0.0996	0.0547	0.0274	0.0123	0.0048	0.0016	0.0004	0.0000	0.0000	0.0000	0.0000
	3	0.9990	0.9872	0.9500	0.8791	0.7759	0.6496	0.5138	0.3823	0.2660	0.1719	0.1020	0.0548	0.0260	0.0106	0.0035	0.0001	0.0000	0.0000	0.0000
	4	0.9999	0.9984	0.9901	0.9672	0.9219	0.8497	0.7515	0.6331	0.5044	0.3770	0.2616	0.1662	0.0949	0.0473	0.0197	0.0009	0.0001	0.0000	0.0000
	5	1.0000	0.9999	0.9986	0.9936	0.9803	0.9527	0.9051	0.8338	0.7384	0.6230	0.4956	0.3669	0.2485	0.1503	0.0781	0.0064	0.0014	0.0001	0.0000
	6	1.0000	1.0000	0.9999	0.9991	0.9965	0.9894	0.9740	0.9452	0.8980	0.8281	0.7340	0.6177	0.4862	0.3504	0.2241	0.0328	0.0099	0.0016	0.0001
	7	1.0000	1.0000	1.0000	0.9999	0.9996	0.9984	0.9952	0.9877	0.9726	0.9453	0.9004	0.8327	0.7384	0.6172	0.4474	0.1209	0.0500	0.0128	0.0010
	8	1.0000	1.0000	1.0000	1.0000	1.0000	0.9999	0.9995	0.9983	0.9955	0.9893	0.9767	0.9536	0.9140	0.8507	0.7560	0.3222	0.1798	0.0702	0.0115
	9	1.0000	1.0000	1.0000	1.0000	1.0000	1.0000	1.0000	0.9999	0.9997	0.9990	0.9975	0.9940	0.9865	0.9718	0.9437	0.6242	0.4557	0.2639	0.0861

n	x	p = 0.05	0.10	0.15	0.20	0.25	0.30	0.35	0.40	0.45	0.50	0.55	0.60	0.65	0.70	0.75	0.80	0.85	0.90	0.95
15	0	0.4633	0.2059	0.0874	0.0352	0.0134	0.0047	0.0016	0.0005	0.0001	0.0000	0.0000	0.0000	0.0000	0.0000	0.0000	0.0000	0.0000	0.0000	0.0000
	1	0.8290	0.5490	0.3186	0.1671	0.0802	0.0353	0.0142	0.0052	0.0017	0.0005	0.0001	0.0000	0.0000	0.0000	0.0000	0.0000	0.0000	0.0000	0.0000
	2	0.9638	0.8159	0.6042	0.3980	0.2361	0.1268	0.0617	0.0271	0.0107	0.0037	0.0011	0.0003	0.0001	0.0000	0.0000	0.0000	0.0000	0.0000	0.0000
	3	0.9945	0.9444	0.8227	0.6482	0.4613	0.2969	0.1727	0.0905	0.0424	0.0176	0.0063	0.0019	0.0005	0.0001	0.0000	0.0000	0.0000	0.0000	0.0000
	4	0.9994	0.9873	0.9383	0.8358	0.6865	0.5155	0.3519	0.2173	0.1204	0.0592	0.0255	0.0093	0.0028	0.0007	0.0001	0.0000	0.0000	0.0000	0.0000
	5	0.9999	0.9978	0.9832	0.9389	0.8516	0.7216	0.5643	0.4032	0.2608	0.1509	0.0769	0.0338	0.0124	0.0037	0.0008	0.0001	0.0000	0.0000	0.0000
	6	1.0000	0.9997	0.9964	0.9819	0.9434	0.8689	0.7548	0.6098	0.4522	0.3036	0.1818	0.0950	0.0422	0.0152	0.0042	0.0008	0.0001	0.0000	0.0000
	7	1.0000	1.0000	0.9994	0.9958	0.9827	0.9500	0.8868	0.7869	0.6535	0.5000	0.3465	0.2131	0.1132	0.0500	0.0173	0.0042	0.0006	0.0000	0.0000
	8	1.0000	1.0000	0.9999	0.9992	0.9958	0.9848	0.9578	0.9050	0.8182	0.6964	0.5478	0.3902	0.2452	0.1311	0.0566	0.0181	0.0036	0.0003	0.0000
	9	1.0000	1.0000	1.0000	0.9999	0.9992	0.9963	0.9876	0.9662	0.9231	0.8491	0.7392	0.5968	0.4357	0.2784	0.1484	0.0611	0.0168	0.0022	0.0001
	10	1.0000	1.0000	1.0000	1.0000	0.9999	0.9993	0.9972	0.9907	0.9745	0.9408	0.8796	0.7827	0.6481	0.4845	0.3135	0.1642	0.0617	0.0127	0.0006
	11	1.0000	1.0000	1.0000	1.0000	1.0000	0.9999	0.9995	0.9981	0.9937	0.9824	0.9576	0.9095	0.8273	0.7031	0.5387	0.3518	0.1773	0.0556	0.0055
	12	1.0000	1.0000	1.0000	1.0000	1.0000	1.0000	0.9999	0.9997	0.9989	0.9963	0.9893	0.9729	0.9383	0.8732	0.7639	0.6020	0.3958	0.1841	0.0362
	13	1.0000	1.0000	1.0000	1.0000	1.0000	1.0000	1.0000	1.0000	0.9999	0.9995	0.9983	0.9948	0.9858	0.9647	0.9198	0.8329	0.6814	0.4510	0.1710
	14	1.0000	1.0000	1.0000	1.0000	1.0000	1.0000	1.0000	1.0000	1.0000	1.0000	0.9999	0.9995	0.9984	0.9953	0.9866	0.9648	0.9126	0.7941	0.5367
20	0	0.3585	0.1216	0.0388	0.0115	0.0032	0.0008	0.0002	0.0000	0.0000	0.0000	0.0000	0.0000	0.0000	0.0000	0.0000	0.0000	0.0000	0.0000	0.0000
	1	0.7358	0.3917	0.1756	0.0692	0.0243	0.0076	0.0021	0.0005	0.0001	0.0000	0.0000	0.0000	0.0000	0.0000	0.0000	0.0000	0.0000	0.0000	0.0000
	2	0.9245	0.6769	0.4049	0.2061	0.0913	0.0355	0.0121	0.0036	0.0009	0.0002	0.0000	0.0000	0.0000	0.0000	0.0000	0.0000	0.0000	0.0000	0.0000
	3	0.9841	0.8670	0.6477	0.4114	0.2252	0.1071	0.0444	0.0160	0.0049	0.0013	0.0003	0.0000	0.0000	0.0000	0.0000	0.0000	0.0000	0.0000	0.0000
	4	0.9974	0.9568	0.8298	0.6296	0.4148	0.2375	0.1182	0.0510	0.0189	0.0059	0.0015	0.0003	0.0000	0.0000	0.0000	0.0000	0.0000	0.0000	0.0000
	5	0.9997	0.9887	0.9327	0.8042	0.6172	0.4164	0.2454	0.1256	0.0553	0.0207	0.0064	0.0016	0.0003	0.0000	0.0000	0.0000	0.0000	0.0000	0.0000
	6	1.0000	0.9976	0.9781	0.9133	0.7858	0.6080	0.4166	0.2500	0.1299	0.0577	0.0214	0.0065	0.0015	0.0003	0.0000	0.0000	0.0000	0.0000	0.0000
	7	1.0000	0.9996	0.9941	0.9679	0.8982	0.7723	0.6010	0.4159	0.2520	0.1316	0.0580	0.0210	0.0060	0.0013	0.0002	0.0000	0.0000	0.0000	0.0000
	8	1.0000	0.9999	0.9987	0.9900	0.9591	0.8867	0.7624	0.5956	0.4143	0.2517	0.1308	0.0565	0.0196	0.0051	0.0009	0.0001	0.0000	0.0000	0.0000
	9	1.0000	1.0000	0.9998	0.9974	0.9861	0.9520	0.8782	0.7553	0.5914	0.4119	0.2493	0.1275	0.0532	0.0171	0.0039	0.0006	0.0000	0.0000	0.0000
	10	1.0000	1.0000	1.0000	0.9994	0.9961	0.9829	0.9468	0.8725	0.7507	0.5881	0.4086	0.2447	0.1218	0.0480	0.0139	0.0026	0.0002	0.0000	0.0000
	11	1.0000	1.0000	1.0000	0.9999	0.9991	0.9949	0.9804	0.9435	0.8692	0.7483	0.5857	0.4044	0.2376	0.1133	0.0409	0.0100	0.0013	0.0001	0.0000
	12	1.0000	1.0000	1.0000	1.0000	0.9998	0.9987	0.9940	0.9790	0.9420	0.8684	0.7480	0.5841	0.3990	0.2277	0.1018	0.0321	0.0059	0.0004	0.0000
	13	1.0000	1.0000	1.0000	1.0000	1.0000	0.9997	0.9985	0.9935	0.9786	0.9423	0.8701	0.7500	0.5834	0.3920	0.2142	0.0867	0.0219	0.0024	0.0000
	14	1.0000	1.0000	1.0000	1.0000	1.0000	1.0000	0.9997	0.9984	0.9936	0.9793	0.9447	0.8744	0.7546	0.5836	0.3828	0.1958	0.0673	0.0113	0.0003
	15	1.0000	1.0000	1.0000	1.0000	1.0000	1.0000	1.0000	0.9997	0.9985	0.9941	0.9811	0.9490	0.8818	0.7625	0.5852	0.3704	0.1702	0.0432	0.0026
	16	1.0000	1.0000	1.0000	1.0000	1.0000	1.0000	1.0000	1.0000	0.9997	0.9987	0.9951	0.9840	0.9556	0.8929	0.7748	0.5886	0.3523	0.1330	0.0159
	17	1.0000	1.0000	1.0000	1.0000	1.0000	1.0000	1.0000	1.0000	1.0000	0.9998	0.9991	0.9964	0.9879	0.9645	0.9087	0.7939	0.5951	0.3231	0.0755
	18	1.0000	1.0000	1.0000	1.0000	1.0000	1.0000	1.0000	1.0000	1.0000	1.0000	0.9999	0.9995	0.9979	0.9924	0.9757	0.9308	0.8244	0.6083	0.2642
	19	1.0000	1.0000	1.0000	1.0000	1.0000	1.0000	1.0000	1.0000	1.0000	1.0000	1.0000	1.0000	0.9998	0.9992	0.9968	0.9885	0.9612	0.8784	0.6415
	20	1.0000	1.0000	1.0000	1.0000	1.0000	1.0000	1.0000	1.0000	1.0000	1.0000	1.0000	1.0000	1.0000	1.0000	1.0000	1.0000	1.0000	1.0000	1.0000

2 누적푸아송분포표

$$P\{X \leq x\} = \sum_{k=0}^{x} \frac{\mu^k}{k!} e^{-\mu}$$

x	μ									
	.10	.20	.30	.40	.50	.60	.70	.80	.90	1.00
0	.905	.819	.741	.670	.607	.549	.497	.449	.407	.368
1	.995	.982	.963	.938	.910	.878	.844	.809	.772	.736
2	1.000	.999	.996	.992	.986	.977	.966	.953	.937	.920
3	1.000	1.000	1.000	.999	.998	.997	.994	.991	.987	.981
4	1.000	1.000	1.000	1.000	1.000	1.000	.999	.999	.998	.996
5	1.000	1.000	1.000	1.000	1.000	1.000	1.000	1.000	1.000	.999
6	1.000	1.000	1.000	1.000	1.000	1.000	1.000	1.000	1.000	1.000
7	1.000	1.000	1.000	1.000	1.000	1.000	1.000	1.000	1.000	1.000

x	μ									
	1.10	1.20	1.30	1.40	1.50	1.60	1.70	1.80	1.90	2.00
0	.333	.301	.273	.247	.223	.202	.183	.165	.150	.135
1	.699	.663	.627	.592	.558	.525	.493	.463	.434	.406
2	.900	.879	.857	.833	.809	.783	.757	.731	.704	.677
3	.974	.966	.957	.946	.934	.921	.907	.891	.875	.857
4	.995	.992	.989	.986	.981	.976	.970	.964	.954	.947
5	.999	.998	.998	.997	.996	.994	.992	.990	.987	.983
6	1.000	1.000	1.000	.999	.999	.999	.998	.997	.997	.995
7	1.000	1.000	1.000	1.000	1.000	1.000	1.000	.999	.999	.999
8	1.000	1.000	1.000	1.000	1.000	1.000	1.000	1.000	1.000	1.000
9	1.000	1.000	1.000	1.000	1.000	1.000	1.000	1.000	1.000	1.000

x	μ									
	2.10	2.20	2.30	2.40	2.50	2.60	2.70	2.80	2.90	3.00
0	.122	.111	.100	.091	.082	.074	.067	.061	.055	.050
1	.380	.355	.331	.308	.287	.267	.249	.231	.215	.199
2	.650	.623	.596	.570	.544	.518	.494	.469	.446	.423
3	.839	.819	.799	.779	.758	.736	.714	.692	.670	.647
4	.938	.928	.916	.904	.891	.877	.863	.848	.832	.815
5	.980	.975	.970	.964	.958	.951	.943	.935	.923	.916
6	.994	.993	.991	.988	.986	.983	.979	.976	.971	.966
7	.999	.998	.997	.997	.996	.995	.993	.992	.990	.988
8	1.000	1.000	.999	.999	.999	.999	.998	.998	.997	.996
9	1.000	1.000	1.000	1.000	1.000	1.000	.999	.999	.999	.999
10	1.000	1.000	1.000	1.000	1.000	1.000	1.000	1.000	1.000	1.000
11	1.000	1.000	1.000	1.000	1.000	1.000	1.000	1.000	1.000	1.000
12	1.000	1.000	1.000	1.000	1.000	1.000	1.000	1.000	1.000	1.000

누적푸아송분포표(계속)

x	μ									
	3.10	3.20	3.30	3.40	3.50	3.60	3.70	3.80	3.90	4.00
0	.045	.041	.037	.033	.030	.027	.025	.022	.020	.018
1	.185	.171	.159	.147	.136	.126	.116	.107	.099	.092
2	.401	.380	.359	.340	.321	.303	.285	.269	.253	.238
3	.625	.603	.580	.558	.537	.515	.494	.473	.453	.433
4	.798	.781	.763	.744	.725	.706	.687	.668	.648	.629
5	.906	.895	.883	.871	.858	.844	.830	.816	.801	.785
6	.961	.955	.949	.942	.935	.927	.918	.909	.899	.889
7	.986	.983	.980	.977	.973	.969	.965	.960	.955	.949
8	.995	.994	.993	.992	.990	.988	.986	.984	.981	.979
9	.999	.998	.998	.997	.997	.996	.995	.994	.993	.992
10	1.000	1.000	.999	.999	.999	.999	.998	.998	.998	.997
11	1.000	1.000	1.000	1.000	1.000	1.000	1.000	.999	.999	.999
12	1.000	1.000	1.000	1.000	1.000	1.000	1.000	1.000	1.000	1.000
13	1.000	1.000	1.000	1.000	1.000	1.000	1.000	1.000	1.000	1.000
14	1.000	1.000	1.000	1.000	1.000	1.000	1.000	1.000	1.000	1.000

x	μ									
	4.50	5.00	5.50	6.00	6.50	7.00	7.50	8.00	8.50	9.00
0	.011	.007	.004	.002	.002	.001	.001	.000	.000	.000
1	.061	.040	.027	.017	.011	.007	.005	.003	.002	.001
2	.174	.125	.009	.062	.043	.030	.020	.014	.009	.006
3	.342	.265	.202	.151	.112	.082	.059	.042	.030	.021
4	*.532*	*.440*	*.358*	*.285*	*.224*	*.173*	*.132*	*.100*	*.074*	*.055*
5	.703	.616	.529	.446	.369	.301	.241	.191	.150	.116
6	.831	.762	.686	.606	.527	.450	.378	.313	.256	.207
7	.913	.867	.809	.744	.673	.599	.525	.453	.386	.324
8	.960	.932	.894	.847	.792	.729	.662	.593	.523	.456
9	.983	.968	.946	.916	.877	.830	.776	.717	.653	.587
10	.993	.986	.975	.957	.933	.901	.862	.816	.763	.706
11	.998	.995	.989	.980	.966	.947	.921	.888	.849	.803
12	.999	.998	.996	.991	.984	.973	.957	.936	.909	.876
13	1.000	.999	.998	.996	.993	.987	.978	.966	.949	.926
14	1.000	1.000	.999	.999	.997	.994	.990	.983	.973	.959
15	1.000	1.000	1.000	.999	.999	.998	.995	.992	.986	.978
16	1.000	1.000	1.000	1.000	1.000	.999	.998	.996	.993	.989
17	1.000	1.000	1.000	1.000	1.000	1.000	.999	.998	.997	.995
18	1.000	1.000	1.000	1.000	1.000	1.000	1.000	.999	.999	.998
19	1.000	1.000	1.000	1.000	1.000	1.000	1.000	1.000	.999	.999
20	1.000	1.000	1.000	1.000	1.000	1.000	1.000	1.000	1.000	1.000
21	1.000	1.000	1.000	1.000	1.000	1.000	1.000	1.000	1.000	1.000
22	1.000	1.000	1.000	1.000	1.000	1.000	1.000	1.000	1.000	1.000

3 표준정규분포표

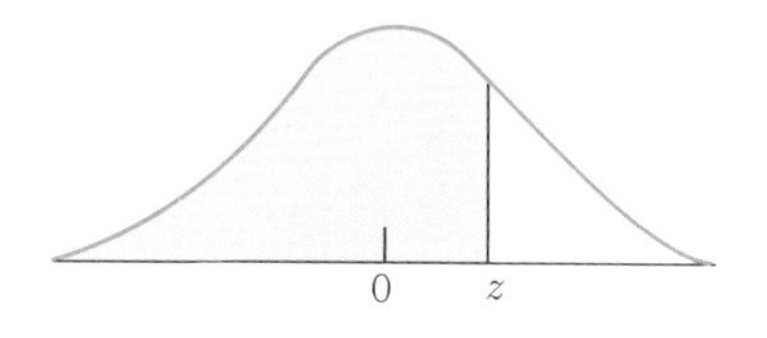

$$P\{Z \leq z\} = \int_{-\infty}^{Z} \frac{1}{\sqrt{2\pi}} e^{-\frac{x^2}{2}} dx$$

표의 숫자는 z보다 같거나 작을 확률을 나타낸다.

z	.00	.01	.02	.03	.04	.05	.06	.07	.08	.09
.0	.5000	.5040	.5080	.5120	.5160	.5119	.5239	.5279	.5319	.5359
.1	.5398	.5438	.5478	.5517	.5557	.5596	.5636	.5675	.5714	.5753
.2	.5793	.5832	.5871	.5910	.5948	.5987	.6026	.6064	.6103	.6141
.3	.6179	.6217	.6255	.6293	.6331	.6368	.6406	.6443	.6480	.6517
.4	.6554	.6591	.6628	.6664	.6700	.6736	.6772	.6808	.6844	.6879
.5	.6915	.6950	.6985	.7019	.7054	.7088	.7123	.7157	.7190	.7224
.6	.7257	.7291	.7324	.7357	.7389	.7422	.7454	.7486	.7517	.7549
.7	.7580	.7611	.7642	.7673	.7704	.7734	.7764	.7794	.7823	.7852
.8	.7881	.7910	.7939	.7967	.7995	.8023	.8051	.8078	.8106	.8133
.9	.8159	.8186	.8212	.8238	.8264	.8289	.8315	.8340	.8365	.8389
1.0	.8413	.8438	.8461	.8485	.8508	.8531	.8554	.8577	.8599	.8621
1.1	.8643	.8665	.8686	.8708	.8729	.8749	.8770	.8790	.8810	.8830
1.2	.8949	.8869	.8888	.8907	.8925	.8944	.8962	.8980	.8997	.9015
1.3	.9032	.9049	.9066	.9082	.9099	.9115	.9131	.9147	.9162	.9177
1.4	.9192	.9207	.9222	.9236	.9251	.9265	.9279	.9292	.9306	.9319
1.5	.9332	.9345	.9357	.9370	.9382	.9394	.9406	.9418	.9429	.9441
1.6	.9452	.9463	.9474	.9484	.9495	.9505	.9515	.9525	.9535	.9545
1.7	.9554	.9564	.9573	.9582	.9591	.9599	.9608	.9616	.9625	.9633
1.8	.9641	.9649	.9656	.9664	.9671	.9678	.9686	.9693	.9699	.9706
1.9	.9713	.9719	.9726	.9732	.9738	.9744	.9750	.9756	.9761	.9767
2.0	.9772	.9778	.9783	.9788	.9793	.9798	.9803	.9808	.9812	.9817
2.1	.9821	.9826	.9830	.9834	.9838	.9842	.9846	.9850	.9854	.9857
2.2	.9861	.9864	.9868	.9871	.9875	.9878	.9881	.9884	.9887	.9890
2.3	.9893	.9896	.9898	.9901	.9904	.9906	.9909	.9911	.9913	.9916
2.4	.9918	.9920	.9922	.9925	.9927	.9929	.9931	.9932	.9934	.9936
2.5	.9938	.9940	.9941	.9943	.9945	.9946	.9948	.9949	.9951	.9952
2.6	.9953	.9955	.9956	.9957	.9959	.9960	.9961	.9962	.9963	.9964
2.7	.9965	.9966	.9967	.9968	.9969	.9970	.9971	.9972	.9973	.9974
2.8	.9974	.9975	.9976	.9977	.9977	.9978	.9979	.9979	.9980	.9981
2.9	.9981	.9982	.9982	.9983	.9984	.9984	.9985	.9985	.9986	.9986
3.0	.9987	.9987	.9987	.9988	.9988	.9989	.9989	.9989	.9990	.9990
3.1	.9990	.9991	.9991	.9991	.9992	.9992	.9992	.9992	.9993	.9993
3.2	.9993	.9993	.9994	.9994	.9994	.9994	.9994	.9995	.9995	.9995
3.3	.9995	.9995	.9995	.9996	.9996	.9996	.9996	.9996	.9996	.9997
3.4	.9997	.9997	.9997	.9997	.9997	.9997	.9997	.9997	.9997	.9998
3.5	.9998	.9998	.9998	.9998	.9998	.9998	.9998	.9998	.9998	.9998

4 카이제곱분포표-오른쪽 꼬리 확률

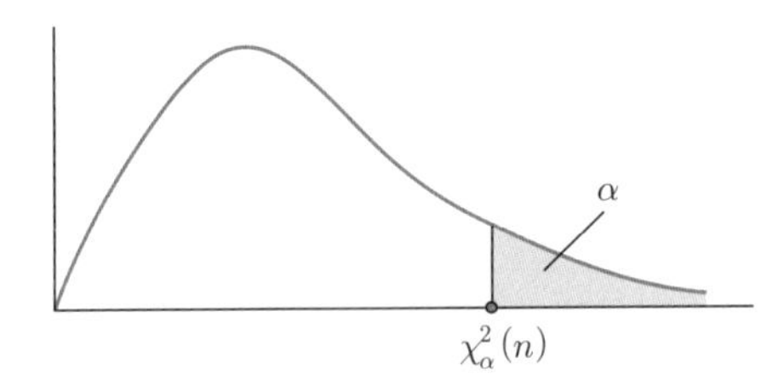

df \ α	0.9995	0.999	0.9975	0.995	0.990	0.975	0.950	0.900	0.750	0.500
1	0.00	0.00	0.00	0.00	0.00	0.00	0.00	0.02	0.10	0.45
2	0.00	0.00	0.01	0.01	0.02	0.05	0.10	0.21	0.58	1.39
3	0.02	0.02	0.04	0.07	0.11	0.22	0.35	0.58	1.21	2.37
4	0.06	0.09	0.14	0.21	0.30	0.48	0.71	1.06	1.92	3.36
5	0.16	0.21	0.31	0.41	0.55	0.83	1.15	1.61	2.67	4.35
6	0.30	0.38	0.53	0.68	0.87	1.24	1.64	2.20	3.45	5.35
7	0.48	0.60	0.79	0.99	1.24	1.69	2.17	2.83	4.25	6.35
8	0.71	0.86	1.10	1.34	1.65	2.18	2.73	3.49	5.07	7.34
9	0.97	1.15	1.45	1.73	2.09	2.70	3.33	4.17	5.90	8.34
10	1.26	1.48	1.83	2.16	2.56	3.25	3.94	4.87	6.74	9.34
11	1.59	1.83	2.23	2.60	3.05	3.82	4.57	5.58	7.58	10.34
12	1.93	2.21	2.66	3.07	3.57	4.40	5.23	6.30	8.44	11.34
13	2.31	2.62	3.11	3.57	4.11	5.01	5.89	7.04	9.30	12.34
14	2.70	3.04	3.58	4.07	4.66	5.63	6.57	7.79	10.17	13.34
15	3.11	3.48	4.07	4.60	5.23	6.26	7.26	8.55	11.04	14.34
16	3.54	3.94	4.57	5.14	5.81	6.91	7.96	9.31	11.91	15.34
17	3.98	4.42	5.09	5.70	6.41	7.56	8.67	10.09	12.79	16.34
18	4.44	4.90	5.62	6.26	7.01	8.23	9.39	10.86	13.68	17.34
19	4.91	5.41	6.17	6.84	7.63	8.91	10.12	11.65	14.56	18.34
20	5.40	5.92	6.72	7.43	8.26	9.59	10.85	12.44	15.45	19.34
21	5.90	6.45	7.29	8.03	8.90	10.28	11.59	13.24	16.34	20.34
22	6.40	6.98	7.86	8.64	9.54	10.98	12.34	14.04	17.24	21.34
23	6.92	7.53	8.45	9.26	10.20	11.69	13.09	14.85	18.14	22.34
24	7.45	8.08	9.04	9.89	10.86	12.40	13.85	15.66	19.04	23.34
25	7.99	8.65	9.65	10.52	11.52	13.12	14.61	16.47	19.94	24.34
26	8.54	9.22	10.26	11.16	12.20	13.84	15.38	17.29	20.84	25.34
27	9.09	9.80	10.87	11.81	12.88	14.57	16.15	18.11	21.75	26.34
28	9.66	10.39	11.50	12.46	13.56	15.31	16.93	18.94	22.66	27.34
29	10.23	10.99	12.13	13.12	14.26	16.05	17.71	19.77	23.57	28.34
30	10.80	11.59	12.76	13.79	14.95	16.79	18.49	20.60	24.48	29.34
40	16.91	17.92	19.42	20.71	22.16	24.43	26.51	29.05	33.66	39.34
50	23.46	24.67	26.46	27.99	29.71	32.36	34.76	37.69	42.94	49.33
60	30.34	31.74	33.79	35.53	37.48	40.48	43.19	46.46	52.29	59.33
80	44.79	46.52	49.04	51.17	53.54	57.15	60.39	64.28	71.14	79.33
100	59.90	61.92	64.86	67.33	70.06	74.22	77.93	82.36	90.13	99.33

카이제곱분포표-오른쪽 꼬리 확률(계속)

df \ α	0.250	0.200	0.150	0.100	0.050	0.025	0.020	0.010	0.005	0.0025	0.001	0.0005
1	1.32	1.64	2.07	2.71	3.84	5.02	5.41	6.63	7.88	9.14	10.83	12.12
2	2.77	3.22	3.79	4.61	5.99	7.38	7.82	9.21	10.60	11.98	13.82	15.20
3	4.11	4.64	5.32	6.25	7.81	9.35	9.84	11.34	12.84	14.32	16.27	17.73
4	5.39	5.99	6.74	7.78	9.49	11.14	11.67	13.28	14.86	16.42	18.47	20.00
5	6.63	7.29	8.12	9.24	11.07	12.83	13.39	15.09	16.75	18.39	20.51	22.11
6	7.84	8.56	9.45	10.64	12.59	14.45	15.03	16.81	18.55	20.25	22.46	24.10
7	9.04	9.80	10.75	12.02	14.07	16.01	16.62	18.48	20.28	22.04	24.32	26.02
8	10.22	11.03	12.03	13.36	15.51	17.53	18.17	20.09	21.95	23.77	26.12	27.87
9	11.39	12.24	13.29	14.68	16.92	19.02	19.68	21.67	23.59	25.46	27.88	29.67
10	12.55	13.44	14.53	15.99	18.31	20.48	21.16	23.21	25.19	27.11	29.59	31.42
11	13.70	14.63	15.77	17.28	19.68	21.92	22.62	24.72	26.76	28.73	31.26	33.14
12	14.85	15.81	16.99	18.55	21.03	23.34	24.05	26.22	28.30	30.32	32.91	34.82
13	15.98	16.98	18.20	19.81	22.36	24.74	25.47	27.69	29.82	31.88	34.53	36.48
14	17.12	18.15	19.41	21.06	23.68	26.12	26.87	29.14	31.32	33.43	36.12	38.11
15	18.25	19.31	20.60	22.31	25.00	27.49	28.26	30.58	32.80	34.95	37.70	39.72
16	19.37	20.47	21.79	23.54	26.30	28.85	29.63	32.00	34.27	36.46	39.25	41.31
17	20.49	21.61	22.98	24.77	27.59	30.19	31.00	33.41	35.72	37.95	40.79	42.88
18	21.60	22.76	24.16	25.99	28.87	31.53	32.35	34.81	37.16	39.42	42.31	44.43
19	22.72	23.90	25.33	27.20	30.14	32.85	33.69	36.19	38.58	40.88	43.82	45.97
20	23.83	25.04	26.50	28.41	31.41	34.17	35.02	37.57	40.00	42.34	45.31	47.50
21	24.93	26.17	27.66	29.62	32.67	35.48	36.34	38.93	41.40	43.78	46.80	49.01
22	26.04	27.30	28.82	30.81	33.92	36.78	37.66	40.29	42.80	45.20	48.27	50.51
23	27.14	28.43	29.98	32.01	35.17	38.08	38.97	41.64	44.18	46.62	49.73	52.00
24	28.24	29.55	31.13	33.20	36.42	39.36	40.27	42.98	45.56	48.03	51.18	53.48
25	29.34	30.68	32.28	34.38	37.65	40.65	41.57	44.31	46.93	49.44	52.62	54.95
26	30.43	31.79	33.43	35.56	38.89	41.92	42.86	45.64	48.29	50.83	54.05	56.41
27	31.53	32.91	34.57	36.74	40.11	43.19	44.14	46.96	49.64	52.22	55.48	57.86
28	32.62	34.03	35.71	37.92	41.34	44.46	45.42	48.28	50.99	53.59	56.89	59.30
29	33.71	35.14	36.85	39.09	42.56	45.72	46.69	49.59	52.34	54.97	58.30	60.73
30	34.80	36.25	37.99	40.26	43.77	46.98	47.96	50.89	53.67	56.33	59.70	62.16
40	45.62	47.27	49.24	51.81	55.76	59.34	60.44	63.69	66.77	69.70	73.40	76.09
50	56.33	58.16	60.35	63.17	67.50	71.42	72.61	76.15	79.49	82.66	86.66	89.56
60	66.98	68.97	71.34	74.40	79.08	83.30	84.58	88.38	91.95	95.34	99.61	102.7
80	88.13	90.41	93.11	96.58	101.9	106.6	108.1	112.3	116.3	120.1	124.8	128.3
100	109.1	111.7	114.7	118.5	124.3	129.6	131.1	135.8	140.2	144.3	149.4	153.2

5 t-분포표-오른쪽 꼬리 확률

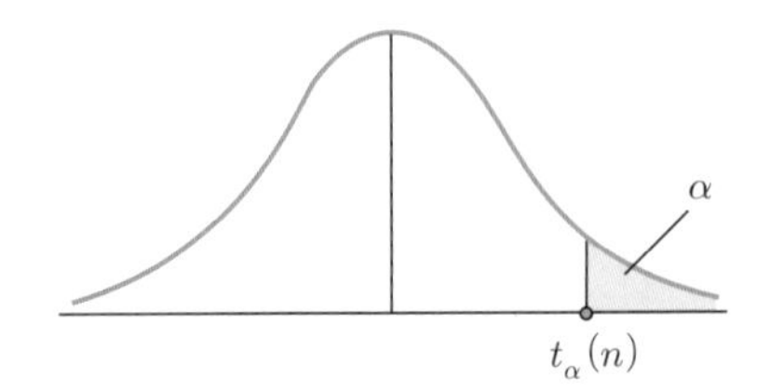

df \ α	0.25	0.20	0.15	0.10	0.05	0.025	0.02	0.01	0.005	0.0025	0.001	0.0005
1	1.000	1.376	1.963	3.078	6.314	12.71	15.89	31.82	63.66	127.3	318.3	636.6
2	0.816	1.061	1.386	1.886	2.920	4.303	4.849	6.965	9.925	14.09	22.33	31.60
3	0.765	0.978	1.250	1.638	2.353	3.182	3.482	4.541	5.841	7.453	10.21	12.92
4	0.741	0.941	1.190	1.533	2.132	2.776	2.999	3.747	4.604	5.598	7.173	8.610
5	0.727	0.920	1.156	1.476	2.015	2.571	2.757	3.365	4.032	4.773	5.893	6.869
6	0.718	0.906	1.134	1.440	1.943	2.447	2.612	3.143	3.707	4.317	5.208	5.959
7	0.711	0.896	1.119	1.415	1.895	2.365	2.517	2.998	3.499	4.029	4.785	5.408
8	0.706	0.889	1.108	1.397	1.860	2.306	2.449	2.896	3.355	3.833	4.501	5.041
9	0.703	0.883	1.100	1.383	1.833	2.262	2.398	2.821	3.250	3.690	4.297	4.781
10	0.700	0.879	1.093	1.372	1.812	2.228	2.359	2.764	3.169	3.581	4.144	4.587
11	0.697	0.876	1.088	1.363	1.796	2.201	2.328	2.718	3.106	3.497	4.025	4.437
12	0.695	0.873	1.083	1.356	1.782	2.179	2.303	2.681	3.055	3.428	3.930	4.318
13	0.694	0.870	1.079	1.350	1.771	2.160	2.282	2.650	3.012	3.372	3.852	4.221
14	0.692	0.868	1.076	1.345	1.761	2.145	2.264	2.624	2.977	3.326	3.787	4.140
15	0.691	0.866	1.074	1.341	1.753	2.131	2.249	2.602	2.947	3.286	3.733	4.073
16	0.690	0.865	1.071	1.337	1.746	2.120	2.235	2.583	2.921	3.252	3.686	4.015
17	0.689	0.863	1.069	1.333	1.740	2.110	2.224	2.567	2.898	3.222	3.646	3.965
18	0.688	0.862	1.067	1.330	1.734	2.101	2.214	2.552	2.878	3.197	3.611	3.922
19	0.688	0.861	1.066	1.328	1.729	2.093	2.205	2.539	2.861	3.174	3.579	3.883
20	0.687	0.860	1.064	1.325	1.725	2.086	2.197	2.528	2.845	3.153	3.552	3.850
21	0.686	0.859	1.063	1.323	1.721	2.080	2.189	2.518	2.831	3.135	3.527	3.819
22	0.686	0.858	1.061	1.321	1.717	2.074	2.183	2.508	2.819	3.119	3.505	3.792
23	0.685	0.858	1.060	1.319	1.714	2.069	2.177	2.500	2.807	3.104	3.485	3.768
24	0.685	0.857	1.059	1.318	1.711	2.064	2.172	2.492	2.797	3.091	3.467	3.745
25	0.684	0.856	1.058	1.316	1.708	2.060	2.167	2.485	2.787	3.078	3.450	3.725
26	0.684	0.856	1.058	1.315	1.706	2.056	2.162	2.479	2.779	3.067	3.435	3.707
27	0.684	0.855	1.057	1.314	1.703	2.052	2.158	2.473	2.771	3.057	3.421	3.690
28	0.683	0.855	1.056	1.313	1.701	2.048	2.154	2.467	2.763	3.047	3.408	3.674
29	0.683	0.854	1.055	1.311	1.699	2.045	2.150	2.462	2.756	3.038	3.396	3.659
30	0.683	0.854	1.055	1.310	1.697	2.042	2.147	2.457	2.750	3.030	3.385	3.646
40	0.681	0.851	1.050	1.303	1.684	2.021	2.123	2.423	2.704	2.971	3.307	3.551
50	0.679	0.849	1.047	1.299	1.676	2.009	2.109	2.403	2.678	2.937	3.261	3.496
60	0.679	0.848	1.045	1.296	1.671	2.000	2.099	2.390	2.660	2.915	3.232	3.460
80	0.678	0.846	1.043	1.292	1.664	1.990	2.088	2.374	2.639	2.887	3.195	3.416
100	0.677	0.845	1.042	1.290	1.660	1.984	2.081	2.364	2.626	2.871	3.174	3.390
1,000	0.675	0.842	1.037	1.282	1.646	1.962	2.056	2.330	2.581	2.813	3.098	3.300
∞	0.674	0.841	1.036	1.282	1.645	1.960	2.054	2.326	2.576	2.807	3.091	3.291

6 F-분포표-오른쪽 꼬리 확률

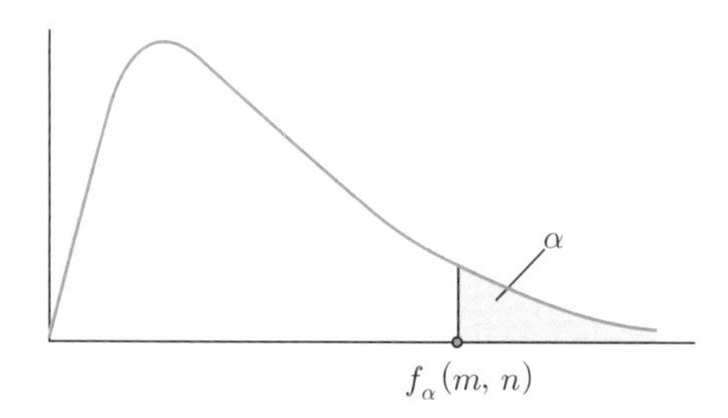

분모의 자유도	α	분자의 자유도 1	2	3	4	5	6	7	8	9	10
1	0.100	39.86	49.50	53.59	55.83	57.24	58.20	58.91	59.44	59.86	60.19
	0.050	161.45	199.50	215.71	224.58	230.10	233.99	236.77	238.88	240.54	241.88
	0.025	647.79	799.50	864.16	899.58	921.85	937.11	948.22	956.66	963.28	968.63
	0.010	4052.2	4999.5	5403.4	5624.6	5763.6	5859.0	5928.4	5981.1	6022.5	6055.8
	0.001	405284	500000	540379	562500	576405	585937	592873	598144	602284	605621
2	0.100	8.53	9.00	9.16	9.24	9.29	9.33	9.35	9.37	9.38	9.39
	0.050	18.51	19.00	19.16	19.25	19.30	19.33	19.35	19.37	19.38	19.40
	0.025	38.51	39.00	39.17	39.25	39.30	39.33	39.36	39.37	39.39	39.40
	0.010	98.50	99.00	99.17	99.25	99.30	99.33	99.36	99.37	99.39	99.40
	0.001	998.50	999.00	999.17	999.25	999.30	999.33	999.36	999.37	999.39	999.40
3	0.100	5.54	5.46	5.39	5.34	5.31	5.28	5.27	5.25	5.24	5.23
	0.050	10.13	9.55	9.28	9.12	9.01	8.94	8.89	8.85	8.81	8.79
	0.025	17.44	16.04	15.44	15.10	14.88	14.73	14.62	14.54	14.47	14.42
	0.010	34.12	30.82	29.46	28.71	28.24	27.91	27.67	27.49	27.35	27.23
	0.001	167.03	148.50	141.11	137.10	134.58	132.85	131.58	130.62	129.86	129.25
4	0.100	4.54	4.32	4.19	4.11	4.05	4.01	3.98	3.95	3.94	3.92
	0.050	7.71	6.94	6.59	6.39	6.26	6.16	6.09	6.04	6.00	5.96
	0.025	12.22	10.65	9.98	9.60	9.36	9.20	9.07	8.98	8.90	8.84
	0.010	21.20	18.00	16.69	15.98	15.52	15.21	14.98	14.80	14.66	14.55
	0.001	74.14	61.25	56.18	53.44	51.71	50.53	49.66	49.00	48.47	48.05
5	0.100	4.06	3.78	3.62	3.52	3.45	3.40	3.37	3.34	3.32	3.30
	0.050	6.61	5.79	5.41	5.19	5.05	4.95	4.88	4.82	4.77	4.74
	0.025	10.01	8.43	7.76	7.39	7.15	6.98	6.85	6.76	6.68	6.62
	0.010	16.26	13.27	12.06	11.39	10.97	10.67	10.46	10.29	10.16	10.05
	0.001	47.18	37.12	33.20	31.09	29.75	28.83	28.16	27.65	27.24	26.92
6	0.100	3.78	3.46	3.29	3.18	3.11	3.05	3.01	2.98	2.96	2.94
	0.050	5.99	5.14	4.76	4.53	4.39	4.28	4.21	4.15	4.10	4.06
	0.025	8.81	7.26	6.60	6.23	5.99	5.82	5.70	5.60	5.52	5.46
	0.010	13.75	10.92	9.78	9.15	8.75	8.47	8.26	8.10	7.98	7.87
	0.001	35.51	27.00	23.70	21.92	20.80	20.03	19.46	19.03	18.69	18.41

F-분포표-오른쪽 꼬리 확률(계속)

분모의 자유도	α	분자의 자유도									
		12	15	20	25	30	40	50	60	120	1,000
	0.100	60.71	61.22	61.74	62.05	62.26	62.53	62.69	62.79	63.06	63.30
	0.050	243.91	245.95	248.01	249.26	250.10	251.14	251.77	252.20	253.25	254.11
1	0.025	976.71	984.87	993.10	998.08	1001.4	1005.6	1008.1	1009.8	1014.0	1017.7
	0.010	6106.3	6157.3	6208.7	6239.8	6260.6	6286.8	6302.5	6313.0	6339.4	6362.7
	0.001	610668	615764	620908	624017	626099	628712	630285	631337	633972	636301
	0.100	9.41	9.42	9.44	9.45	9.46	9.47	9.47	9.47	9.48	9.49
	0.050	19.41	19.43	19.45	19.46	19.46	19.47	19.48	19.48	19.49	19.49
2	0.025	39.41	39.43	39.45	39.46	39.46	39.47	39.48	39.48	39.49	39.50
	0.010	99.42	99.43	99.45	99.46	99.47	99.47	99.48	99.48	99.49	99.50
	0.001	999.42	999.43	999.45	999.46	999.47	999.47	999.48	999.48	999.49	999.50
	0.100	5.22	5.20	5.18	5.17	5.17	5.16	5.15	5.15	5.14	5.13
	0.050	8.74	8.70	8.66	8.63	8.62	8.59	8.58	8.57	8.55	8.53
3	0.025	14.34	14.25	14.17	14.12	14.08	14.04	14.01	13.99	13.95	13.91
	0.010	27.05	26.87	26.69	26.58	26.50	26.41	26.35	26.32	26.22	26.14
	0.001	128.32	127.37	126.42	125.84	125.45	124.96	124.66	124.47	123.97	123.53
	0.100	3.90	3.87	3.84	3.83	3.82	3.80	3.80	3.79	3.78	3.76
	0.050	5.91	5.86	5.80	5.77	5.75	5.72	5.70	5.69	5.66	5.63
4	0.025	8.75	8.66	8.56	8.50	8.46	8.41	8.38	8.36	8.31	8.26
	0.010	14.37	14.20	14.02	13.91	13.84	13.75	13.69	13.65	13.56	13.47
	0.001	47.41	46.76	46.10	45.70	45.43	45.09	44.88	44.75	44.40	44.09
	0.100	3.27	3.24	3.21	3.19	3.17	3.16	3.15	3.14	3.12	3.11
	0.050	4.68	4.62	4.56	4.52	4.50	4.46	4.44	4.43	4.40	4.37
5	0.025	6.52	6.43	6.33	6.27	6.23	6.18	6.14	6.12	6.07	6.02
	0.010	9.89	9.72	9.55	9.45	9.38	9.29	9.24	9.20	9.11	9.03
	0.001	26.42	25.91	25.39	25.08	24.87	24.60	24.44	24.33	24.06	23.82
	0.100	2.90	2.87	2.84	2.81	2.80	2.78	2.77	2.76	2.74	2.72
	0.050	4.00	3.94	3.87	3.83	3.81	3.77	3.75	3.74	3.70	3.67
6	0.025	5.37	5.27	5.17	5.11	5.07	5.01	4.98	4.96	4.90	4.86
	0.010	7.72	7.56	7.40	7.30	7.23	7.14	7.09	7.06	6.97	6.89
	0.001	17.99	17.56	17.12	16.85	16.67	16.44	16.31	16.21	15.98	15.77

F-분포표-오른쪽 꼬리 확률(계속)

분모의 자유도	α	분자의 자유도 1	2	3	4	5	6	7	8	9	10
7	0.100	3.59	3.26	3.07	2.96	2.88	2.83	2.78	2.75	2.72	2.70
	0.050	5.59	4.74	4.35	4.12	3.97	3.87	3.79	3.73	3.68	3.64
	0.025	8.07	6.54	5.89	5.52	5.29	5.12	4.99	4.90	4.82	4.76
	0.010	12.25	9.55	8.45	7.85	7.46	7.19	6.99	6.84	6.72	6.62
	0.001	29.25	21.69	18.77	17.20	16.21	15.52	15.02	14.63	14.33	14.08
8	0.100	3.46	3.11	2.92	2.81	2.73	2.67	2.62	2.59	2.56	2.54
	0.050	5.32	4.46	4.07	3.84	3.69	3.58	3.50	3.44	3.39	3.35
	0.025	7.57	6.06	5.42	5.05	4.82	4.65	4.53	4.43	4.36	4.30
	0.010	11.26	8.65	7.59	7.01	6.63	6.37	6.18	6.03	5.91	5.81
	0.001	25.41	18.49	15.83	14.39	13.48	12.86	12.40	12.05	11.77	11.54
9	0.100	3.36	3.01	2.81	2.69	2.61	2.55	2.51	2.47	2.44	2.42
	0.050	5.12	4.26	3.86	3.63	3.48	3.37	3.29	3.23	3.18	3.14
	0.025	7.21	5.71	5.08	4.72	4.48	4.32	4.20	4.10	4.03	3.96
	0.010	10.56	8.02	6.99	6.42	6.06	5.80	5.61	5.47	5.35	5.26
	0.001	22.86	16.39	13.90	12.56	11.71	11.13	10.70	10.37	10.11	9.89
10	0.100	3.29	2.92	2.73	2.61	2.52	2.46	2.41	2.38	2.35	2.32
	0.050	4.96	4.10	3.71	3.48	3.33	3.22	3.14	3.07	3.02	2.98
	0.025	6.94	5.46	4.83	4.47	4.24	4.07	3.95	3.85	3.78	3.72
	0.010	10.04	7.56	6.55	5.99	5.64	5.39	5.20	5.06	4.94	4.85
	0.001	21.04	14.91	12.55	11.28	10.48	9.93	9.52	9.20	8.96	8.75
11	0.100	3.23	2.86	2.66	2.54	2.45	2.39	2.34	2.30	2.27	2.25
	0.050	4.84	3.98	3.59	3.36	3.20	3.09	3.01	2.95	2.90	2.85
	0.025	6.72	5.26	4.63	4.28	4.04	3.88	3.76	3.66	3.59	3.53
	0.010	9.65	7.21	6.22	5.67	5.32	5.07	4.89	4.74	4.63	4.54
	0.001	19.69	13.81	11.56	10.35	9.58	9.05	8.66	8.35	8.12	7.92
12	0.100	3.18	2.81	2.61	2.48	2.39	2.33	2.28	2.24	2.21	2.19
	0.050	4.75	3.89	3.49	3.26	3.11	3.00	2.91	2.85	2.80	2.75
	0.025	6.55	5.10	4.47	4.12	3.89	3.73	3.61	3.51	3.44	3.37
	0.010	9.33	6.93	5.95	5.41	5.06	4.82	4.64	4.50	4.39	4.30
	0.001	18.64	12.97	10.80	9.63	8.89	8.38	8.00	7.71	7.48	7.29
13	0.100	3.14	2.76	2.56	2.43	2.35	2.28	2.23	2.20	2.16	2.14
	0.050	4.67	3.81	3.41	3.18	3.03	2.92	2.83	2.77	2.71	2.67
	0.025	6.41	4.97	4.35	4.00	3.77	3.60	3.48	3.39	3.31	3.25
	0.010	9.07	6.70	5.74	5.21	4.86	4.62	4.44	4.30	4.19	4.10
	0.001	17.82	12.31	10.21	9.07	8.35	7.86	7.49	7.21	6.98	6.80

F-분포표-오른쪽 꼬리 확률(계속)

분모의 자유도	α	분자의 자유도 12	15	20	25	30	40	50	60	120	1,000
	0.100	2.67	2.63	2.59	2.57	2.56	2.54	2.52	2.51	2.49	2.47
	0.050	3.57	3.51	3.44	3.40	3.38	3.34	3.32	3.30	3.27	3.23
7	0.025	4.67	4.57	4.47	4.40	4.36	4.31	4.28	4.25	4.20	4.15
	0.010	6.47	6.31	6.16	6.06	5.99	5.91	5.86	5.82	5.74	5.66
	0.001	13.71	13.32	12.93	12.69	12.53	12.33	12.20	12.12	11.91	11.72
	0.100	2.50	2.46	2.42	2.40	2.38	2.36	2.35	2.34	2.32	2.30
	0.050	3.28	3.22	3.15	3.11	3.08	3.04	3.02	3.01	2.97	2.93
8	0.025	4.20	4.10	4.00	3.94	3.89	3.84	3.81	3.78	3.73	3.68
	0.010	5.67	5.52	5.36	5.26	5.20	5.12	5.07	5.03	4.95	4.87
	0.001	11.19	10.84	10.48	10.26	10.11	9.92	9.80	9.73	9.53	9.36
	0.100	2.38	2.34	2.30	2.27	2.25	2.23	2.22	2.21	2.18	2.16
	0.050	3.07	3.01	2.94	2.89	2.86	2.83	2.80	2.79	2.75	2.71
9	0.025	3.87	3.77	3.67	3.60	3.56	3.51	3.47	3.45	3.39	3.34
	0.010	5.11	4.96	4.81	4.71	4.65	4.57	4.52	4.48	4.40	4.32
	0.001	9.57	9.24	8.90	8.69	8.55	8.37	8.26	8.19	8.00	7.84
	0.100	2.28	2.24	2.20	2.17	2.16	2.13	2.12	2.11	2.08	2.06
	0.050	2.91	2.85	2.77	2.73	2.70	2.66	2.64	2.62	2.58	2.54
10	0.025	3.62	3.52	3.42	3.35	3.31	3.26	3.22	3.20	3.14	3.09
	0.010	4.71	4.56	4.41	4.31	4.25	4.17	4.12	4.08	4.00	3.92
	0.001	8.45	8.13	7.80	7.60	7.47	7.30	7.19	7.12	6.94	6.78
	0.100	2.21	2.17	2.12	2.10	2.08	2.05	2.04	2.03	2.00	1.98
	0.050	2.79	2.72	2.65	2.60	2.57	2.53	2.51	2.49	2.45	2.41
11	0.025	3.43	3.33	3.23	3.16	3.12	3.06	3.03	3.00	2.94	2.89
	0.010	4.40	4.25	4.10	4.01	3.94	3.86	3.81	3.78	3.69	3.61
	0.001	7.63	7.32	7.01	6.81	6.68	6.52	6.42	6.35	6.18	6.02
	0.100	2.15	2.10	2.06	2.03	2.01	1.99	1.97	1.96	1.93	1.91
	0.050	2.69	2.62	2.54	2.50	2.47	2.43	2.40	2.38	2.34	2.30
12	0.025	3.28	3.18	3.07	3.01	2.96	2.91	2.87	2.85	2.79	2.73
	0.010	4.16	4.01	3.86	3.76	3.70	3.62	3.57	3.54	3.45	3.37
	0.001	7.00	6.71	6.40	6.22	6.09	5.93	5.83	5.76	5.59	5.44
	0.100	2.10	2.05	2.01	1.98	1.96	1.93	1.92	1.90	1.88	1.85
	0.050	2.60	2.53	2.46	2.41	2.38	2.34	2.31	2.30	2.25	2.21
13	0.025	3.15	3.05	2.95	2.88	2.84	2.78	2.74	2.72	2.66	2.60
	0.010	3.96	3.82	3.66	3.57	3.51	3.43	3.38	3.34	3.25	3.18
	0.001	6.52	6.23	5.93	5.75	5.63	5.47	5.37	5.30	5.14	4.99

분모의 자유도	α	분자의 자유도 1	2	3	4	5	6	7	8	9	10
	0.100	3.10	2.73	2.52	2.39	2.31	2.24	2.19	2.15	2.12	2.10
	0.050	4.60	3.74	3.34	3.11	2.96	2.85	2.76	2.70	2.65	2.60
14	0.025	6.30	4.86	4.24	3.89	3.66	3.50	3.38	3.29	3.21	3.15
	0.010	8.86	6.51	5.56	5.04	4.69	4.46	4.28	4.14	4.03	3.94
	0.001	17.14	11.78	9.73	8.62	7.92	7.44	7.08	6.80	6.58	6.40
	0.100	3.07	2.70	2.49	2.36	2.27	2.21	2.16	2.12	2.09	2.06
	0.050	4.54	3.68	3.29	3.06	2.90	2.79	2.71	2.64	2.59	2.54
15	0.025	6.20	4.77	4.15	3.80	3.58	3.41	3.29	3.20	3.12	3.06
	0.010	8.68	6.36	5.42	4.89	4.56	4.32	4.14	4.00	3.89	3.80
	0.001	16.59	11.34	9.34	8.25	7.57	7.09	6.74	6.47	6.26	6.08
	0.100	3.05	2.67	2.46	2.33	2.24	2.18	2.13	2.09	2.06	2.03
	0.050	4.49	3.63	3.24	3.01	2.85	2.74	2.66	2.59	2.54	2.49
16	0.025	6.12	4.69	4.08	3.73	3.50	3.34	3.22	3.12	3.05	2.99
	0.010	8.53	6.23	5.29	4.77	4.44	4.20	4.03	3.89	3.78	3.69
	0.001	16.12	10.97	9.01	7.94	7.27	6.80	6.46	6.19	5.98	5.81
	0.100	3.03	2.64	2.44	2.31	2.22	2.15	2.10	2.06	2.03	2.00
	0.050	4.45	3.59	3.20	2.96	2.81	2.70	2.61	2.55	2.49	2.45
17	0.025	6.04	4.62	4.01	3.66	3.44	3.28	3.16	3.06	2.98	2.92
	0.010	8.40	6.11	5.19	4.67	4.34	4.10	3.93	3.79	3.68	3.59
	0.001	15.72	10.66	8.73	7.68	7.02	6.56	6.22	5.96	5.75	5.58
	0.100	3.01	2.62	2.42	2.29	2.20	2.13	2.08	2.04	2.00	1.98
	0.050	4.41	3.55	3.16	2.93	2.77	2.66	2.58	2.51	2.46	2.41
18	0.025	5.98	4.56	3.95	3.61	3.38	3.22	3.10	3.01	2.93	2.87
	0.010	8.29	6.01	5.09	4.58	4.25	4.01	3.84	3.71	3.60	3.51
	0.001	15.38	10.39	8.49	7.46	6.81	6.35	6.02	5.76	5.56	5.39
	0.100	2.99	2.61	2.40	2.27	2.18	2.11	2.06	2.02	1.98	1.96
	0.050	4.38	3.52	3.13	2.90	2.74	2.63	2.54	2.48	2.42	2.38
19	0.025	5.92	4.51	3.90	3.56	3.33	3.17	3.05	2.96	2.88	2.82
	0.010	8.18	5.93	5.01	4.50	4.17	3.94	3.77	3.63	3.52	3.43
	0.001	15.08	10.16	8.28	7.27	6.62	6.18	5.85	5.59	5.39	5.22
	0.100	2.97	2.59	2.38	2.25	2.16	2.09	2.04	2.00	1.96	1.94
	0.050	4.35	3.49	3.10	2.87	2.71	2.60	2.51	2.45	2.39	2.35
20	0.025	5.87	4.46	3.86	3.51	3.29	3.13	3.01	2.91	2.84	2.77
	0.010	8.10	5.85	4.94	4.43	4.10	3.87	3.70	3.56	3.46	3.37
	0.001	14.82	9.95	8.10	7.10	6.46	6.02	5.69	5.44	5.24	5.08

F-분포표-오른쪽 꼬리 확률(계속)

분모의 자유도	α	분자의 자유도									
		12	15	20	25	30	40	50	60	120	1,000
14	0.100	2.05	2.01	1.96	1.93	1.91	1.89	1.87	1.86	1.83	1.80
	0.050	2.53	2.46	2.39	2.34	2.31	2.27	2.24	2.22	2.18	2.14
	0.025	3.05	2.95	2.84	2.78	2.73	2.67	2.64	2.61	2.55	2.50
	0.010	3.80	3.66	3.51	3.41	3.35	3.27	3.22	3.18	3.09	3.02
	0.001	6.13	5.85	5.56	5.38	5.25	5.10	5.00	4.94	4.77	4.62
15	0.100	2.02	1.97	1.92	1.89	1.87	1.85	1.83	1.82	1.79	1.76
	0.050	2.48	2.40	2.33	2.28	2.25	2.20	2.18	2.16	2.11	2.07
	0.025	2.96	2.86	2.76	2.69	2.64	2.59	2.55	2.52	2.46	2.40
	0.010	3.67	3.52	3.37	3.28	3.21	3.13	3.08	3.05	2.96	2.88
	0.001	5.81	5.54	5.25	5.07	4.95	4.80	4.70	4.64	4,47	4.33
16	0.100	1.99	1.94	1.89	1.86	1.84	1.81	1.79	1.78	1.75	1.72
	0.050	2.42	2.35	2.28	2.23	2.19	2.15	2.12	2.11	2.06	2.02
	0.025	2.89	2.79	2.68	2.61	2.57	2.51	2.47	2.45	2.38	2.32
	0.010	3.55	3.41	3.26	3.16	3.10	3.02	2.97	2.93	2.84	2.76
	0.001	5.55	5.27	4.99	4.82	4.70	4.54	4.45	4.39	4.23	4.08
17	0.100	1.96	1.91	1.86	1.83	1.81	1.78	1.76	1.75	1.72	1.69
	0.050	2.38	2.31	2.23	2.18	2.15	2.10	2.08	2.06	2.01	1.97
	0.025	2.82	2.72	2.62	2.55	2.50	2.44	2.41	2.38	2.32	2.26
	0.010	3.46	3.31	3.16	3.07	3.00	2.92	2.87	2.83	2.75	2.66
	0.001	5.32	5.05	4.78	4.60	4.48	4.33	4.24	4.18	4.02	3.87
18	0.100	1.93	1.89	1.84	1.80	1.78	1.75	1.74	1.72	1.69	1.66
	0.050	2.34	2.27	2.19	2.14	2.11	2.06	2.04	2.02	1.97	1.92
	0.025	2.77	2.67	2.56	2.49	2.44	2.38	2.35	2.32	2.26	2.20
	0.010	3.37	3.23	3.08	2.98	2.92	2.84	2.78	2.75	2.66	2.58
	0.001	5.13	4.87	4.59	4.42	4.30	4.15	4.06	4.00	3.84	3.69
19	0.100	1.91	1.86	1.81	1.78	1.76	1.73	1.71	1.70	1.67	1.64
	0.050	2.31	2.23	2.16	2.11	2.07	2.03	2.00	1.98	1.93	1.88
	0.025	2.72	2.62	2.51	2.44	2.39	2.33	2.30	2.27	2.20	2.14
	0.010	3.30	3.15	3.00	2.91	2.84	2.76	2.71	2.67	2.58	2.50
	0.001	4.97	4.70	4.43	4.26	4.14	3.99	3.90	3.84	3.68	3.53
20	0.100	1.89	1.84	1.79	1.76	1.74	1.71	1.69	1.68	1.64	1.61
	0.050	2.28	2.20	2.12	2.07	2.04	1.99	1.97	1.95	1.90	1.85
	0.025	2.68	2.57	2.46	2.40	2.35	2.29	2.25	2.22	2.16	2.09
	0.010	3.23	3.09	2.94	2.84	2.78	2.69	2.64	2.61	2.52	2.43
	0.001	4.82	4.56	4.29	4.12	4.00	3.86	3.77	3.70	3.54	3.40

분모의 자유도	α	분자의 자유도 1	2	3	4	5	6	7	8	9	10
	0.100	2.96	2.57	2.36	2.23	2.14	2.08	2.02	1.98	1.95	1.92
	0.050	4.32	3.47	3.07	2.84	2.68	2.57	2.49	2.42	2.37	2.32
21	0.025	5.83	4.42	3.82	3.48	3.25	3.09	2.97	2.87	2.80	2.73
	0.010	8.02	5.78	4.87	4.37	4.04	3.81	3.64	3.51	3.40	3.31
	0.001	14.59	9.77	7.94	6.95	6.32	5.88	5.56	5.31	5.11	4.95
	0.100	2.95	2.56	2.35	2.22	2.13	2.06	2.01	1.97	1.93	1.90
	0.050	4.30	3.44	3.05	2.82	2.66	2.55	2.46	2.40	2.34	2.30
22	0.025	5.79	4.38	3.78	3.44	3.22	3.05	2.93	2.84	2.76	2.70
	0.010	7.95	5.72	4.82	4.31	3.99	3.76	3.59	3.45	3.35	3.26
	0.001	14.38	9.61	7.80	6.81	6.19	5.76	5.44	5.19	4.99	4.83
	0.100	2.94	2.55	2.34	2.21	2.11	2.05	1.99	1.95	1.92	1.89
	0.050	4.28	3.42	3.03	2.80	2.64	2.53	2.44	2.37	2.32	2.27
23	0.025	5.75	4.35	3.75	3.41	3.18	3.02	2.90	2.81	2.73	2.67
	0.010	7.88	5.66	4.76	4.26	3.94	3.71	3.54	3.41	3.30	3.21
	0.001	14.20	9.47	7.67	6.70	6.08	5.65	5.33	5.09	4.89	4.73
	0.100	2.93	2.54	2.33	2.19	2.10	2.04	1.98	1.94	1.91	1.88
	0.050	4.26	3.40	3.01	2.78	2.62	2.51	2.42	2.36	2.30	2.25
24	0.025	5.72	4.32	3.72	3.38	3.15	2.99	2.87	2.78	2.70	2.64
	0.010	7.82	5.61	4.72	4.22	3.90	3.67	3.50	3.36	3.26	3.17
	0.001	14.03	9.34	7.55	6.59	5.98	5.55	5.23	4.99	4.80	4.64
	0.100	2.92	2.53	2.32	2.18	2.09	2.02	1.97	1.93	1.89	1.87
	0.050	4.24	3.39	2.99	2.76	2.60	2.49	2.40	2.34	2.28	2.24
25	0.025	5.69	4.29	3.69	3.35	3.13	2.97	2.85	2.75	2.68	2.61
	0.010	7.77	5.57	4.68	4.18	3.85	3.63	3.46	3.32	3.22	3.13
	0.001	13.88	9.22	7.45	6.49	5.89	5.46	5.15	4.91	4.71	4.56
	0.100	2.91	2.52	2.31	2.17	2.08	2.01	1.96	1.92	1.88	1.86
	0.050	4.23	3.37	2.98	2.74	2.59	2.47	2.39	2.32	2.27	2.22
26	0.025	5.66	4.27	3.67	3.33	3.10	2.94	2.82	2.73	2.65	2.59
	0.010	7.72	5.53	4.64	4.14	3.82	3.59	3.42	3.29	3.18	3.09
	0.001	13.74	9.12	7.36	6.41	5.80	5.38	5.07	4.83	4.64	4.48
	0.100	2.90	2.51	2.30	2.17	2.07	2.00	1.95	1.91	1.87	1.85
	0.050	4.21	3.35	2.96	2.73	2.57	2.46	2.37	2.31	2.25	2.20
27	0.025	5.63	4.24	3.65	3.31	3.08	2.92	2.80	2.71	2.63	2.57
	0.010	7.68	5.49	4.60	4.11	3.78	3.56	3.39	3.26	3.15	3.06
	0.001	13.61	9.02	7.27	6.33	5.73	5.31	5.00	4.76	4.57	4.41

F-분포표-오른쪽 꼬리 확률(계속)

분모의 자유도	α	분자의 자유도 12	15	20	25	30	40	50	60	120	1,000
21	0.100	1.87	1.83	1.78	1.74	1.72	1.69	1.67	1.66	1.62	1.59
	0.050	2.25	2.18	2.10	2.05	2.01	1.96	1.94	1.92	1.87	1.82
	0.025	2.64	2.53	2.42	2.36	2.31	2.25	2.21	2.18	2.11	2.05
	0.010	3.17	3.03	2.88	2.79	2.72	2.64	2.58	2.55	2.46	2.37
	0.001	4.70	4.44	4.17	4.00	3.88	3.74	3.64	3.58	3.42	3.28
22	0.100	1.86	1.81	1.76	1.73	1.70	1.67	1.65	1.64	1.60	1.57
	0.050	2.23	2.15	2.07	2.02	1.98	1.94	1.91	1.89	1.84	1.79
	0.025	2.60	2.50	2.39	2.32	2.27	2.21	2.17	2.14	2.08	2.01
	0.010	3.12	2.98	2.83	2.73	2.67	2.58	2.53	2.50	2.40	2.32
	0.001	4.58	4.33	4.06	3.89	3.78	3.63	3.54	3.48	3.32	3.17
23	0.100	1.84	1.80	1.74	1.71	1.69	1.66	1.64	1.62	1.59	1.55
	0.050	2.20	2.13	2.05	2.00	1.96	1.91	1.88	1.86	1.81	1.76
	0.025	2.57	2.47	2.36	2.29	2.24	2.18	2.14	2.11	2.04	1.98
	0.010	3.07	2.93	2.78	2.69	2.62	2.54	2.48	2.45	2.35	2.27
	0.001	4.48	4.23	3.96	3.79	3.68	3.53	3.44	3.38	3.22	3.08
24	0.100	1.83	1.78	1.73	1.70	1.67	1.64	1.62	1.61	1.57	1.54
	0.050	2.18	2.11	2.03	1.97	1.94	1.89	1.86	1.84	1.79	1.74
	0.025	2.54	2.44	2.33	2.26	2.21	2.15	2.11	2.08	2.01	1.94
	0.010	3.03	2.89	2.74	2.64	2.58	2.49	2.44	2.40	2.31	2.22
	0.001	4.39	4.14	3.87	3.71	3.59	3.45	3.36	3.29	3.14	2.99
25	0.100	1.82	1.77	1.72	1.68	1.66	1.63	1.61	1.59	1.56	1.52
	0.050	2.16	2.09	2.01	1.96	1.92	1.87	1.84	1.82	1.77	1.72
	0.025	2.51	2.41	2.30	2.23	2.18	2.12	2.08	2.05	1.98	1.91
	0.010	2.99	2.85	2.70	2.60	2.54	2.45	2.40	2.36	2.27	2.18
	0.001	4.31	4.06	3.79	3.63	3.52	3.37	3.28	3.22	3.06	2.91
26	0.100	1.81	1.76	1.71	1.67	1.65	1.61	1.59	1.58	1.54	1.51
	0.050	2.15	2.07	1.99	1.94	1.90	1.85	1.82	1.80	1.75	1.70
	0.025	2.49	2.39	2.28	2.21	2.16	2.09	2.05	2.03	1.95	1.89
	0.010	2.96	2.81	2.66	2.57	2.50	2.42	2.36	2.33	2.23	2.14
	0.001	4.24	3.99	3.72	3.56	3.44	3.30	3.21	3.15	2.99	2.84
27	0.100	1.80	1.75	1.70	1.66	1.64	1.60	1.58	1.57	1.53	1.50
	0.050	2.13	2.06	1.97	1.92	1.88	1.84	1.81	1.79	1.73	1.68
	0.025	2.47	2.36	2.25	2.18	2.13	2.07	2.03	2.00	1.93	1.86
	0.010	2.93	2.78	2.63	2.54	2.47	2.38	2.33	2.29	2.20	2.11
	0.001	4.17	3.92	3.66	3.49	3.38	3.23	3.14	3.08	2.92	2.78

분모의 자유도	α	1	2	3	4	5	6	7	8	9	10
		분자의 자유도									
	0.100	2.89	2.50	2.29	2.16	2.06	2.00	1.94	1.90	1.87	1.84
	0.050	4.20	3.34	2.95	2.71	2.56	2.45	2.36	2.29	2.24	2.19
28	0.025	5.61	4.22	3.63	3.29	3.06	2.90	2.78	2.69	2.61	2.55
	0.010	7.64	5.45	4.57	4.07	3.75	3.53	3.36	3.23	3.12	3.03
	0.001	13.50	8.93	7.19	6.25	5.66	5.24	4.93	4.69	4.50	4.35
	0.100	2.89	2.50	2.28	2.15	2.06	1.99	1.93	1.89	1.86	1.83
	0.050	4.18	3.33	2.93	2.70	2.55	2.43	2.35	2.28	2.22	2.18
29	0.025	5.59	4.20	3.61	3.27	3.04	2.88	2.76	2.67	2.59	2.53
	0.010	7.60	5.42	4.54	4.04	3.73	3.50	3.33	3.20	3.09	3.00
	0.001	13.39	8.85	7.12	6.19	5.59	5.18	4.87	4.64	4.45	4.29
	0.100	2.88	2.49	2.28	2.14	2.05	1.98	1.93	1.88	1.85	1.82
	0.050	4.17	3.32	2.92	2.69	2.53	2.42	2.33	2.27	2.21	2.16
30	0.025	5.57	4.18	3.59	3.25	3.03	2.87	2.75	2.65	2.57	2.51
	0.010	7.56	5.39	4.51	4.02	3.70	3.47	3.30	3.17	3.07	2.98
	0.001	13.29	8.77	7.05	6.12	5.53	5.12	4.82	4.58	4.39	4.24
	0.100	2.84	2.44	2.23	2.09	2.00	1.93	1.87	1.83	1.79	1.76
	0.050	4.08	3.23	2.84	2.61	2.45	2.34	2.25	2.18	2.12	2.08
40	0.025	5.42	4.05	3.46	3.13	2.90	2.74	2.62	2.53	2.45	2.39
	0.010	7.31	5.18	4.31	3.83	3.51	3.29	3.12	2.99	2.89	2.80
	0.001	12.61	8.25	6.59	5.70	5.13	4.73	4.44	4.21	4.02	3.87
	0.100	2.81	2.41	2.20	2.06	1.97	1.90	1.84	1.80	1.76	1.73
	0.050	4.03	3.18	2.79	2.56	2.40	2.29	2.20	2.13	2.07	2.03
50	0.025	5.34	3.97	3.39	3.05	2.83	2.67	2.55	2.46	2.38	2.32
	0.010	7.17	5.06	4.20	3.72	3.41	3.19	3.02	2.89	2.78	2.70
	0.001	12.22	7.96	6.34	5.46	4.90	4.51	4.22	4.00	3.82	3.67
	0.100	2.79	2.39	2.18	2.04	1.95	1.87	1.82	1.77	1.74	1.71
	0.050	4.00	3.15	2.76	2.53	2.37	2.25	2.17	2.10	2.04	1.99
60	0.025	5.29	3.93	3.34	3.01	2.79	2.63	2.51	2.41	2.33	2.27
	0.010	7.08	4.98	4.13	3.65	3.34	3.12	2.95	2.82	2.72	2.63
	0.001	11.97	7.77	6.17	5.31	4.76	4.37	4.09	3.86	3.69	3.54
	0.100	2.76	2.36	2.14	2.00	1.91	1.83	1.78	1.73	1.69	1.66
	0.050	3.94	3.09	2.70	2.46	2.31	2.19	2.10	2.03	1.97	1.93
100	0.025	5.18	3.83	3.25	2.92	2.70	2.54	2.42	2.32	2.24	2.18
	0.010	6.90	4.82	3.98	3.51	3.21	2.99	2.82	2.69	2.59	2.50
	0.001	11.50	7.41	5.86	5.02	4.48	4.11	3.83	3.61	3.44	3.30

F-분포표-오른쪽 꼬리 확률(계속)

분모의 자유도	α	12	15	20	25	30	40	50	60	120	1,000
		분자의 자유도									
28	0.100	1.79	1.74	1.69	1.65	1.63	1.59	1.57	1.56	1.52	1.48
	0.050	2.12	2.04	1.96	1.91	1.87	1.82	1.79	1.77	1.71	1.66
	0.025	2.45	2.34	2.23	2.16	2.11	2.05	2.01	1.98	1.91	1.84
	0.010	2.90	2.75	2.60	2.51	2.44	2.35	2.30	2.26	2.17	2.08
	0.001	4.11	3.86	3.60	3.43	3.32	3.18	3.09	3.02	2.86	2.72
29	0.100	1.78	1.73	1.68	1.64	1.62	1.58	1.56	1.55	1.51	1.47
	0.050	2.10	2.03	1.94	1.89	1.85	1.81	1.77	1.75	1.70	1.65
	0.025	2.43	2.32	2.21	2.14	2.09	2.03	1.99	1.96	1.89	1.82
	0.010	2.87	2.73	2.57	2.48	2.41	2.33	2.27	2.23	2.14	2.05
	0.001	4.05	3.80	3.54	3.38	3.27	3.12	3.03	2.97	2.81	2.66
30	0.100	1.77	1.72	1.67	1.63	1.61	1.57	1.55	1.54	1.50	1.46
	0.050	2.09	2.01	1.93	1.88	1.84	1.79	1.76	1.74	1.68	1.63
	0.025	2.41	2.31	2.20	2.12	2.07	2.01	1.97	1.94	1.87	1.80
	0.010	2.84	2.70	2.55	2.45	2.39	2.30	2.25	2.21	2.11	2.02
	0.001	4.00	3.75	3.49	3.33	3.22	3.07	2.98	2.92	2.76	2.61
40	0.100	1.71	1.66	1.61	1.57	1.54	1.51	1.48	1.47	1.42	1.38
	0.050	2.00	1.92	1.84	1.78	1.74	1.69	1.66	1.64	1.58	1.52
	0.025	2.29	2.18	2.07	1.99	1.94	1.88	1.83	1.80	1.72	1.65
	0.010	2.66	2.52	2.37	2.27	2.20	2.11	2.06	2.02	1.92	1.82
	0.001	3.64	3.40	3.14	2.98	2.87	2.73	2.64	2.57	2.41	2.25
50	0.100	1.68	1.63	1.57	1.53	1.50	1.46	1.44	1.42	1.38	1.33
	0.050	1.95	1.87	1.78	1.73	1.69	1.63	1.60	1.58	1.51	1.45
	0.025	2.22	2.11	1.99	1.92	1.87	1.80	1.75	1.72	1.64	1.56
	0.010	2.56	2.42	2.27	2.17	2.10	2.01	1.95	1.91	1.80	1.70
	0.001	3.44	3.20	2.95	2.79	2.68	2.53	2.44	2.38	2.21	2.05
60	0.100	1.66	1.60	1.54	1.50	1.48	1.44	1.41	1.40	1.35	1.30
	0.050	1.92	1.84	1.75	1.69	1.65	1.59	1.56	1.53	1.47	1.40
	0.025	2.17	2.06	1.94	1.87	1.82	1.74	1.70	1.67	1.58	1.49
	0.010	2.50	2.35	2.20	2.10	2.03	1.94	1.88	1.84	1.73	1.62
	0.001	3.32	3.08	2.83	2.67	2.55	2.41	2.32	2.25	2.08	1.92
100	0.100	1.61	1.56	1.49	1.45	1.42	1.38	1.35	1.34	1.28	1.22
	0.050	1.85	1.77	1.68	1.62	1.57	1.52	1.48	1.45	1.38	1.30
	0.025	2.08	1.97	1.85	1.77	1.71	1.64	1.59	1.56	1.46	1.36
	0.010	2.37	2.22	2.07	1.97	1.89	1.80	1.74	1.69	1.57	1.45
	0.001	3.07	2.84	2.59	2.43	2.32	2.17	2.08	2.01	1.83	1.64

연습문제 해답

1장 연습문제

01 (1) $S=\{0, 1, 2, 3, 4, 5\}$ (2) $S=\{0, 1, 2, 3, \cdots\}$

(3) $S=[90,\ 110]$ (4) $S=[0,\ \infty)$

02 (1) $$S=\left\{\begin{matrix}(1,1), (1,2), (1,3), (1,4), (1,5), (1,6), \\ (2,1), (2,2), (2,3), (2,4), (2,5), (2,6), \\ (3,1), (3,2), (3,3), (3,4), (3,5), (3,6), \\ (4,1), (4,2), (4,3), (4,4), (4,5), (4,6), \\ (5,1), (5,2), (5,3), (5,4), (5,5), (5,6), \\ (6,1), (6,2), (6,3), (6,4), (6,5), (6,6)\end{matrix}\right\}$$

(2) $$A=\left\{\begin{matrix}(1,1), (1,2), (1,3), (1,4), (1,5), (1,6), \\ (3,1), (3,2), (3,3), (3,4), (3,5), (3,6), \\ (5,1), (5,2), (5,3), (5,4), (5,5), (5,6)\end{matrix}\right\}$$

(3) $B=\{(1,6), (2,5), (3,4), (4,3), (5,2), (6,1)\}$

03 (1) $$S=\left\{\begin{matrix}(1,1), (1,2), (1,3), (1,4), (1,5), \\ (2,1), (2,2), (2,3), (2,4), (2,5), \\ (3,1), (3,2), (3,3), (3,4), (3,5), \\ (4,1), (4,2), (4,3), (4,4), (4,5), \\ (5,1), (5,2), (5,3), (5,4), (5,5)\end{matrix}\right\}$$

(2) $$A=\left\{\begin{matrix}(1,1), (1,3), (1,5), (2,1), (2,3), (2,5), (3,1), (3,3), \\ (3,5), (4,1), (4,3), (4,5), (5,1), (5,3), (5,5)\end{matrix}\right\}$$

(3) $B=\{(1,3), (2,2), (3,1)\}$

04 (1) $$S=\left\{\begin{matrix}(1,2), (1,3), (1,4), (1,5), \\ (2,1), (2,3), (2,4), (2,5), \\ (3,1), (3,2), (3,4), (3,5), \\ (4,1), (4,2), (4,3), (4,5), \\ (5,1), (5,2), (5,3), (5,4)\end{matrix}\right\}$$

(2) $$A=\left\{\begin{matrix}(1,3), (1,5), (2,1), (2,3), (2,5), (3,1), \\ (3,5), (4,1), (4,3), (4,5), (5,1), (5,3)\end{matrix}\right\}$$

(3) $B=\{(1,3), (3,1)\}$

05 $A \cup B = S$, $A \cap B = \{\mathrm{HHT, HTH, THH}\}$

06 $A_0 = \{\mathrm{TTT}\}$, $A_1 = \{\mathrm{HTT, THT, TTH}\}$,

$A_2 = \{\mathrm{HHT, HTH, THH}\}$, $A_3 = \{\mathrm{HHH}\}$

$\{A_0, A_1, A_2, A_3\}$은 S의 분할이다.

07 (1) $S = \{RR, RB, BR, BB\}$

(2) $A = \{RB, BR\}$

(3) $B = \{RR, RB, BR\}$

08 (1) $\{3\}$ (2) $\{2, 3, 6\}$ (3) $\{1, 3, 5, 6\}$ (4) $\{4\}$

09 $P(A_0) = \frac{1}{8}$, $P(A_1) = \frac{3}{8}$, $P(A_2) = \frac{3}{8}$, $P(A_3) = \frac{1}{8}$

10 $P(A) = \frac{1}{3}$, $P(A \cap B) = \frac{1}{9}$

11 $\frac{5}{6}$

12 흰 색 바둑돌의 개수가 0개, 1개, 2개, 3개인 사건을 A, B, C, D라 하면

$$P(A) = \frac{1}{14},\ P(B) = \frac{6}{14},\ P(C) = \frac{6}{14},\ P(D) = \frac{1}{14}$$

13 (1) $\frac{1}{3}$ (2) $\frac{16}{243}$ (3) $\frac{2^{n-1}}{3^n}$

14 $\frac{1}{2}$

15 0.38

16 (1) 0.1 (2) 0.7 (3) 0.3

17 (1) $\frac{1}{6}$ (2) $\frac{1}{6}$ (3) $\frac{1}{6}$ (4) $\frac{1}{6}$

18 $\frac{1}{19}$

19 (1) $\frac{7}{15}$ (2) $\frac{8}{15}$

20 (1) $\frac{8}{125}$ (2) $\frac{12}{125}$

21 0.99042

22 (1) 0.5225 (2) 0.0163 (3) 0.478 (4) 0.368

23 (1) $\frac{4}{9}$ (2) $\frac{4}{9}$ (3) $\frac{2}{3}$

24 (1) 0.032 (2) $P(A|D)=0.25$ $P(B|D)=0.28125$ (3) 0.53125

2장 연습문제

01 (1) 0.1 (2) 0.7 (3) 0.4

02 (1) $\{0, 1, 2, 3\}$ (2) $f(x)=\begin{cases}\frac{1}{12}, & x=0\\ \frac{5}{12}, & x=1\\ \frac{5}{12}, & x=2\\ \frac{1}{12}, & x=5\end{cases}$

(3) $\frac{11}{12}$ (4) $F(x)=\begin{cases}0, & x<0\\ \frac{1}{12}, & 0\le x<1\\ \frac{1}{2}, & 1\le x<2\\ \frac{11}{12}, & 2\le x<3\\ 1, & x\ge 3\end{cases}$

03 (1) $\frac{12}{25}$ (2) $\frac{5}{9}$

04 (1) $f(x)=\begin{cases}\frac{1}{6}\left(\frac{5}{6}\right)^{x-1}, & x=1, 2, 3, \cdots\\ 0, & \text{다른 곳에서}\end{cases}$ (2) $\frac{91}{216}$ (3) $\frac{125}{216}$

05 먼저 주사위를 던지는 경우가 더 유리하다.

06 $f(x)=\begin{cases}\frac{27}{64}, & x=0\\ \frac{27}{64}, & x=1\\ \frac{9}{64}, & x=2\\ \frac{1}{64}, & x=3\end{cases}$, $F(x)=\begin{cases}0, & x<0\\ \frac{27}{64}, & 0\le x<1\\ \frac{54}{64}, & 1\le x<2\\ \frac{63}{64}, & 2\le x<3\\ 1, & x\ge 3\end{cases}$

07 $f(x)=\begin{cases} \dfrac{703}{1700}, & x=0 \\ \dfrac{741}{1700}, & x=1 \\ \dfrac{117}{850}, & x=2 \\ \dfrac{11}{850}, & x=3 \end{cases}$, $F(x)=\begin{cases} 0, & x<0 \\ \dfrac{703}{1700}, & 0 \le x < 1 \\ \dfrac{1444}{1700}, & 1 \le x < 2 \\ \dfrac{1678}{1700}, & 2 \le x < 3 \\ 1, & x \ge 3 \end{cases}$

08 $\dfrac{1}{\pi}$, $\dfrac{1}{2}$

09 $F(x)=\begin{cases} 0, & x<0 \\ \dfrac{x}{10}, & 0 \le x < 10 \\ 1, & x \ge 10 \end{cases}$, $P(3 \le x \le 7)=\dfrac{2}{5}$

10 $\dfrac{1}{2}$

11 $\dfrac{1}{10}$

12 $\dfrac{17}{32}$

13 $f(x)=2e^{-2x}$, $x \ge 0$, $e^{-2} \approx 0.1353$

14 (1) $a=1$, $b=-1$ (2) $\dfrac{e^3-1}{e^5}$ (3) $f(x)=e^{-x}$, $x \ge 0$

15 (1) 0.2 (2) 0.2 (3) 0.2 (4) 0.5

16 4000

17 $E(X) = \frac{9}{8}$, $Var(X) = \frac{225}{448}$

18 0

19 (1) 2 (2) 2 (3) 존재하지 않는다.

20 (1) $\frac{8}{3}$ (2) $\frac{8}{9}$ (3) $2\sqrt{2}$ (4) 4

21 (1) $F(x) = \frac{x^2}{16}$, $0 \le x \le 4$ (2) $\frac{8}{3}$

(3) $\frac{2\sqrt{2}}{3}$ (4) $2\sqrt{2}$

22 (1) $\frac{37}{12}$ (2) $\frac{47}{144}$ (3) $\frac{47}{36}$ (4) $-2+\sqrt{17}$

23 0

24 $P(\mu - \sigma \le x \le \mu + \sigma) = 1 - e^{-2}$, $P(\mu - 2\sigma \le x \le \mu + 2\sigma) = 1 - e^{-3}$

25 $\frac{7}{16}$

3장 연습문제

01 (1) $f_X(x)=\begin{cases}\frac{1}{4}, & x=1,2,3,4\\ 0, & \text{다른 곳에서}\end{cases}$, $f_Y(y)=\begin{cases}\frac{1}{16}, & y=2,8\\ \frac{2}{16}, & y=3,7\\ \frac{3}{16}, & y=4,6\\ \frac{4}{16}, & y=5\\ 0, & \text{다른 곳에서}\end{cases}$ (2) $\frac{1}{4}$

02 (1) $\frac{1}{3}$ (2) $\frac{7}{12}$ (3) $f_X(x)=\begin{cases}\frac{1}{4}, & x=0\\ \frac{3}{4}, & x=1\\ 0, & \text{다른 곳에서}\end{cases}$

03 (1) $\frac{1}{2}$

(2) $f_X(x)=\frac{2}{3}\left(\frac{1}{3}\right)^{x-1}$, $x=1,2,3,\cdots$, $f_Y(y)=\frac{3}{4}\left(\frac{1}{4}\right)^{y-1}$, $y=1,2,3,\cdots$

(3) $\frac{37}{288}$

04 (1) $f_X(x)=e^{-x}$, $x>0$, $f_Y(x)=2e^{-2y}$, $y>0$

(2) $F(x,y)=(1-e^{-x})(1-e^{-2y})$, $x>0$, $y>0$

(3) $F_X(x)=1-e^{-x}$, $x>0$, $F_Y(y)=1-e^{-2y}$, $y>0$

(4) $(1-e^{-1})(1-e^{-2})$

05 (1) 8

(2) $F(x,y)=x^2(2y^2-x^2)$, $0<x<1$, $x<y<1$

(3) $F_X(x)=2x^2-x^4$, $0<x<1$, $F_Y(y)=y^4$, $0<y<1$

06 (1) $f_X(x)=2e^{-2x}$, $0<x<\infty$, $f_Y(y)=2e^{-y}(1-e^{-y})$, $0<y<\infty$

(2) $F_X(x)=1-e^{-2x}$, $0<x<\infty$, $F_Y(y)=(1-e^{-y})^2$, $0<y<\infty$

(3) $\dfrac{(-1+e)^2}{e^4}$

07 (1) $\dfrac{1}{2}$ (2) $\dfrac{5}{24}$ (3) $\dfrac{5+8\sqrt{2}}{40}$

08 (1) $f_X(x)=12x(1-x)^2$, $0<x<1$, $f_Y(y)=12y(1-y)^2$, $0<y<1$

(2) $\dfrac{1}{2}$

09 (1) $\dfrac{2}{3}$ (2) $f(x|y=2)=\dfrac{x+1}{3}$, $x=0, 1$

10 (1) $f(y|x)=\dfrac{2y}{1-x^4}$, $x^2\le y\le 1$ (2) $\dfrac{16}{45}$

11 (1) $f_X(x)=\dfrac{2-x}{2}$, $0<x<2$, $f_Y(y)=\dfrac{y}{2}$, $0<y<2$

(2) $f(y|x=0.2)=\dfrac{3}{4}$, $0.2<y<2$ (3) 독립이 아니다. (4) $\dfrac{3}{8}$

12 (1) $f(x, y)=xe^{-2y}$, $0\le x\le 2$, $y>0$

(2) $f_X(x)=\dfrac{x}{2}$, $0\le x\le 2$, $f_Y(y)=2e^{-2y}$, $y>0$

(3) 독립이다. (4) $\dfrac{1}{4}(1-e^{-2})$

13 (1) $f_X(x)=\dfrac{2^x}{x!}e^{-2}$, $x=0, 1, 2, 3, \cdots$, $f_Y(y)=\dfrac{3^y}{y!}e^{-3}$, $y=0, 1, 2, 3, \cdots$

(2) 독립이다. (3) 0.0808

14 (1) $\dfrac{1}{(e-1)^2}$ (2) $f_X(x)=\dfrac{e^x}{e-1}$, $0<x<1$, $f_Y(y)=\dfrac{e^y}{e-1}$, $0<y<1$

(3) 독립이고 항등분포를 이룬다. (4) 0.3415

15 (1) $f_X(x)=\begin{cases}\frac{1}{2}, & x=0,\ 1\\ 0, & \text{다른 곳에서}\end{cases}$ $\quad f_Y(y)=\begin{cases}\frac{3}{10}, & y=0,\ 2\\ \frac{2}{5}, & y=1\\ 0, & \text{다른 곳에서}\end{cases}$

(2) 독립이 아니다.

(3) $\mu_X=\frac{1}{2},\ \mu_Y=1,\ \sigma_X=\frac{1}{2},\ \sigma_Y=\frac{\sqrt{15}}{5}$

(4) $\frac{3}{10}$ (5) $\frac{\sqrt{15}}{5}\approx 0.7746$

16 (1) $f_X(x)=x+\frac{1}{2},\ 0<x<1,\ f_Y(y)=y+\frac{1}{2},\ 0<y<1$

(2) $Var(X)=\frac{11}{144},\ Var(Y)=\frac{11}{144}$ (3) $-\frac{1}{144}$ (4) $-\frac{1}{11}$

17 (1) $f_X(x)=\frac{3}{16}(4-x^2),\ 0\le x\le 2,\ f_Y(y)=\frac{3}{16}\sqrt{y},\ 0\le y\le 4$

(2) $\sigma_X^2=\frac{19}{80},\ \sigma_Y^2=\frac{192}{175}$ (3) $\frac{1}{5}$ (4) $\frac{\sqrt{1995}}{114}\approx 0.3918$

18 (1) $f_X(x)=\frac{15}{2}(x^2-x^4),\ 0\le x\le 1,\ f_Y(x)=5y^4,\ 0\le y\le 1$

(2) $Var(X)=\frac{17}{448},\ Var(Y)=\frac{5}{252}$ (3) $\frac{5}{336}$ (4) $\frac{113}{4032}$

(5) 0.5423 (6) -0.5423

4장 연습문제

01 (1) 0.4762 (2) 0.2381 (3) 0.9762 (4) 0.262

02 (1) 0.2626 (2) 0.7431 (3) 0.9115 (4) 0.0885
(5) 3.6 (6) 1.98 (7) 0.6914 (8) 0.9735

03 (1) 0.096 (2) 0.9744 (3) 0.00026 (4) 0.0633

04 (1) 0.2074 (2) 0.7102 (3) 0.4557 (4) 0.4894

05 (1) 0.140 (2) 0.440 (3) 0.032 (4) 0.667

06 (1) $f(x)=\frac{1}{100},\ x=1,2,\cdots,100$

(2) $E(X)=50.5,\ Var(X)=\frac{9999}{12}\approx 833.25$

07 (1) $\{0,\ 1,\ 2,\ \cdots,\ n-1\}$

(2) $P(Y=y)=\frac{1}{n},\ y=0,\ 1,\ 2,\ \cdots,\ n-1$

(3) $E(Y)=\frac{n-1}{2},\ Var(Y)=\frac{n^2-1}{12}$

08 (1) $f(x)=\frac{\binom{4}{x}\binom{6}{2-x}}{\binom{10}{2}},\ x=0,\ 1,\ 2$ (2) $\frac{7}{15}$

(3) $\frac{8}{15}$ (4) $E(X)=1.2,\ Var(X)=0.4267$

09 (1) $f(x)=\frac{\binom{13}{x}\binom{39}{3-x}}{\binom{53}{3}},\ x=0,\ 1,\ 2,\ 3$

(2) $E(X)=0.75,\ Var(X)=0.5404$

10 (1) $f(x) = \begin{cases} \binom{5}{x} (0.25)^x (0.75)^{5-x}, & x = 0, 1, 2, 3, 4, 5 \\ 0 & \text{, 다른 곳에서} \end{cases}$

(2) 0.3955 (3) 0.6328 (4) 0.3672

11 (1) 3 (2) 0.1031 (3) 0.3518

12 0.9988

13 $P(x=4) = 0.898$, $P(x \geq 3) = 0.3231$

14 (1) $E(X) = 0.005$, $Var(X) = 0.05$ (2) 0.0699 (3) 0.0001

15 $f_Y(y) = p^y q$, $y = 0, 1, 2, \cdots$ $E(Y) = \dfrac{q}{p}$, $Var(Y) = \dfrac{q}{p^2}$

16 (1) $f_Y(y) = (0.6)(0.4)^y$, $y = 0, 1, 2, \cdots$ (2) 0.0061

(3) $E(Y) = 1.5$, $Var(Y) = 3.75$

17 0.0082

18 (1) $f(x) = \binom{x-1}{2}\left(\dfrac{1}{6}\right)^3\left(\dfrac{5}{6}\right)^{x-3}$, $x = 3, 4, 5, \cdots$

(2) $E(X) = 18$, $Var(X) = 90$ (3) 0.019

19 (1) 0.0268 (2) 0.05 (3) 20

20 (1) 20 (2) 0.1855 (3) 0.6302

21 0.185

22 (1) 0.091 (2) 0.692

23 0.406

24 생략

25 생략

5장 연습문제

01 (1) 0.1251 (2) 0.0869 (3) 0.9951 (4) 0.9556

02 (1) 0.0082 (2) 0.0082 (3) 0.7898

03 (1) 27.49 (2) 7.26

04 $\chi_0 = 20.09$, $\chi_1 = 1.34$

05 (1) 1.711 (2) 2.7971

06 2.508

07 (1) 4.15 (2) 0.215

08 (1) 분자의 자유도 3, 분모의 자유도 6인 F-분포
(2) $\mu = 1.5$, $\sigma^2 = 5.25$ (3) 0.975 (4) 0.099

09 (1) 2.25 (2) -2.56 (3) 2.17
(4) 2.05 (5) 0.14 (6) -1.57

10 (1) 0.7734 (2) 0.9599 (3) 66.568 (4) 64.04

11 (1) 0.0668 (2) 0.0238 (3) 0.1587

12 (1) $\mu = 1.55$, $\sigma^2 = 0.0033$ (2) 0.25

13 (1) 5분 (2) 0.4512 (3) 0.1353 (4) 0.4493

14 (1) $\frac{10}{3}$일 (2) $\frac{10}{3}$일 (3) 2.3105

(4) $e^{-2.1} \approx 0.1225$ (5) $e^{-0.6} \approx 0.5488$

15 (1) 0.2873 (2) 0.2705

16 0.1818

17 (1) $F(x) = \begin{cases} \frac{1}{2}e^{-3(1-x)}, & x < 1 \\ 1 - \frac{1}{2}e^{-3(x-1)}, & x \geq 1 \end{cases}$ (2) 0.0249 (3) 0.9751

18 (1) 0.9332 (2) 0.9938 (3) 0.9876

19 (1) 0.0918 (2) 0.2484 (3) 12.5 (4) 0.0367

20 5,138

21 (1) 0.9004 (2) 0.0026

22 $x_A = 73$, $x_B = 69$, $x_C = 65$, $x_D = 62$

23 (1) 0.0139 (2) 0.0089

24 (1) $\mu_Y = p\mu_1 + (1-p)\mu_2$, $\sigma_Y^2 = p^2\sigma_1^2 + (1-p)^2\sigma_2^2$인 정규분포

(2) $p = \frac{\sigma_2^2}{\sigma_1^2 + \sigma_2^2}$ 일 때, $\sigma_Y^2 = \frac{\sigma_1^2\sigma_2^2}{\sigma_1^2 + \sigma_2^2}$

25 (1) 0.9987 (2) 0.1574

26 0.2112

27 (1) 0.1564 (2) 0.1587

28 (1) 0.7458 (2) 0.7924 (3) 0.6970

29 생략

연습문제

01 (1)

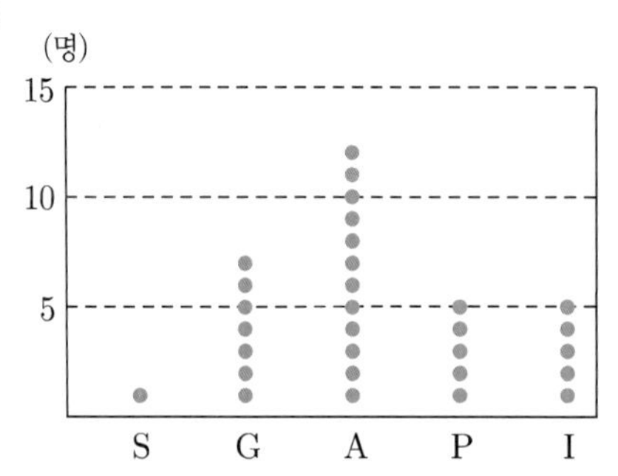

(2)

범주	도수	상대도수(%)
S	1	2.33
G	7	23.33
P	12	40.00
A	5	16.67
I	5	16.67

(3)

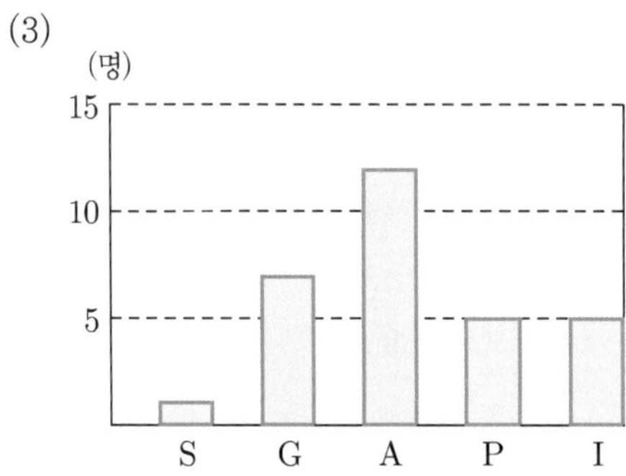

(4)

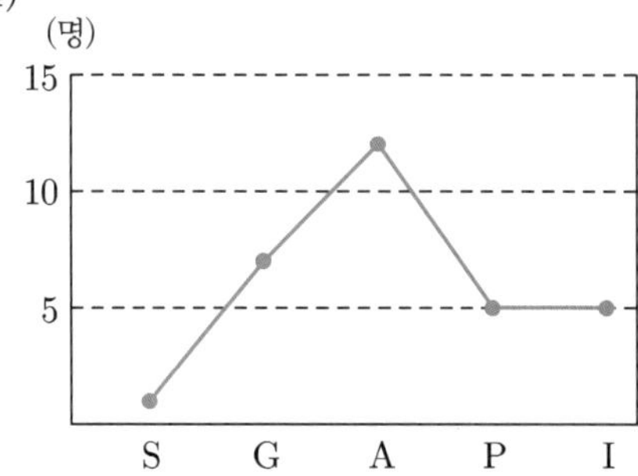

(5)

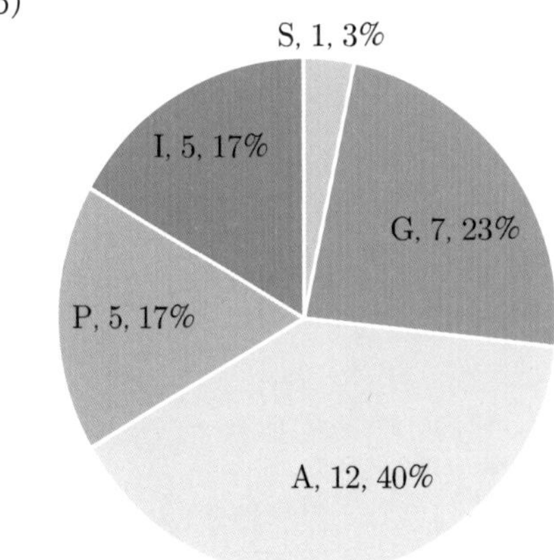

02 (1)

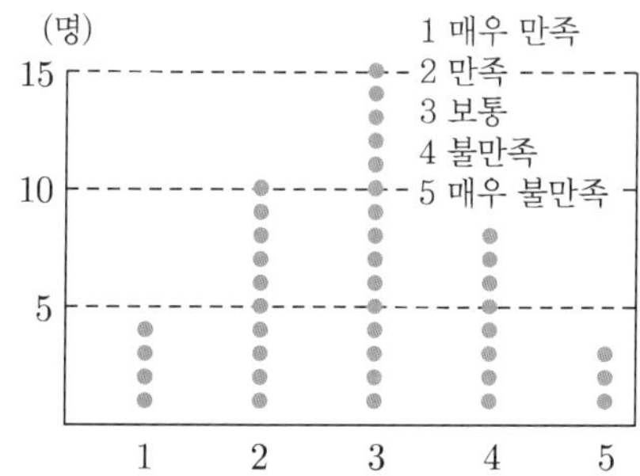

(2)

범주	도수	상대도수(%)
매우 만족	4	10.0
만족	10	25.0
보통	15	37.5
불만족	8	20.0
매우 불만족	3	7.5

(3)

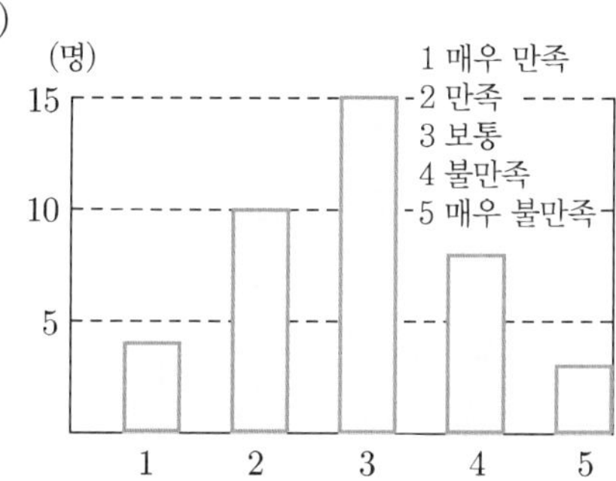

(4)

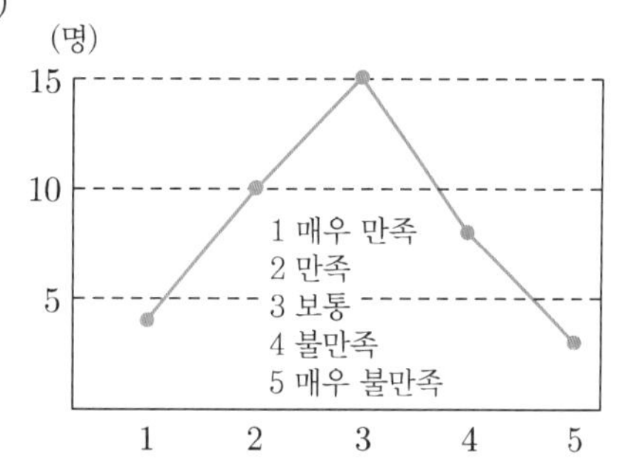

(5)

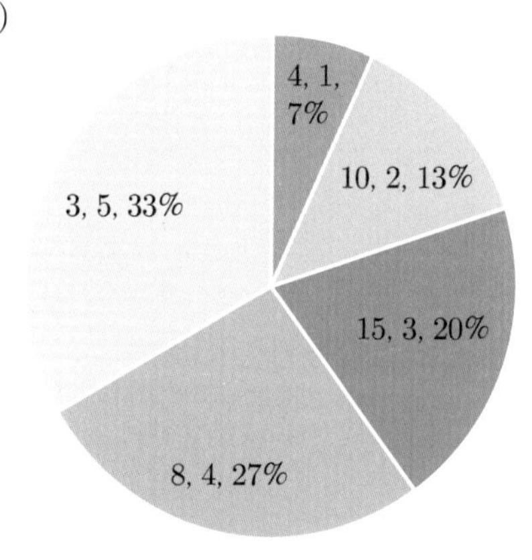

03 (1) 막대그래프

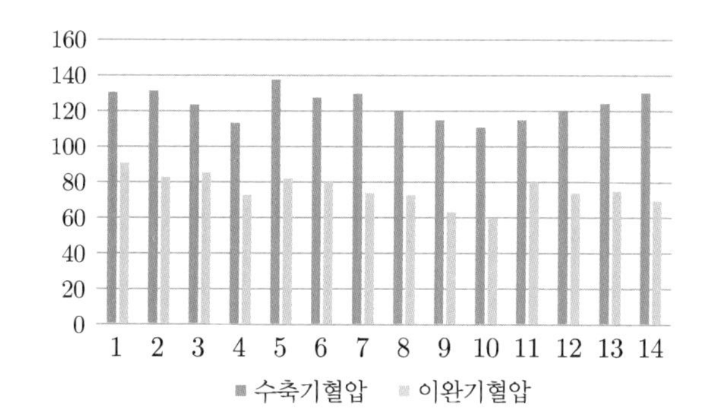

(2) 꺾은선 그래프

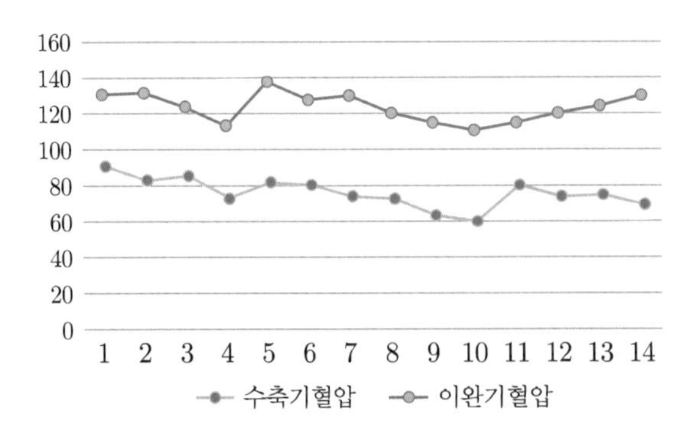

04 (1)

계급	계급간격	도수	상대도수	누적도수	누적상대도수	계급값
1	21.5 ~ 33.5	1	0.025	1	0.025	27.5
2	33.5 ~ 45.5	9	0.225	10	0.25	39.5
3	45.5 ~ 57.5	16	0.4	26	0.65	51.5
4	57.5 ~ 69.5	13	0.325	39	0.975	63.5
5	69.5 ~ 81.5	1	0.025	40	1	75.5
	합 계	40	1.000			

(2)

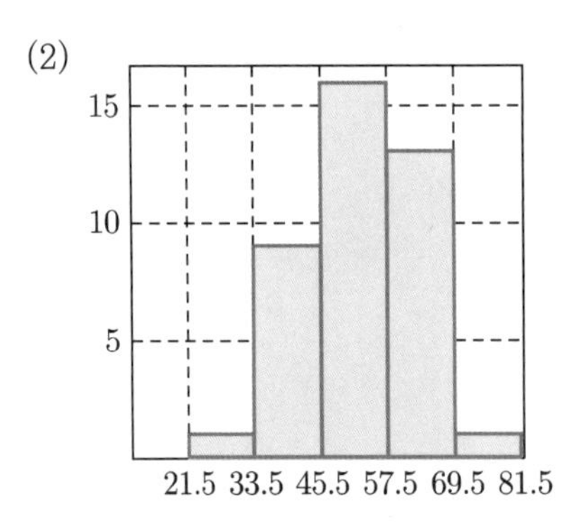

(3)

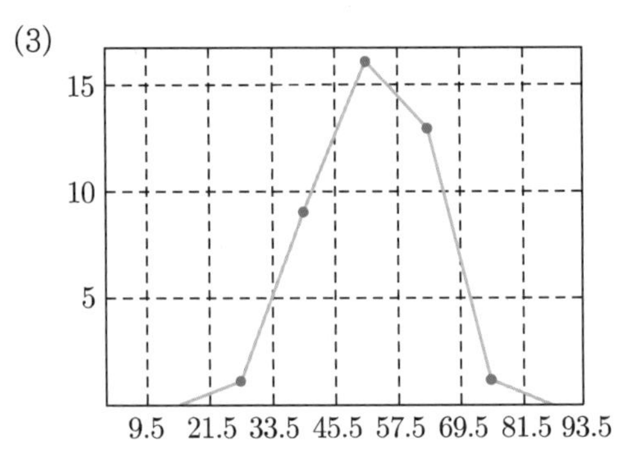

(4)

1	2	2	기본 단위: 1
7	3	445677	자료수: 40
16	4	234677899	
(14)	5	12222335678899	
10	6	111224457	
1	7		
1	8	1	

05 (1)

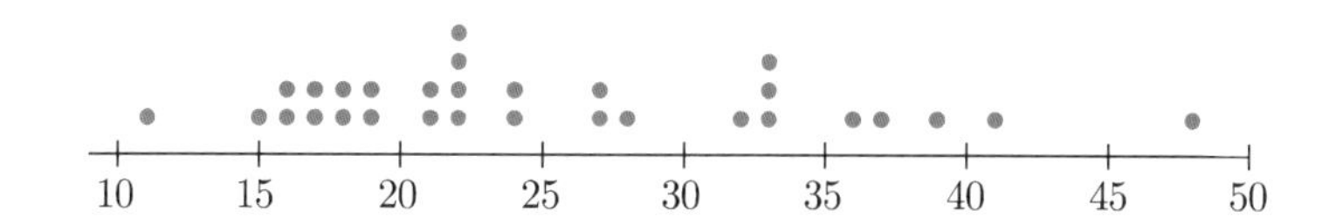

(2)

계급	계급간격	도수	상대도수	누적도수	누적상대도수	계급값
1	10.5 ~ 33.5	8	0.267	8	0.267	14.5
2	18.5 ~ 26.5	10	0.333	18	0.600	22.5
3	26.5 ~ 34.5	7	0.233	25	0.833	30.5
4	34.5 ~ 42.5	4	0.133	29	0.966	38.5
5	42.5 ~ 81.5	1	0.033	30	1.000	46.5
	합 계	30	1			

(3)

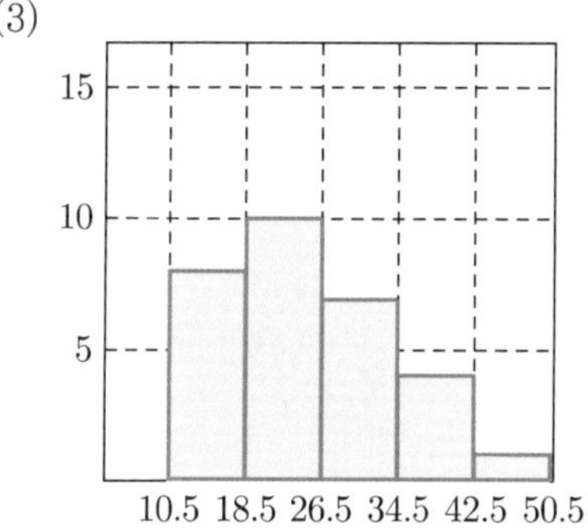

(4)

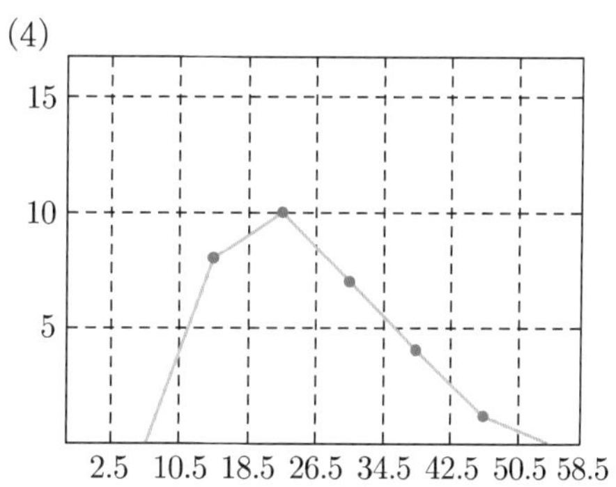

(5)

10	1	1566778899	기본 단위: 1
(11)	2	11222244778	자료수: 30
9	3	2333679	
2	4	18	

06 (1)

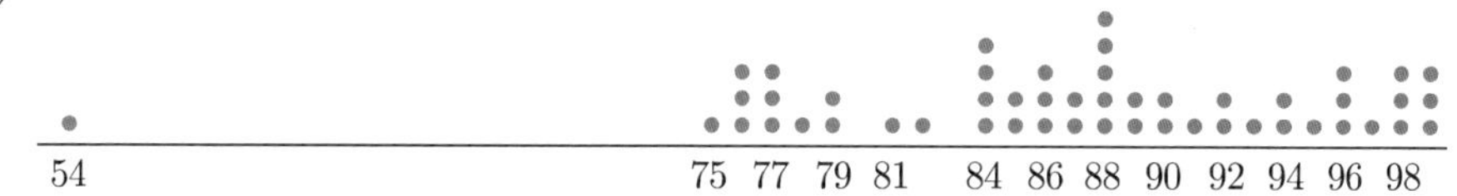

(2)

계급간격	도수	상대도수	누적도수	누적상대도수	계급값
53.5 ~ 61.5	1	0.02	1	0.02	57.5
61.5 ~ 69.5	0	0.00	1	0.02	65.5
69.5 ~ 77.5	7	0.14	8	0.16	73.5
77.5 ~ 85.5	11	0.22	19	0.38	81.5
85.5 ~ 93.5	18	0.36	37	0.74	89.5
93.5 ~ 101.5	13	0.26	50	1.00	97.5
합 계	50	1.00			

(3) 도수히스토그램

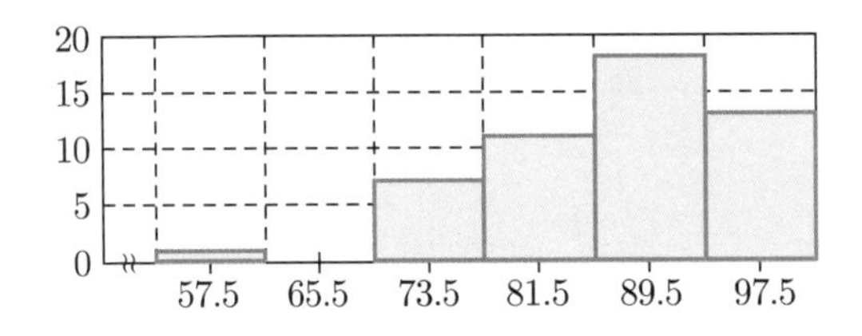

(4) 도수다각형

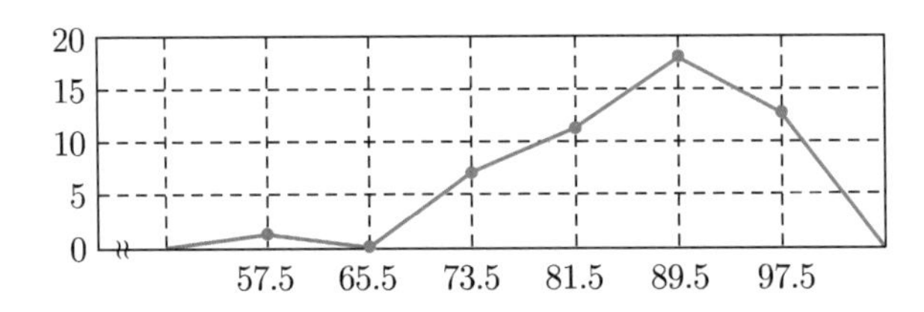

(5)

1	5	4	N=50
1	6		잎의 단위: 1
11	7	5666777899	
(20)	8	12444455666778888899	
19	9	0012234456667888999	

(6) 54

07 (1)

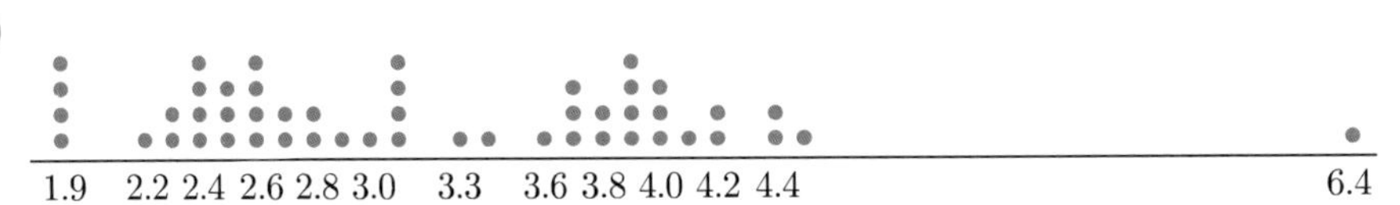

(2)

계급간격	도수	상대도수	누적도수	누적상대도수	계급값
1.85 ~ 2.85	22	0.44	22	0.44	2.35
2.85 ~ 3.85	14	0.28	36	0.72	3.35
3.85 ~ 4.85	13	0.26	49	0.98	4.35
4.85 ~ 5.85	0	0.00	49	0.98	5.35
5.85 ~ 6.85	1	0.02	50	1.00	6.35
합 계	50	1.00			

(3) 도수히스토그램

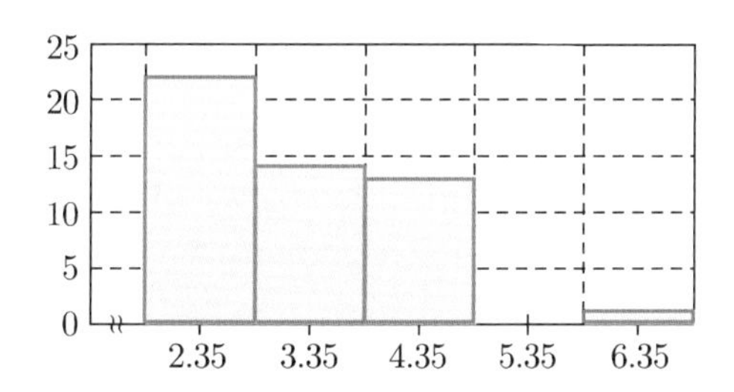

(4) 누적상대도수다각형

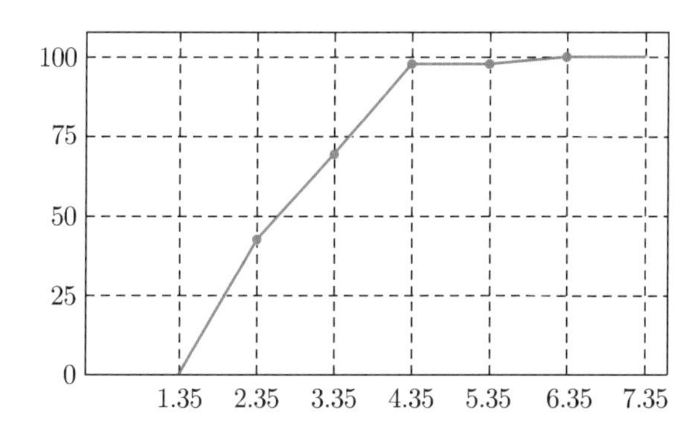

(5)

4	1	9999	N=50
23	2	233444455566667788	잎의 단위: 0.1
(17)	3	01111346777889999	
10	4	000122445	
1	5		
1	6	4	

(6) 6.4

08 (1)

표본 A

표본 B

18 20 24 27 29 31 33 35 37 39 41 56

(2)

계급 간격	표본 A				표본 B				계급값
	도수	상대 도수	누적 도수	누적 상대도수	도수	상대 도수	누적 도수	누적 상대도수	
17.5 ~ 25.5	6	0.150	6	0.150	10	0.25	10	0.25	21.5
25.5 ~ 33.5	28	0.700	34	0.850	18	0.45	28	0.70	29.5
33.5 ~ 41.5	5	0.125	39	0.975	12	0.30	40	01.00	37.5
41.5 ~ 49.5	0	0.000	39	0.975	0	0.00	40	1.00	45.5
49.5 ~ 57.5	1	0.025	40	1.000	0	0.00	40	1.00	53.5
합계	40		1.00		40		1.00		

(3) 도수다각형

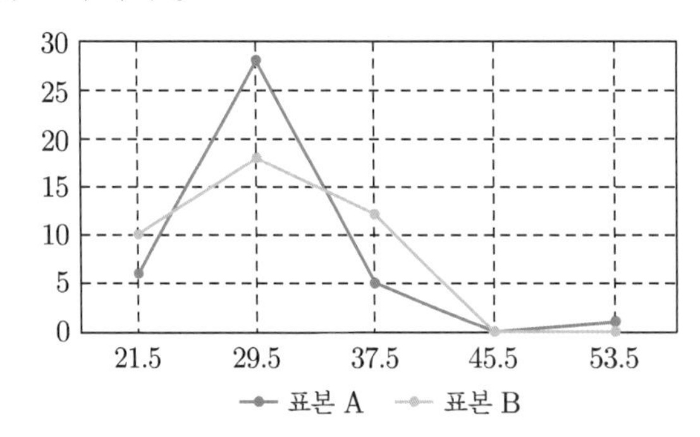

(4) 누적상대도수다각형

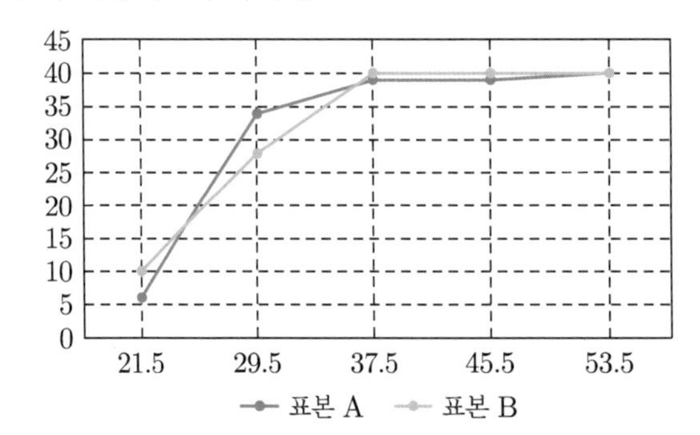

(5)

표본 A				표본 B	
	0	1	1	8	N=40
888876666543110	16	2	17	0013444456677779	잎의 단위: 1
65544222222222211110000	(23)	3	(22)	0112222333344455667789	
	1	4			
6	1	5			

(6) 표본 A의 자료값 56

09 자료 A : $\bar{x}=\frac{1}{8}\sum x_i=4$, $M_e=\frac{3+4}{2}=3.5$, $M_o=2, 3$

자료 B : $\bar{x}=\frac{1}{10}\sum x_i=4.4$, $M_e=\frac{3+3}{2}=3$, $M_o=3$

10 (1) 17 (2) 15.8 (3) 16

(4) 42.4667 (5) 6.5166 (6) $Q_1=12.9$, $Q_3=18.4$

11 (1) 13 (2) 12.79 (3) 13

(4) 19.5862 (5) 4.4256 (6) $Q_1=9$, $Q_3=16$

(7)

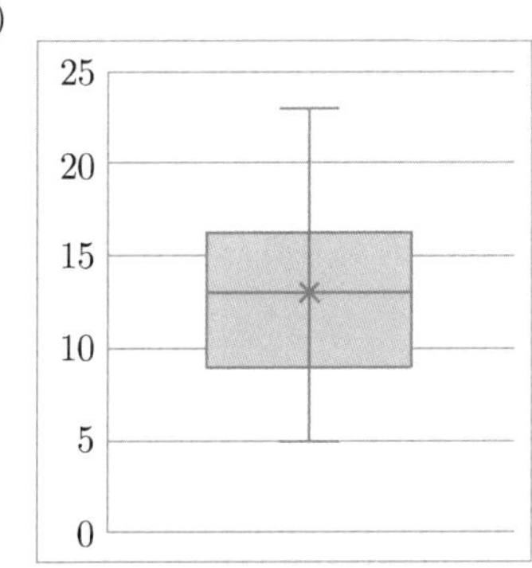

(8) 이상점은 없다.

12 (1) 20 (2) 20.03 (3) 20

(4) 92 (5) 9.5917 (6) $Q_1=15$, $Q_3=25$

(7)

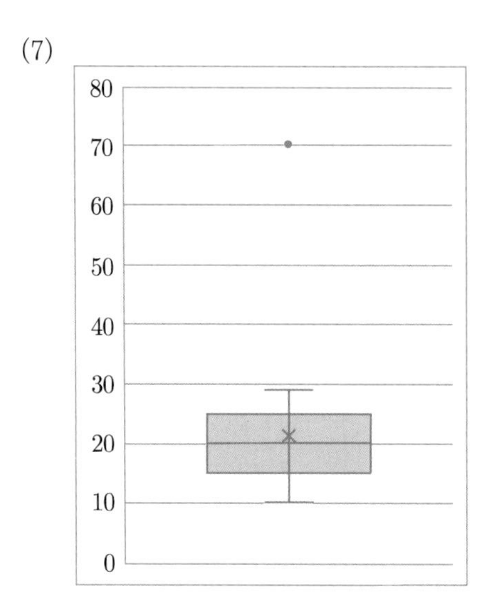

(8) 극단 이상점 : 70

13 표본 A에 대해 $C.V_A \approx 9.7\%$

원자료	1321	1167	1201	1012	1124
표준점수	1.385	0.018	0.320	−1.359	−0.364

표본 B에 대해 $C.V_B \approx 34.4\%$

원자료	63	48	89	66	34
표준점수	0.145	−0.581	1.404	0.291	−1.259

표준편차에 의해 비교하면 표본 A가 폭넓게 분포하지만 상대적으로 비교하면 표본 B가 폭넓게 분포한다.

7장 연습문제

01 (1) 0.9544 (2) 0.8664 (3) 0.7898

02 (1) 0.8080 (2) 0.9885 (3) 0.9984

03 0.0124

04 41.568

05 0.53275

06 75

07 0.1270

08 0.9475

09 (1) $T = \dfrac{\overline{X} - 198}{3.45/5} \sim t(24)$ (2) 0.90 (3) 199.424

10 0.9872

11 0.9912

12 (1) 0.001 (2) 32.9 (3) 0.95

13 (1) 0.8106 (2) 0.9854

14 (1) $\hat{p} \approx N(0.11, 0.0221^2)$ (2) 0.0351 (3) 0.14635

15 (1) $\hat{p}_1 - \hat{p}_2 \approx N(0, 0.0268^2)$ (2) 0.1314 (3) 0.0441

8장 연습문제

01 (1) 불편추정량: $\hat{\mu}_1$, $\hat{\mu}_3$, $\hat{\mu}_4$, 편의추정량: $\hat{\mu}_2$ (2) $\hat{\mu}_1$

02 (1) 불편추정량: $\hat{\mu}_1$, $\hat{\mu}_2$, 편의추정량: $\hat{\mu}_3$ (2) $\hat{\mu}_1$

03 (1) $E(\hat{\mu}) = E\left(\dfrac{aX_1 + bX_2}{a+b}\right) = \dfrac{1}{a+b}[aE(X_1) + bE(X_2)] = \dfrac{a\mu + b\mu}{a+b} = \mu$

(2) $a = \dfrac{1}{2}$, $b = \dfrac{1}{2}$

04 $a = \dfrac{1}{3}$, $b = \dfrac{2}{3}$

05 $\text{bias} = -\dfrac{p}{6}$, $Var(\hat{p}) = \dfrac{5p(1-p)}{36}$

06 (1) 1.307 (2) 1.633 (3) 2.287 (4) 2.612

07 (1) 0.987 (2) 0.617 (3) 0.4935 (4) 0.329

08 (1) 1.672 (2) 1.066 (3) 0.936 (4) 0.747

09 (1) 0.098 (2) 0.078 (3) 0.065 (4) 0.049

10 (1) (66.589, 67.411) (2) (66.51, 67.49) (3) (66.355, 67.645)

11 (1) (29.5872, 30.4128) (2) (29.3808, 30.6192)
(3) (29.1744, 30.8256) (4) (28.968, 31.032)

12 (30.211, 33.789)

13 (38.135, 89.865)

14 (1) (122.864, 129.136) (2) (122.735, 129.265)

15 (1.42, 4.58)

16 (2.2427, 2.5573)

17 (12.741, 13.259)

18 (940.153, 963.847)

19 (1) (3.162, 10.838) (2) (3.292, 10.708)

20 (66.83, 67.17)

21 (1.372, 4.355)

22 (0.127, 0.645)

23 (0.0787, 4.0219)

24 (0.2425, 0.2975)

25 (0.86, 0.94)

26 (−0.0093, 0.1003)

27 (0.03, 0.18)

28 217

29 (1) 170 (2) 752

9장 연습문제

01 (1) $H_0: \mu = 20$을 기각할 수 없다. (2) $H_0: \mu = 20$을 기각한다.
(3) $H_0: \mu = 20$을 기각한다.

02 (1) $H_0: \mu = 12.5$를 기각할 수 없다. (2) $H_0: \mu = 12.5$를 기각할 수 없다.
(3) $H_0: \mu = 12.5$를 기각한다.

03 (1) $H_0: p = 0.15$를 기각할 수 없다. (2) $H_0: p = 0.15$를 기각한다.
(3) $H_0: p = 0.15$를 기각할 수 없다.

04 (1) $H_0: \sigma^2 = 4$를 기각한다. (2) $H_0: \sigma^2 = 4$를 기각한다.
(3) $H_0: \sigma^2 = 4$를 기각한다.

05 $\mu_1 = \mu_2$를 기각한다.

06 (1) $\mu_1 = \mu_2$를 기각한다. (2) $\mu_1 = \mu_2$를 기각할 수 없다.

07 (1) $\mu_1 - \mu_2 = 0$을 기각한다. (2) $\mu_1 - \mu_2 = 0$을 기각한다.

08 $\mu = 100$을 기각할 수 없다.

09 $\mu = 700$을 기각할 수 없다.

10 $\mu \le 640$을 기기각할 수 없다.

11 $\mu \le 750$을 기각할 수 없다.

12 $\mu \geq 350$을 기각할 수 없다.

13 서울시의 발표는 타당성이 없다.

14 회사의 주장은 타당성이 있다.

15 $\mu < 50$ 이라는 주장은 타당하다.

16 $\mu_1 = \mu_2$라는 주장은 타당성이 없다.

17 $\mu_1 \leq \mu_2$를 기각하지 않는다.

18 $\mu_1 - \mu_2 \geq 7$을 기각한다.

19 (1) 두 모평균이 동일하다는 주장을 기각할 수 없다.
(2) 두 모평균이 동일하다는 주장을 기각할 수 없다.

20 (1) $\mu_1 - \mu_2 \geq 2$라는 주장은 타당성이 없다.
(2) $\mu_1 - \mu_2 \geq 2$라는 주장은 타당성이 없다.

21 (1) 국민의 절반이 이 정책을 지지한다는 주장은 타당하다.
(2) 국민의 절반이 이 정책을 지지한다는 주장은 타당하지 않다.

22 (1) 회사의 주장은 타당성이 없다.
(2) 회사의 주장은 타당성이 있다.

23 비율이 같다는 주장은 타당성이 있다.

24 감염률이 동일하다는 주장은 타당성이 없다.

25 새로운 방법에 의한 불량률이 줄어든다는 주장은 타당성이 있다.

26 모분산이 1.25라는 주장은 타당성이 있다.

27 모분산이 0.5를 초과한다는 주장은 타당성이 있다.

28 두 모분산이 동일하다고 할 수 있다.

찾아보기

ㅈ

ㅊ

ㅋ

ㅌ

ㅍ

ㅎ

기타